网络空间安全
人才能力培养新形态系列

U0183436

网络安全设备原理与应用

深信服产业教育中心◎编著

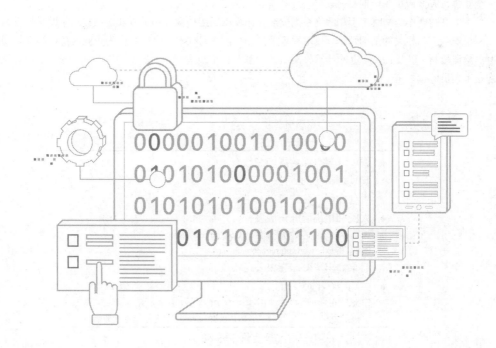

人民邮电出版社
北　京

图书在版编目（ＣＩＰ）数据

网络安全设备原理与应用 / 深信服产业教育中心编
著. -- 北京 : 人民邮电出版社，2024.8
（网络空间安全人才能力培养新形态系列）
ISBN 978-7-115-63377-4

Ⅰ. ①网… Ⅱ. ①深… Ⅲ. ①网络安全－网络设备
Ⅳ. ①TN915.08

中国国家版本馆CIP数据核字(2023)第247634号

内 容 提 要

本书共 5 章：第 1 章是全网行为安全，可以帮助读者掌握针对上网用户的各类安全管控措施；第 2 章是边界安全，可以帮助读者理解分区分域的安全管理理念以及常见的终端和服务器的安全防护方案；第 3 章是数据传输安全，主要内容包括 VPN 以及 SD-WAN 技术，可以帮助读者了解如何通过隧道技术，实现企业与分支和合作单位的安全互连；第 4 章是终端安全，主要内容为终端检测与响应，可以帮助读者高效率地规避和解决终端方面的安全问题；第 5 章是上网安全可视，主要内容为安全态势感知，可以帮助读者防安全风险于未然，快速发现企业网络中的未知安全问题。

通过对本书的学习，读者应该可以了解和掌握常见安全产品的功能以及实现原理，能够完成企业网络安全的基本规划和实施，能够通过安全设备快速解决常见的网络安全问题，如勒索病毒问题、内网安全威胁、Web 应用安全问题等。

本书适合作为网络工程、网络空间安全、计算机应用技术等相关专业的教材，帮助学生学习和掌握网络安全产品相关的基础知识、技术原理及操作技能。同时本书也适合作为企业内部网络安全岗位人员的培训教材，以及具备一定的计算机网络技术基础且希望进一步了解新的网络安全技术、设备及原理的技术人员阅读参考。

◆ 编　著　深信服产业教育中心
　　责任编辑　刘　博
　　责任印制　陈　犇
◆ 人民邮电出版社出版发行　　北京市丰台区成寿寺路 11 号
　　邮编　100164　电子邮件　315@ptpress.com.cn
　　网址　https://www.ptpress.com.cn
　　北京鑫丰华彩印有限公司印刷
◆ 开本：787×1092　1/16
　　印张：16.5　　　　　　　2024 年 8 月第 1 版
　　字数：402 千字　　　　　2024 年 12 月北京第 2 次印刷

定价：69.80 元

读者服务热线：(010)81055256　印装质量热线：(010)81055316
反盗版热线：(010)81055315
广告经营许可证：京东市监广登字 20170147 号

前　言

　　新一轮科技革命和产业变革不断深入演进，推动各行业数字化转型日益成为顺应世界之变、时代之变、历史之变的重要任务。随着数字化的不断深入，网络安全风险或将成为数字化时代的最大威胁。在此背景下，网络安全相关技术与设备作为保障数字化稳步前行的重要"基石"，已成为不可或缺的关键组成部分，对于信息、数据、系统等全方位的安全保障至关重要。

　　网络安全技术设备与全行业"无缝融入"、高速发展的同时，掌握常见的网络安全技术与设备的原理、应用的专业技术人才呈现出稀缺态，供需失衡现象近几年愈演愈烈，这成为了亟待解决的核心问题。为了积极推动高质量网络安全设备技术人才的培养，深信服产业教育中心教学教研团队编著了本书。

　　本书以国内安全厂商深信服的多款主流安全产品为切入视角，以真实的企业安全需求场景为原型，对行业广泛应用的网络安全产品技术原理、应用进行深入阐述，并将新一代安全技术架构、安全防护理念贯穿其中，帮助读者轻松且高效的学习，为未来的职业发展和技术创新打下坚实基础。

　　本书既可作为面向高校信息安全、网络空间安全、计算机类、电子信息类专业的教材，也可作为网络安全技术人员或爱好者快速了解网络安全产品、学习网络安全技术、提升网络安全实践能力的工具书。

　　本书特色如下。

1. 内容体系完整

　　本书涵盖了多个行业中应用最广泛的 5 类安全产品（全网行为安全、边界安全、数据传输安全、终端安全、上网安全可视）的原理、功能、使用场景中的常见安全需求和应对方案。通过体系化呈现场景式的实战内容，帮助大家更好地了解及掌握常见安全设备的知识和技能。

2. 实战场景的导向学习

　　以国内头部安全厂商的主流产品为切入点，融合真实业务场景，深入介绍网络安全技术原理和应用。通过在场景需求中掌握技术原理实现举一反三，突破单一产品的局限性，并且融入新一代的安全技术、安全理念，主流应用与技术前沿兼顾。

3. 适用读者广泛

　　本书包含了安全产品的功能、原理以及应用场景，适用于广泛的读者群体，如高校学生、网络安全从业者和网络安全技术的爱好者阅读和实践。

　　在此，向所有对本教材提供了指导、编写、审核工作的各位专家和老师一并表示衷心的感谢！

　　由于本书涉及多类产品技术内容，且编写时间有限，难免存在一些不尽如人意之处，敬请广大读者不吝批评指正。

编者团队

2023 年 12 月

编者团队简介

李洋

深信服副总裁

信息技术新工科产学研联盟理事会理事/网络空间安全工作委员会副主任、全国工业和信息化职业教育教学指导委员会通信职业教育教学指导分委员会委员、人社部技工教育和职业培训教学指导委员会委员、重庆邮电大学董事、中国计算机行业协会理事会常务理事、产学协同育人与创新论坛专家委员会委员、武汉市网安基地校企联合会副会长、粤港澳大湾区产教联盟副理事长、成都区块链产业发展联盟理事、CCF 会员代表。

彭峙酿

深信服首席架构师/首席安全研究员

密码学博士，拥有十多年的网络攻防经验，在威胁猎捕领域，曾设计多个威胁检测和防御引擎，发现和响应多起定向高级威胁攻击。在漏洞发现领域，曾协助修复包括微软、谷歌、英特尔等大型厂商或机构数百个安全漏洞，其中包括 PrintNightmare、ZeroLogon、ExplodingCan、EOS 漏洞等在业界有重大影响力的高危漏洞。曾连续三个季度被微软评为全球最具价值安全研究员榜单第一名。研究成果论文多次发表在 Blackhat USA、Defcon、Usenix Security、InfoCOM 等工业界和学术界国际顶级会议上，先后在国内外学术期刊会议上发表高水平论文 20 余篇，取得技术发明专利 10 余项。

严波

深信服教学教研中心主任

深信服安全服务认证专家（SCSE-S），通过 CISP、CISAW、CCNP 等认证。网络安全等级保护体系专家、网络安全高级咨询顾问、CSAC 会员、CSTC 数据安全产业专家委员会委员、CCIA 数据安全专业委员会委员。擅长企业安全架构、等级保护体系建设、数据安全体系建设、协议分析、渗透测试评估、云安全等技术方向，参与编写《等级保护测评员国家职业技能标准》《三法一例释义》《网络空间安全工程技术人才培养体系指南（3.0）》《全球数据安全治理报告》《云数据中心建设与运维职业技能等级标准（2021 年 1.0 版）》《网络安全运营平台管理职业技能等级标准（2021 年 1.0 版）》，并担任暨南大学、深圳大学、东华理工大学、深圳信息职业技术学院等多所院校客座教授、产业导师。

石岩

深信服技术认证中心主任

深信服安全服务认证专家（SCSE-S），中央网信办培训中心、中国网络空间安全协会、中国科学院信息工程研究所特聘专家讲师。全国工商联人才中心产教融合示范实训基地项目专家，中国计算机行业协会数据安全专业委员会委员。擅长 Web 安全、渗透测试评估、系统安全、虚拟化等技术方向，参与编写国家网络安全标准 GB/T 42446-2023《信息安全技术 网络安全从业人员能力基本要求》《三法一例释义》《等级保护测评员国家职业技能标准》《全球数据安全治理报告》《云数据中心安全建设与运维职业技能等级标准（2021 年 1.0 版）》《云数据中心建设与运维职业技能等级标准（2021 年 1.0 版）》《网络安全运营平台管理职业技能等级标准（2021 年 1.0 版）》，担任暨南大学、深圳大学等多所院校的客座教授、产业导师。

黄浩

深信服教学教研中心副主任

深信服安全服务认证专家（SCSE-S），通过 CISSP、ITIL V3 Foundation、ISO 27000、CDSP 等认证，CCIA 数据安全专业委员会委员。擅长 DDoS 攻击防御、企业安全架构、取证溯源、应急响应、密码学、容器安全等技术方向，目前已为多个政府部门、企业、援外项目等提供网络安全培训服务对企业网络安全框架设计、业务逻辑安全与防御体系有深刻认识。参与编写 4 项国家级职业技能标准、《三法一例释义》《全球数据安全治理报告》《〈网络空间安全工程技术人才培养体系指南〉之"云安全"培养方案共建》，担任暨南大学、华南理工大学、深圳信息职业技术学院等多所院校的客座教授、产业导师。

袁泉

深信服教学教研中心校企融合教研负责人

深信服安全服务认证专家（SCSE-S），通过 HCNA（SECURITY）、HCIA（Security）、HCNA（R&S）、HCIA（R&S）等认证，中国计算机行业协会数据安全专业委员会委员，擅长 TCP/IP 协议及网络安全防护体系架构、计算机网络管理、运维与安防实践、Web 安全、容器虚拟化等技术方向。目前已为多个政府部门、企业、高校提供网络安全相关技术培训服务。曾参与 3 项省级网络安全类赛事的命题、培训、评判、技术保障等工作。曾任职于国防科技大学信息通信学院，具备十余年的教学科研和企业项目实战经验。参与编写《全球数据安全治理报告》《网络安全评估职业技能等级标准》《网络安全运营平台管理职业技能等级标准（2021 年 1.0 版）》《云数据中心安全建设与运维职业技能等级标准（2021 年 1.0 版）》《云数据中心建设与运维职业技能等级标准（2021 年 1.0 版）》，担任暨南大学、东华理工等多所院校的客座教授、产业导师。

王小伟

深信服教学教研中心资深讲师

深信服安全技术认证专家（SCSE-T）、云安全联盟零信任认证专家、阿里云专家级架构师、The Open Group 鉴定级企业架构师、Oracle 数据库认证专家，通过 CISP、CISP-DSG、TCP、ACP、PMP 认证。擅长企业级网络架构设计与交付部署工作，曾负责媒体、能源、金融等行业大型数据中心的网络安全规划与交付工作，具备近十年的丰富的网络安全项目交付经验。参与编写《网络安全运营平台管理职业技能等级标准（2021 年 1.0 版）》《国家级职业人才技能评价标准》；受《中兴通讯技术》杂志约稿发表《零信任平台及关键技术》。

李忻蔚

深信服教学教研中心竞赛专家

网络安全攻防竞赛专家、网络安全资深讲师、深信服安全服务认证专家（SCSE-S），通过 HCIA（Security）等认证。擅长 Web 安全、渗透测试与内网渗透等多个网络安全攻防技术，曾为多个省级网络安全类赛事的竞赛命题、赛前培训、竞赛评判及技术保障等提供技术服务，具有丰富的攻防竞赛实战经验。曾任职于国内知名网络信息安全公司，担任威胁情报工程师、渗透测试工程师、安全讲师，为多个政府部门提供网络安全攻防技术培训与安全咨询服务。

张梦平

深信服资深产品专家

深信服安全技术认证专家（SCSE-T），通过 CISP、CCSK 等认证，擅长网络安全架构组网咨询规划、数据中心安全、云安全、零信任等相关领域的技术，对网络安全规划设计有较深的理解，为国内众多大中型政府企业等客户提供网络安全组网设计交付方案，内部长期负责设计规划方案评审，能力建设等相关工作。

兰剑锋

深信服资深产品交付专家

深信服安全技术认证专家（SCSE-T），通过 RHCE、PMP 等认证，擅长负载均衡、计算虚拟化、分布式存储、网络虚拟化等云计算技术，对金融行业链路负载、SSL 卸载、应用均衡等技术有较深度理解，负责金融客户的网络安全架构设计、金融行业重点客户及项目支持、牵头金融行业标杆项目。在公司内负责团队内部解决方案评审、交付方案评审、内部专家培养等工作。

廖诗正

深信服资深产品交付专家

深信服安全技术认证专家（SCSE-T），专注于云计算架构设计、虚拟化技术、云安全、网络安全和数据保护等领域。在政府、教育、央企和媒体等多个行业积累了丰富的交付实战经验，为国内众多大中型企业提供了定制化的云+安全的整体解决方案。通过对各种应用场景的深入研究，在云计算方面，对云计算技术架构、服务模型、安全性等方面有丰富的实践经验，在安全方面对防火墙、入侵检测、加密技术等有深入的理解和实践经验。

目　录

第 1 章

全网行为安全

随着互联网的发展，人们使用网络的频率越来越高，网络安全问题也日益突出。全网行为技术以及设备的出现可以在很大程度上解决用户网络行为管理方面的问题。比如，在保护网络安全方面，全网行为管理设备可以监控网络中的流量，及时发现并拦截有害的流量，保护网络的安全；在管理网络流量方面，全网行为管理设备可以对网络流量进行分析，根据实际情况对网络流量进行优化和管理，提高网络的使用效率；在管理用户行为方面，全网行为管理设备可以识别和管理用户的行为，对于违反公司网络使用规定的行为进行限制和警告，维护网络安全和管理秩序；在提高网络管理效率方面，全网行为管理设备可以自动分析网络流量和用户行为，减轻网络管理员（后文简称管理员）的工作负担，提高网络管理效率；在规范要求方面，一些行业需要遵守特定的网络安全政策和合规要求，全网行为管理设备可以为企业提供符合要求的网络管理解决方案。

本章学习逻辑

本章主要介绍全网行为管理设备的常用功能以及实现的原理，包括设备的部署模式与场景、用户管理、接入认证技术、上网应用识别与权限控制和审计技术等。本章思维导图如图 1-1 所示。

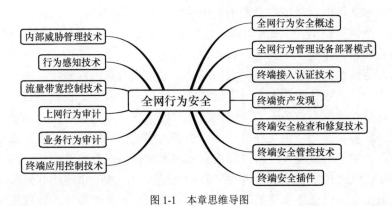

图 1-1　本章思维导图

本章学习任务

一、了解全网行为管理技术和设备的产生背景。

二、掌握全网行为管理设备的部署模式以及模式匹配的业务场景。

三、掌握全网行为管理技术中的用户管理以及接入认证技术。

四、掌握全网行为管理技术中的应用识别技术以及权限控制技术。

五、掌握全网行为管理技术中的应用流量控制技术。

六、掌握全网行为管理技术中的业务行为审计、上网行为审计、终端审计技术。

1.1 全网行为安全概述

全网行为安全是指保障所有网络用户和数据的实体安全、逻辑安全和技术安全，通过对网络全链路进行全面、专业、有效、适度的安全防护，防止恶意攻击和不当使用网络资源对网络生态环境造成危害，保障网络和信息基础设施的可靠性、可用性、保密性和完整性。简而言之，全网行为安全就是要让网络环境更加安全、稳定、可靠。

1.1.1 全网行为管理产生背景

随着互联网技术的发展，企业的业务模式和员工的工作模式、行为习惯都在不断发生改变。在网上业务方面，企业建设了更多的网上业务平台，通过互联网来开展业务；在沟通渠道方面，内部员工也更加依赖通过互联网与外部的合作伙伴、人员进行沟通和交流，提升工作效率，获取资讯和知识，维系人脉关系；在移动互联网方面，移动互联网的消费化趋势也逐渐影响到组织内部的 IT（信息技术）系统，员工更喜欢通过 WLAN（无线局域网）、移动终端开展工作；在网络接入方面，接入设备的种类越来越多，对于政府、企业的内部网络，工作人员办公时接入设备多种多样，包括摄像头、扫码枪、打印机等 IoT（物联网）设备；溯源审计的业务需求发展为法规要求，2017 年 6 月 1 日，《中华人民共和国网络安全法》正式施行，在其第三章第二十一条中，明确要求网络运营者需要采取监测、记录网络运行状态、网络安全事件的技术措施，并按照规定留存相关的网络日志不少于六个月。

在上述业务和政策的背景下，企业的网络中出现过很多问题。比如不明身份、不明终端入网造成内网安全风险剧增；外来人员拿一根网线即可接入企业的内部网络，进行非法接入，给企业各业务系统带来风险；未安装杀毒软件、安装不合规操作系统以及使用弱密码和不合规终端等接入网络，给内网环境带来极大的威胁，导致病毒在内网传播；员工上班时间使用无关应用（如 P2P、流媒体应用）占用大量带宽，使得邮件发送、资料下载、视频会议等受到严重影响，导致企业核心业务无法开展；敏感数据及文件被随意外发，如个人隐私信息、企业机密信息、政务文件、红头文件等；利用企业网络进行网络造谣、人身攻击，肆意外发各种不良信息，给企业造成极大损害，且被追究法律责任；办公室沦为免费网吧，工作效率低；先进的加密、代理技术让非法"内容"容易绕过管控；同一个应用有好坏功能之分，管和不管两难；员工在访问业务系统的时候，业务员操作进行全面审计，导致出现操作失误或数据泄露的时候无法定责；员工访问业务系统时，可能会存在一些恶意或无意的行为对业务系统造成危害，如大量下载数据、爬取所有数据、执行删除或清空等敏感操作。全网行为管理设备是为解决这些问题而产生的。

1.1.2 全网行为管理定义

全网行为管理设备的初代产品是上网行为管理设备，所谓的上网行为管理指的是在企业、学校及其他公共场所等网络环境中，通过技术手段对用户违规的上网行为进行记录、控制、过滤等操作，以达到维护网络安全、提高工作效率、保护企业利益等目的的一种网络管理方式。全网行为管理在上网行为管理的基础上，进行了功能扩展，管理的范围由上网行为的管理延伸至终端的管理以及办公业务和数据的管理，实现对全网终端、应用、数据和流量的可视可控，防范智能感知终端违规接入、敏感数据泄露、上网违规行为等内部风险，解决上网管控、终端准入管控和数据泄露管控的场景问题，实现"内部风险智能感知，全网行为可视可控"的一体化管控。

1.1.3 深信服全网行为管理

深信服全网行为管理设备是一款认证方式丰富、管控精细、违规行为审计全面的网端融合的行为管理产品。深信服于 2005 年推出我国第一台专业的上网行为管理网关，并定义了上网行为管理产品的核心功能，这些功能包括身份认证、应用权限控制、内容过滤、应用行为记录等。在 2011 年，深信服推出第二代上网行为管理产品，明确了身份认证、应用权限控制、流量管理、内容过滤、应用行为记录、SSL（安全套接层）审计、数据分析、安全防护等基础功能，增强了上网安全方面的能力。近些年，随着应用的快速发展，用户在新形势下所面临的内部威胁和挑战逐渐升级，深信服上网行为管理产品在原有管控互联网的基础上，将能力延伸到管控全网的用户、终端、应用和数据，升级为全网行为管理产品，给用户带来更高的价值。

深信服全网行为管理产品聚焦办公网安全威胁，提供多样化的身份认证、精细化的行为管控、全场景的违规行为审计，全面管控办公网用户身份安全，降低终端违规接入、上网违规行为、敏感数据泄露等内部风险，通过网端融合管控实现全网可视、可控，让办公更规范、更高效、更安全。

1.2 全网行为管理设备部署模式

全网行为管理设备具备多种部署模式，用于满足不同场景下的需求。单机部署模式有路由模式、网桥模式、旁路模式和单臂模式等。非单机部署模式有主备模式和主主模式，用于满足高可靠性的要求。在不同场景下，需要选择不同的部署模式，以达到最佳的使用效果。

1.2.1 路由模式

路由模式也被称为网关模式，是指设备工作在三层路由的模式下，设备的所有网络接口工作状态处于三层转发模式，全网行为管理设备以路由模式部署在组织网络中，所有流量都通过设备，并由设备进行路由转发和处理，实现对内网用户上网的流量管理、行为控制、日志审计等功能。作为组织的出口网关，全网行为管理设备的安全功能可保障组织网络安全，支持多线路技术扩展出口带宽、NAT（网络地址转换）功能代理内网用户上网，实现路由以及 IPSec VPN（虚拟专用网络）等网络功能。

路由模式一般适用于中小型企业出口组网场景或者分支单位出口组网场景等，在上述场景中，全网行为管理设备可以用作互联网出口网关设备，对外连接互联网线路，对内连接内网核心交换机等设备。图 1-2 所示为全网行为管理设备的路由模式的拓扑结构。

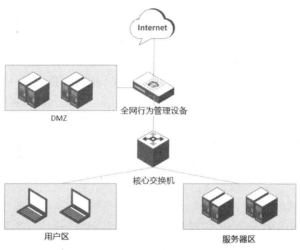

图 1-2　全网行为管理设备的路由模式的拓扑结构

　　在路由模式下，全网行为管理设备具备完整的功能，由于其工作在三层模式，所以在网络功能上，支持代理上网、端口映射以及集成的 VPN 隧道功能，这是在其他模式下所不具备的功能。如果有相应的需求，就必须选择路由模式进行部署。路由模式相比其他部署模式的最大优点就在于功能完备、全面，可以充分地使用三层网络功能，使其具备更加高级的网络功能特性。但是，这种模式也存在一定的缺点，由于上网流量需要通过全网行为管理设备进行三层路由转发，在设备出现故障或者意外断电时，就会造成网络的中断，对用户上网和业务的访问造成重大影响。在这种情况下，常规的恢复方式就是解决故障设备问题，或者使用其他三层设备进行网络功能迁移替换。总体来说，网络恢复需要较长时间，恢复的复杂度也会相对较高。

　　在路由模式下，设备的接口分成 3 种类型，分别是 LAN（局域网）口、WAN（广域网）口、DMZ（非军事区）口。一般情况下，LAN 口用于连接内网的办公机器；WAN 口用于连接对外的互联网线路，WAN 口不仅支持固定的 IP（互联网协议）地址，还支持 ADSL（非对称数字用户线）拨号自动获取 IP 地址；DMZ 口用于管理或者连接对外提供应用访问的业务区域。在路由模式下，每种类型的接口都需要配置独立的 IP 地址或者网段。配置模式前需要选择具体的模式，然后进行接口配置。模式的选择如图 1-3 所示。

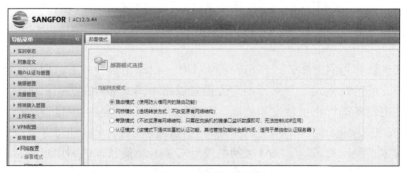

图 1-3　模式的选择

　　图 1-4 所示为路由模式的配置内容，包括 LAN 口设置、WAN 口设置、DMZ 口设置以及 NAT 设置。LAN 口设置为选择的内网方向物理接口，以及接口 IP 地址，在图 1-4 中，LAN

口选择了 eth0 接口，IP 地址配置为 192.168.0.1，子网掩码为 255.255.255.0。WAN 口设置为选择的外网方向物理接口，以及接口 IP 地址，在图 1-4 中，WAN 口选择了 eth2 接口，IP 地址配置的方式为手动配置，在 WAN 口配置部分，可以同时选择使用 ADSL 拨号的方式实现 IP 地址自动获取，无论是通过 ADSL 拨号还是通过手动配置 IP 地址，最终的 IP 地址信息都需要包括接口 IP 地址、默认网关、DNS（域名服务器）信息。DMZ 口设置为选择的管理网络或者服务器网络方向物理接口，以及接口 IP 地址，在图 1-4 中，DMZ 口选择了 eth1 接口，IP 地址配置为 172.16.0.1，子网掩码为 255.255.255.0。NAT 设置是内网网段能够访问互联网所不可或缺的配置。在企业网中，使用的网段都是私网地址段，这些网段的 IP 地址是无法直接在互联网上被路由转发的，因此内网网段需要访问互联网时，必须进行地址转换，即将内网地址段或者某个地址转换为互联网可以路由转发的公网 IP 地址。在图 1-4 中，代理网段即需要被转换的内网网段，当前为 172.16.0.0/255.255.255.0 网段和 192.168.0.0/255.255.255.0 网段，如果需要代理的网段过多，且内网网段不明确，可以配置为所有的网段，即 0.0.0.0/0.0.0.0。转换源 IP 地址是最终被代理的网段转换成的地址，在图 1-4 中，最终转换为 WAN 口的对应 IP 地址，即 192.168.1.254。

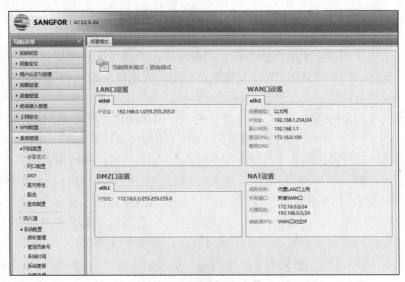

图 1-4　路由模式的配置内容

　　在完成设备路由模式配置后，根据整体的网络结构，进行路由的配置，确保内网、互联网的路由可达，这样就可以实现用户上网了。在访问互联网方向，会使用默认路由；在访问内网方向，会根据内网地址段，使用静态的明细路由，静态的明细路由会根据最长子网掩码匹配的规则生效，优先匹配配置的明细路由，再匹配默认路由。

　　全网行为管理设备同时支持使用动态路由的方式进行路由配置。如在企业的网络通信中使用的 OSPF（开放最短路径优先）协议等，则可以在全网行为管理设备上进行功能开启。全网行为管理设备使用的动态路由协议均为标准协议，可以与常见的网络厂商设备进行路由的对接。通过动态路由的方式进行路由配置，无须手动指定网关设备 IP 地址，通过动态路由自动学习即可。

　　在当前 IPv4（第 4 版互联网协议）地址紧缺的情况下，很多企业已经开始使用 IPv6（第

6 版互联网协议）地址，全网行为管理设备在 IPv6 地址的支持方面可以实现与 IPv4 地址同等的效果。可以根据企业的实际网络环境进行 IPv6 地址的配置。

1.2.2　网桥模式

网桥模式是指全网行为管理设备工作在二层交换模式。以网桥模式部署在组织网络中，全网行为管理设备如同连接在出口网关和内网交换机之间的"智能网线"，可实现对内网用户上网的流量管理、行为控制、日志审计、安全防护等功能。网桥模式不再依靠路由进行数据转发，转发过程依赖的是 MAC（介质访问控制）地址表，所以网桥模式的转发性能会略优于路由模式的。

与路由模式相比，网桥模式仅缺少了三层网络相关功能，如 NAT、IPSec VPN 等。在企业网中，网桥模式的使用相对较为普遍，因为网桥模式一方面可以对用户实现上网权限控制，另一方面，在设备出现如硬件故障或者意外断电的情况下，可以实现 bypass 功能，即硬件设备直通，相当于在上述条件下，设备会在硬件层面直接进行放通，设备内部自动构建一条网线实现两端接通的效果。在这个功能下，仅会出现配置的各类策略失效，而不会出现网络中断，可以充分地保障内网用户的互联网访问和业务访问的可用性，保障业务的连续性。

网桥模式适用于不希望更改网络结构、路由配置、IP 地址配置的组织。一般情况下，组织内部已经存在路由转发设备，全网行为管理设备主要实现安全控制和违规行为记录等功能。以网桥模式进行设备部署，几乎对现有网络无影响，基本可以实现无感知的接入。

在网桥模式下，虽然依靠 MAC 地址进行通信，但是同样使用了 WAN 口和 LAN 口的概念，AC 的 WAN 口一般会与出口网关设备的 LAN 口相连，AC 设备的 LAN 口会与核心交换机相连。局域网内的任何网络设备和 PC 都不需要更改 IP 地址。网桥模式的 WAN 口与 LAN 口必须成对出现，即一个 WAN 口对应一个 LAN 口，两个接口会绑定成一个网桥，实现效果为数据从 WAN 口进、LAN 口出，或者从 LAN 口进、WAN 口出。只有一个网桥的模式被称为单网桥模式，即一进一出。当然，在一些场景下，会存在一些两进两出或者多进多出的需求，这种模式被称为双网桥模式或者多网桥模式。但是需要注意的是，不管是哪一种类型的网桥，其 WAN 口和 LAN 口都只能是一对一的，不可能出现一个 WAN 口对应多个 LAN 口的情况，或者一个 LAN 口对应多个 WAN 口的情况。

在网桥模式中，除了网桥接口的选择外，还存在网桥 IP 地址这一概念，网桥 IP 地址的概念与二层网络的 VLANIF 接口 IP 地址等同。每一个网桥上都需要配置一个网桥 IP 地址，网桥 IP 地址有多个作用，比如在不使用单独的管理接口的情况下，可以使用网桥 IP 地址作为设备的管理地址，或者用于实现设备上网功能，确保设备可以连接到互联网上的规则库更新服务器，以便能够自动进行设备的规则库更新，确保审计和控制策略的有效性。网桥 IP 地址分配的要求是与全网行为管理上下连设备互连接口的 IP 地址同网段、同子网掩码，网桥 IP 地址的网关地址为外连设备的 LAN 口地址。如图 1-5 所示，网桥 IP 地址需要与出口防火墙内网接口和核心交换机互连的接口属于同一子网，且网关地址为出口防火墙内网接口的 IP 地址。

在使用网桥模式前，需要先规划好设备的网桥接口，同时还需要提前确定网桥 IP 地址，配置网桥模式前，需要选择具体的模式，如图 1-6 所示，选择设备的部署模式为网桥模式，然后根据规划选定对应的成对网桥接口以及网桥 IP 地址信息等。

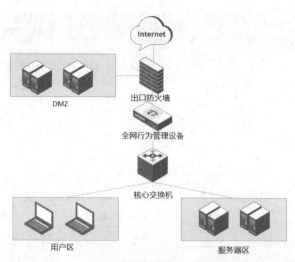

图 1-5 单网桥模式部署

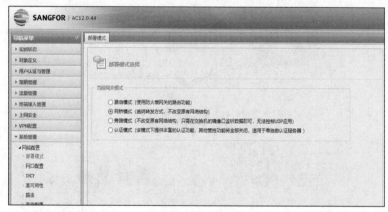

图 1-6 网桥模式选择

图 1-7 所示为单网桥模式的配置内容,包括网络接口配置、网桥配置、管理网口配置、网关配置。网络接口配置是针对网桥接口的选择,在图 1-7 中选择 eth0 与 eth2 接口作为一对网桥接口,且 eth0 为 LAN 方向接口,eth2 为 WAN 方向接口。网桥配置是网桥 IP 地址信息的配置,在图 1-7 中网桥 IP 地址为 200.200.20.61,子网掩码为 255.255.255.0。管理网口配置选择 eth1 口作为管理口,同时配置管理 IP 地址为 10.252.252.252,子网掩码为 255.255.255.0。网关配置是针对网桥 IP 地址的网关,用于实现设备访问互联网,同时包括 DNS 地址以实现域名解析,网关地址为 200.200.30.163,DNS 地址为 202.96.134.133 和 202.96.128.68。

在选择网桥接口时,必须保障方向的正确性,即 WAN 口和 LAN 口的方向性,最终的 WAN 口和 LAN 口的方向会影响策略生效结果。

企业考虑到网络的稳定性、可靠性,往往采用双机或者多出口线路构建基础网络。全网行为管理设备在多出口线路的情况下,可以选择使用多网桥模式。图 1-8 所示为多网桥模式部署,即在全网行为管理设备上,启用两对网桥接口,两对网桥之间互不通信,只有成对的接口间才可以进行数据的转发。在图 1-8 中,当出口防火墙中的任何一台设备发生故障时,可以通过在核心设备上直接修改路由或者提前配置浮动路由实现流量的快速切换,将原本在左侧出口的流量切换至右侧出口,同时还可以保障内网用户安全策略的一致性。

图 1-7   单网桥模式的配置内容

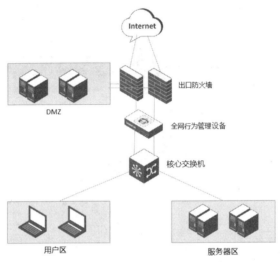

图 1-8   多网桥模式部署

在多网桥模式中，整体配置过程与单网桥模式的是一致的，但是需要选择多对接口作为网桥接口使用，每对网桥接口都具备属于自己的网桥 IP 地址。图 1-9 所示为多网桥模式的配置内容，接口 eth0 与 eth2 是一对网桥接口，接口 eth1 与 eth3 是另一对网桥接口。每对网桥都需要单独配置网桥 IP 地址。

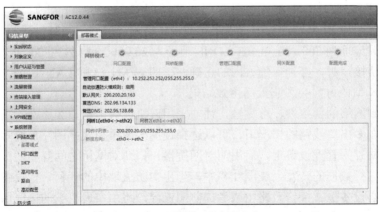

图 1-9   多网桥模式的配置内容

1.2.3　旁路模式

旁路模式，是指设备不串接在网络中，而是以旁挂的方式挂接在核心设备上，通过核心交换机等核心设备的流量镜像功能，将流量复制并转发给全网行为管理设备。在真正部署的时候，全网行为管理设备与交换机镜像接口相连，实施简单，完全不影响原有的网络结构，降低了网络单点故障的发生率。此时全网行为管理设备获得的是链路中数据的副本，主要用于监听、审计 LAN 中的数据流及用户的网络行为，以及实现对用户的基本 TCP（传输控制协议）行为的管控。在旁路模式下，全网行为管理设备针对用户管理的功能会有极大的缺失，由于流量不会主动穿过设备，因此大部分流量无法直接进行控制，针对 TCP 流量，基于 TCP中的报头 RST（复位）字段，可以进行较为基本的用户行为管控，但是实现效果受环境影响很大，因此一般在旁路模式下只作为审计使用。

图 1-10 所示为旁路模式部署，只需要将全网行为管理设备的镜像接口接到核心交换机上，镜像接口无须配置 IP 地址。在核心交换机上，按需进行流量镜像，将流量进行复制并发送给全网行为管理设备即可。

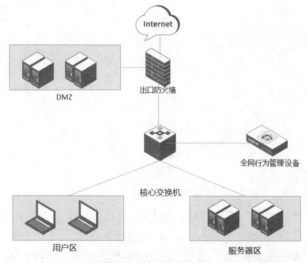

图 1-10　旁路模式部署

在使用旁路模式前，需要先规划好设备的镜像接口以及用户环境中的交换机镜像如何配置，一般情况下，需要选择通过核心交换机进行南北向转发的数据流，镜像的源端流量的选取会直接影响到全网行为管理设备审计分析的效果。在进行设备配置时，需要选择具体的模式，如图 1-11 所示，选择设备的部署模式为旁路模式，然后根据规划选定对应镜像接口，以及管理接口和管理 IP 地址信息等，镜像接口数量没有限制，可以将多个接口设置为镜像接口，同时进行镜像流量的接收、IP 地址用户设备的管理和规则库的更新使用。

图 1-12 所示为旁路模式的配置内容，配置设备的管理接口为 eth0 接口，管理 IP 地址为172.16.0.102，子网掩码为 255.255.255.0，由于只有管理接口需要配置 IP 地址，因此默认网关就是管理接口的网关地址，为 172.16.0.1，DNS 地址为 114.114.114.114，按需进行配置。在监控网段排除 IP 地址部分和监控服务器部分，配置的内容为设备需要审计分析的网段，按照真实的网络情况完成配置即可。

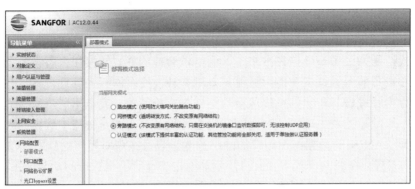

图 1-11　旁路模式选择

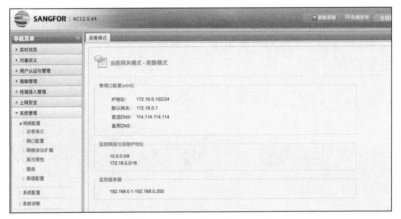

图 1-12　旁路模式的配置内容

1.2.4　单臂模式

单臂模式与旁路模式类似，都是设备不串接在网络中，而是以旁挂的方式挂接在网络上。但是与旁路模式相比，单臂模式会参与网络中数据流的转发，而旁路模式仅参与接收镜像流量。单臂模式之所以进行流量转发，是因为单臂模式通常用于代理，充当代理服务器。代理服务器相当于一个"中间人"的角色，位于客户端和服务器之间，对于客户端来讲，它是服务器，而对于服务器来讲，它又是客户端。有了代理服务器之后，客户端不是直接到服务器去取数据，而是向代理服务器发出请求，请求信号会先送到代理服务器，由代理服务器取回所需要的信息并传送给客户端。

主流的代理协议主要分为如下几种，并且代理服务器都会支持。第一种是 HTTP（超文本传送协议）代理，这种代理能够代理客户端的 HTTP 访问，主要代理浏览器访问网页，其端口一般为 80、8080 等。第二种是 FTP（文件传送协议）代理，这种代理能够代理客户机上的 FTP 软件访问 FTP 服务器，其端口一般为 21、2121。第三种是 SOCKS（防火墙安全会话转换协议）代理，SOCKS 代理与其他类型的代理不同，它只是简单地传递数据报，而不关心是何种应用协议，所以 SOCKS 代理速度较快。SOCKS 代理又分为 SOCKS4 和 SOCKS5，二者的区别是 SOCKS4 代理只支持 TCP，而 SOCKS5 代理既支持 TCP 又支持 UDP（用户数据报协议），还支持各种身份验证机制、服务端域名解析等。

代理技术主要使用场景包括隐藏真实 IP 地址，上网者也可以通过这种方法隐藏自己的 IP 地址，免受攻击；教育网（中国教育和科研计算机网）、169 网（中国公众多媒体通信网）等网络用户可以通过代理访问国外网站；访问一些单位或团体内部资源，如某大学 FTP（前提是该代理地址在该资源的允许访问范围之内），使用教育网内地址段免费代理服务器，就可以用于对教育网开放的各类 FTP 下载、上传，以及对各类资料查询、共享等服务；作为网络访问的一种方式，方便跟进策略进行 URL（统一资源定位符）过滤、应用过滤。

在使用单臂模式时，需要提前规划好代理接口以及管理接口，代理接口是最终代理生效的接口，管理接口用于实现设备的管理。在进行单臂模式部署时，需要先进行单臂模式的选择。如图 1-13 所示，在部署过程中，部署模式部分选择单臂模式，则可以进行单臂模式的配置。

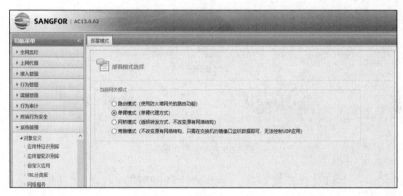

图 1-13　单臂模式选择

图 1-14 所示为单臂模式的配置内容，配置设备的代理接口为 eth0，且 IP 地址为 192.168.0.1，子网掩码为 255.255.255.0。配置管理接口为 eth1，管理接口 IP 地址为 172.16.0.1，子网掩码为 255.255.255.0。默认网关为 192.168.0.254，DNS 地址为 114.114.114.114。其他部分按照实际情况进行配置即可。

图 1-14　单臂模式的配置内容

1.2.5　主备模式

组织为了保证网络稳定、可靠，可以同时部署两台全网行为管理设备，两台设备以主备模式运行。两台设备通过串口线相连，一主一备，当主设备发生故障时自动切换到备用设备，提高网络的稳定性和可靠性。在这种环境中，全网行为管理设备以单网桥模式或者多网桥模式部署在组织网络中。图 1-15 所示为主备模式部署。

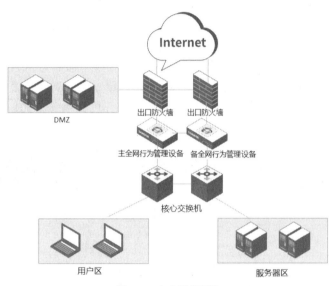

图 1-15　主备模式部署

在主备模式中，主机处理所有业务，并将产生的配置及会话信息传输到备机进行备份。备机不处理业务，只用于备份和监听主机的状态。当主机发生故障，备机就接替主机处理业务，推荐在路由模式下使用。配置的时候，需要使用心跳线（全反线）与 Console（控制台）口或物理接口进行互连，用于心跳同步配置。一般情况下，推荐使用物理接口进行互连，数据传输效率高于 Console 口的，在一些较新版本的设备中，逐步取消了 Console 口。全网行为管理设备的内外接口各自连接到内外网的二层/三层交换机的同一个 VLAN 接口上，除心跳口外，其余配置完全相同。

图 1-16 所示为主备模式的配置内容。设备标识即设备的名称，用于标识设备，选举主机优先级。由于主备模式部署情况下仅有一台设备进行工作，所以需要选定某一台设备作为主机，另一台作为备机，而主机的选择需要通过优先级进行选举。在基本配置部分是心跳口以及共享密钥和监测网口的配置内容。心跳口分为主心跳口和备心跳口，主心跳口是必选的

图 1-16　主备模式的配置内容

接口，用于主、备机间进行配置等同步；备心跳口是主心跳口的备份线路，非必选。当心跳口出现故障后，很可能会导致两台设备同时切换为主机，为避免 IP 地址冲突，就增加了备心跳口。为了确保安全性，加入双机环境的两台主机必须具备同样的共享密钥。监测网口组就是在双机环境中真正被同步配置的接口，如果检测的接口断开连接则自动进行主备切换。配置监测网口组时需要注意，设备暂时不用的接口不要勾选，否则会频繁切换设备。

在组建双机时，一定要注意，全网行为管理设备的软件版本和硬件型号要一致。两台全网行为管理设备配置完全一样，包括接口配置（序列号除外），切换部署模式、恢复备份的配置、修改系统时间等会导致设备重启，建议开启升级模式。两台全网行为管理设备可同步在线用户的状态，主备切换后内网用户无须重新认证。

图 1-17 所示为主备模式的配置结果，两台全网行为管理设备已经组成了双机，图 1-17 中所示设备为主机。此时两台设备的配置会进行同步，由主机同步给备机，所有的设备配置修改，都需要在主机上进行操作。当主机出现故障后，由于备机持续监测主机的状态，备机发现主机丢失，则会进行自动主备切换，升级成为主机。

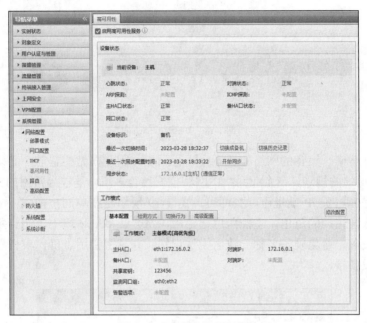

图 1-17　主备模式的配置结果

1.2.6　主主模式

在一些组织中，不仅要求网络的高可用性，同时还要求充分发挥设备的性能，避免设备的资源浪费，基于此需求，全网行为管理设备同时支持多机部署，多机部署支持两台以上设备同时以主机模式运行，完美支持组织的 VRRP（虚拟路由冗余协议）环境，起到均衡设备冗余与负载的作用。在这种环境中，全网行为管理设备以单网桥模式或者多网桥模式部署在组织网络中，多台设备都处理业务流量，主控将配置同步到所有节点，主控与各节点之间相互同步会话信息。当主控发生故障，将无法更改设备配置，推荐在网桥模式下使用。如图 1-18 所示，在主主模式中，两台全网行为管理设备使用网桥模式进行多机部署，也就是说两台设备同时进行工作，在两台全网行为管理设备上，分别通过不同的流量，内网流量通过哪一台设备进行转发处理由核心交换机决定。图中的主控，可以通过 VLAN 1～10 的流量，节点设备可以通过 VLAN 11～20 的流量，在核心交换机上，通过浮动路由来进行流量选路，当一端设备发生故障后，自动切换路由，确保故障导致的网络问题能够自动恢复。在设备正常运行期间，流量实现负载分担。

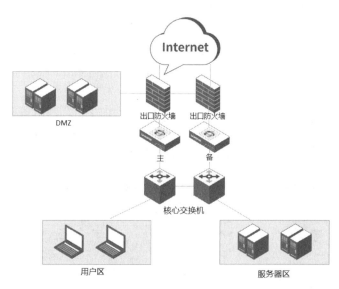

图 1-18　多机模式部署

　　多机部署环境中，设备的网络配置不会进行同步，因此在做配置前，必须提前完成设备使用模式和 IP 地址的规划。在企业网络中网桥模式结合多机，是较为常用的方式，在这一组合下，仅需要保障网桥 IP 地址不冲突即可。图 1-19 所示是在单网桥模式下多机的主控配置方式。首先要选定主控的角色，主控角色选定后，将会在多机环境中，起到主控功能。设备标识用于区分设备，避免设备名称一致而无法识别。共享密钥用于确保多机环境的安全性，避免非授权的设备接入。

图 1-19　主控配置

　　节点设备仅需要加入主控的多机环境中即可，图 1-20 所示为节点的配置。在完成网桥配置内容后，仅需要配置加入的主机地址，以及选择设备角色为"节点"和设置一致的共享密钥即可。在整体的部署过程中，必须确保多机环境中的每一台设备都能与主控的 IP 地址进行通信。设备之间会使用设备本身的 IP 地址进行配置同步和整体多机环境的心跳检测。

图 1-20　节点配置

主控以及节点配置完成后，多机环境会自动建立，图 1-21 所示为多机配置结果。此时多机环境中的所有设备会同时进行数据转发，并且设备间互为备份，一方面实现高可用性，一方面充分利用资源。

图 1-21　多机配置结果

1.3　终端接入认证技术

终端接入认证技术是指通过对终端设备进行身份验证和授权，允许合法用户或设备接入系统的一种技术。该技术可以用于确保系统的安全性和完整性，避免非法用户或设备对系统造成损害，是目前在企业网络中必备的安全技术。

1.3.1　全网行为管理用户管理技术

全网行为管理中的用户管理技术，旨在保护用户个人隐私和维护互联网社会的公序良俗。用户管理是接入认证的基础，同时为其他安全策略（如用户行为分析、违规行为处罚等）提供支撑。

1. 设备本地用户

用户是全网行为管理的管理对象，因此全网行为管理设备置备了丰富的用户管理功能。系统中存在用户组和用户的概念。用户组由"用户"组成，每个"用户"只属于唯一的"用户组"。一般全网行为管理设备会内置一个本地用户组，该组为本地用户的根组，无法删除。用户即最终接入网络的账号，同一个账号可以设置为允许同时多设备使用或者限制为只允许单一设备使用。同时用户也会被区分为本地用户和外部用户，本地用户是由管理员在全网行为管理设备上手动创建的用户。用户的信息全部存储在设备本地的数据库中，由设备直接进行维护，可以增删改查，并且可以根据需要对用户进行批量的导出和导入操作。批量导入主要适用于新设备上线的场景，按照设备要求的用户导入格式，预置好用户名信息以及组织结构信息，赋相同的初始密码导入即可。同时启用用户首次登录强制修改密码功能，即可实现强制用户重置密码。

管理员使用本地用户的需求一般来源于以下几个场景，比如某企业内无认证相关系统，需要由全网行为管理设备自身提供认证工作，或者企业内部存在认证相关系统，但是全网行为管理设备的使用对象为外部用户，如合作伙伴、访客等，在这种情况下，无法直接在内部认证系统上为外部人员创建用户。还有就是一个账户需要被多个终端同时使用时，一般不会使用认证系统内的用户，通常会通过本地用户中的公有用户来实现此需求。

图 1-22 所示为在本地用户组创建的本地用户 caiwu，全网行为管理设备对于本地用户具备全生命周期的控制权限。如果出现了忘记用户密码的情况，可以由管理员在控制台直接对用户密码进行修改。

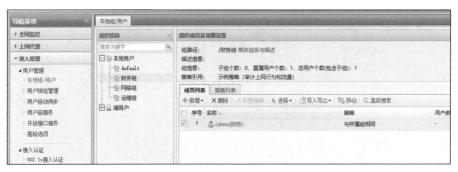

图 1-22　本地用户

2. 第三方用户

在当今的绝大多数企业中，一般会使用用户管理系统或者认证系统，如 OA（办公自动化）系统、HRM（人力资源管理）系统等，它们都具备一定的用户管理功能。虽然这些系统的开发厂商可能各不相同，但是这些系统针对用户管理部分的 IAM（身份识别与访问管理）系统一般都是较为通用的。全网行为管理设备具备与多种用户管理系统进行对接的能力。而全网行为管理设备中的外部用户，就是指用户的来源为非本地设备的第三方用户管理或者认证系统，如 LDAP（轻量目录访问协议）认证服务器、数据库认证服务器等，这些外部认证服务器不会将用户的密码信息同步至全网行为管理设备，仅会对用户名信息进行同步，以便针对用户做细粒度的授权操作，或者通过认证平台的组织结构映射的方式，实现用户权限的下发。

全网行为管理设备外部用户同步的过程，就是获取第三方用户管理系统用户信息的过程，在进行同步前，必须与第三方用户管理系统建立信任关系，并且获取用户信息的读取权限。在获取权限后，可以通过同步的方式，对部分第三方认证服务器的用户组织结构或者用户进行同步。

图 1-23 所示为通过用户同步功能进行 LDAP 用户同步后的结果，可以看到在第三方认证服务器上的用户，已经同步到全网行为管理设备本地，但是这里需要注意，一般情况下，被同步到本地的用户，仅仅包括用户的用户名等非关键信息，密码信息是不会被同步的。针对这些用户，可以进行细粒度的授权，确保不同用户都具备自己所需要的最小权限。

图 1-23　LDAP 用户同步结果

1.3.2 网络接入认证控制技术概述

在企业网络中，针对全网进行管理，首先需要明确网络中的对象，所谓的对象就是各种类型的设备、终端、用户。在进行对象确认后，才可以有针对性地对其进行管理与控制，针对这些对象的首要控制就是网络接入认证。在网络接入认证中有很多种认证方式可供企业选择，以满足企业不同需求层面、不同控制细粒度的内网准入认证需求，其中最主要的方式有3 种，分别是 802.1x 认证、Portal 认证和 MAB 认证。

802.1x 认证（802.1x 身份认证），又称为 EAPOE（Extensible Authentication Protocol Over Ethernet，以太网可扩展认证协议）认证，其主要目的是解决局域网用户接入认证问题。

Portal 认证，指用户通过浏览器访问外网的时候，被全网行为管理设备的认证驱动重定向到 Portal 界面，只有当用户登录成功，在线信息保存在驱动中之后，数据报才会被驱动放通，实现认证控制。

MAB 认证支持对哑终端进行放行，比如打印机、扫描仪等设备，可在入网失败用户中放行，需要交换机开启 MAB 属性。

不同的网络接入认证方案的实现原理不同，效果也不同，各有利弊，分别有其适用的场景。在公共场所的接入认证一般使用 Portal 认证，Portal 认证不需要安装客户端。使用 Web 页面进行认证，操作方便，能够减少用户终端的维护工作量，便于运营。此外，还可以在 Web 页面上进行业务拓展，如广告展示、责任公告、企业宣传等。

对于严格管控内网接入的场景，一般推荐使用 802.1x 认证，在没有认证之前不能访问内网（包括二层网络也不能接入），即不能经过二层交换机，满足企业对内网的严格准入控制。

对于哑终端或是自助终端，可以使用 MAB 认证，对于企业希望免认证直接上线的设备，也可以采用这种认证方式，实现全网终端方便快捷上线、简单安全入网。

3 种认证方式的对比情况如表 1-1 所示，不同的认证方式适用于不同对象。

表 1-1   认证方式对比

控制点	认证方式	适用场景	适用对象
二层接入控制	802.1x 认证	（1）需要交换机配合，且需要安装客户端（实施较复杂） （2）未认证前同一个交换机下的 PC 之间不能互访，管控严格	员工
	MAB 认证	（1）需要交换机配合，不需要安装客户端（实施复杂度中等） （2）未认证前同一个交换机下的 PC 之间不能互访，管控严格	哑终端 自助终端 免认证设备
三层接入控制	Portal 认证	（1）交换机对数据进行镜像操作即可，一般只有核心交换机对三层交换机支持，不需要安装客户端（实施简单） （2）可支持多种认证方式，如密码认证、AD 域认证、短信认证、微信认证、单点登录认证等 （3）控制点在三层核心交换机上，未认证前，不能上互联网、不能访问业务系统；但核心交换机下面的二层交换机 PC 之间可以互访	员工 访客 哑终端（绑定 MAC 地址，做免认证）

有效区分用户，是实现部署差异化授权和审计策略，有效防御身份冒充、权限扩散与滥用等的管理基础。在二层与三层的接入控制方案中，全网行为管理系统支持丰富的身份认证方式，常见认证方式如表 1-2 所示。

表 1-2 　　　　　　　　　　　　　　常见认证方式

认证方式	内容描述	说明
本地认证	用户名/密码认证、IP/MAC/IP-MAC 地址绑定，支持绑定短信和微信快捷认证	基于设备本地数据库中的用户进行网络接入认证，设备对于本地用户具备全生命周期管理权限
第三方认证	LDAP、RADIUS、POP3、Proxy、数据库等	基于第三方的数据库或者统一认证平台进行网络接入认证，一般设备仅同步用户基本信息，不同步密码信息
短信认证	通过接收短信获取验证码，快速认证	设备与短信网关或者短信猫等进行结合，通过短信验证码的方式，实现网络接入认证
OA 认证	通过 OA 认证协议对接，支持钉钉、企业微信等第三方账号授权认证	通过标准的认证对接协议与设备进行对接，调用第三方用户认证平台，实现网络接入认证
会议室二维码认证	提供二维码和会议号，用户扫码或输入会议号认证上网，支持通过验证手机号码实名认证	通过二维码扫码功能，实现快速网络接入认证
访客二维码认证	接待人员扫描访客手机上的二维码，备注信息后访客即可通过认证	通过使用已经认证过的设备，对访问二维码进行授权操作，实现快速网络接入认证
双因素认证	USB-Key 认证	通过用户名/密码认证同时结合硬件 Key 认证，在二次认证的条件下，完成增强性身份验证，实现网络接入认证
单点登录	AD 域、POP3、Proxy、Web 和第三方系统等	通过结合第三方用户认证平台，确保在用户处于一些特定情况下，实现网络接入免认证方式的单点登录认证，本质是认证信息的同步和信任。对于单点登录失败的用户，则使用其他认证方式进行验证
强制认证	强制指定 IP 地址段的用户必须使用单点登录	要求仅允许使用单点登录，不允许使用其他认证方式实现上线
802.1x 认证	交换机端口授权的认证方式，能够在认证通过之前有效阻止 PC 的 TCP 和 UDP 报文，实现二层的强管控	基于标准的 802.1x 协议，实现入网接入认证，在二层接入环境下即进行校验
MAB 认证	基于 802.1x，支持哑终端通过 MAC 地址认证的方式接入网络	基于标准的 802.1x 协议，依靠 MAC 地址信息，实现哑终端设备的认证
CA 认证	支持基于 802.1x 的外部 CA（证书颁发机构）认证，同时支持在线证书状态协议（OCSP）查询	基于标准的 802.1x 协议，结合 CA 体系，进行认证

认证方式种类多，且应用场景不同，本书会选取通用场景下的认证方式进行描述。

1.3.3　802.1x 技术方案介绍

802.1x 技术是一种网络接入控制协议技术，旨在提高网络安全性，它允许管理员通过认证和授权规则来限制用户对网络资源的访问。通过使用 802.1x 技术，企业可以控制网络资源的访问权限，保护敏感数据和网络安全。

1. 802.1x 原理

IEEE 802（LAN/WAN 标准委员会）为解决无线局域网网络安全问题，提出了 802.1x 协议。后来，802.1x 协议作为局域网接口的一个普通接入控制机制在以太网中被广泛应用，主要解决以太网内认证和安全方面的问题，或解决局域网用户接入认证问题。

802.1x 系统采用典型的 C/S（服务器-客户端）结构，包括 3 个实体（客户端、接入设备和认证服务器），有以下几个特点：安全性高，认证控制点可部署在网络接入层或汇聚层；需要使用 802.1x 认证客户端（AC 准入代理）或操作系统自带的 802.1x 客户端；技术成熟，广泛应用于各类型园区网员工接入。

802.1x 使用 EAP（可扩展认证协议）来实现客户机、接入设备和认证服务器之间认证信息的交互。EAP 报文的交互有 EAP 中继和 EAP 终结两种处理机制。

EAP 中继方式，用来对用户口令信息进行加密处理的随机加密字由 RADIUS（远程用户拨号认证系统）服务器生成，交换机只是负责将 EAP 报文透传 RADIUS 服务器，EAP 中继方式要求 RADIUS 服务器支持 EAP 属性：EAP-Message（值为 79）和 Message-Authenticator（值为 80），整个认证处理都由 RADIUS 服务器来完成。

EAP 终结方式，用来对用户口令信息进行加密处理的随机加密字由交换机生成，之后交换机会通过标准 RADIUS 报文把用户名、随机加密字和客户端加密后的口令信息一起送给 RADIUS 服务器，进行相关的认证处理。

同时 802.1x 的认证可以由设备侧发起，也可以由客户端主动发起。当设备侧探测到未经过认证的用户使用网络时，就会主动发起认证；客户机则可以通过客户端软件主动向设备侧发送 EAPOL-Start 报文从而发起认证。

设备侧主动触发认证的方式是当设备侧检测到有未经认证的用户使用网络时，会每隔 30 秒（系统默认，可以修改：dot1x timer tx-period tx-period-value）主动向客户端以组播报文来触发认证。在认证开始之前，端口的状态被强制修改为未认证状态。

客户端主动触发认证的方式是客户端软件可以向设备侧发送 EAPOL-Start 报文从而发起认证。该报文的目的地址为 IEEE 802.1x 协议分配的一个组播 MAC 地址：01-80-C2-00-00-03。

2. 全网行为管理设备对接 802.1x 认证

全网行为管理设备支持使用客户端（代理）来实现 802.1x 认证，这种认证方式需要在二层交换机/无线控制器上启用 802.1x，实现有线或无线环境下的二层准入控制，具有很高的安全性。用户要接入二层网络就需要进行认证，认证通过之后才能获取到 IP 地址访问内网资源，没有认证前不能访问内网，即不能经过二层交换机。

结合交换机做 802.1x 认证的实现原理是，在汇聚交换机或无线控制器上启用 802.1x，在终端上安装全网行为管理准入认证客户端，未认证的终端用户禁止访问内网或是仅能通过 Guest VLAN 访问有限资源，终端用户经过认证后才可以入网。

在使用 802.1x 认证功能时，需要在全网行为管理设备上，进行全局开启，同时也需要在接入交换机上进行功能开启。图 1-24 所示是在全网行为管理端开启 802.1x 入网控制的配置内容。启用 802.1x 的原理是，全网行为管理设备充当认证服务器，用户可以是设备本地用户，也可以是 AD（活动目录）域中的用户。设备对外提供 RADIUS 认证接口以及 RADIUS 计费接口，认证接口端口号默认为 1812，计费接口端口号默认为 1813。由于 RADIUS 协议本身在使用时，需要确定客户端是受信任的，因此需要配置服务器密钥。在交换机上开启认证的时候，需要输入同样的密钥进行匹配，以建立认证信任关系。

由于 802.1x 采用二层认证方式，在终端或者用户未通过认证前，是无法获取 IP 地址的，也就是说用户在完成认证之前，无法和认证设备进行通信，哪怕是连接在同一个交换机上的其他终端。一旦出现认证服务端发生故障，则会导致整网的机器无法接入网络的问题。基于此问题，全网行为管理设备中内置了强制逃生的设置。必须在交换机上配置逃生功能，强制逃生功能才可以生效。最终实现的效果是当认证服务端发生故障后，启用 802.1x 的交换机，自动放通认证，运行终端和用户接入，避免影响用户办公。图 1-25 所示是在设备端开启 802.1x

逃生的配置内容，仅需要选择"强制逃生"即可。

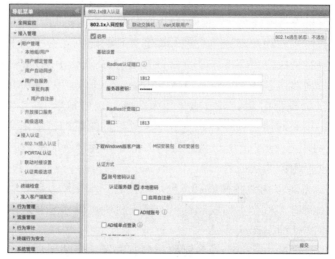

图 1-24　全网行为管理端启用 802.1x 的配置内容

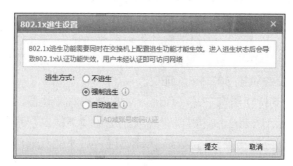

图 1-25　802.1x 逃生功能

在启用 802.1x 认证后，用户计算机在开机接入网络后，必须先通过准入客户端进行身份校验，只有校验通过之后，才可以完成入网操作并进行互联网的访问。图 1-26 所示为准入客户端程序界面。

图 1-26　准入客户端程序界面

在全网行为管理设备与 802.1x 对接认证使用过程中，核心的过程是用户认证过程和用户注销过程。用户认证过程如下。

（1）客户端发起开始认证请求（对于用户来说，这一步提交了用户名和密码，但是实际的报文交互是没有提交的，用户名和密码暂时存在认证客户端中为下一步做准备）。

（2）交换机收到请求之后，要求客户端提交用户名（只有用户名）。

（3）客户端会提交用户名给交换机（这个时候只传输用户名）。

（4）交换机收到用户名之后，将数据封装成 RADIUS 报文发送到 AC，AC 收到用户名，比对自己的数据库，找到密码之后，AC 产生一个随机数 A 和密码做运算得到 B，将 B 保留，将随机数 A 发给交换机。

（5）交换机收到随机数 A，将 A 发给终端，终端收到 A 之后也和密码做一个运算，得到 C 之后发给交换机。

（6）交换机收到 C，发给 AC，AC 对比 B 和 C 的值，如果一致，认为通过认证，发送认证成功报文给交换机，然后交换机放通端口。

802.1x 的用户注销有两种方式，第一种是常规注销下线方式，即用户终端主动发起注销下线，第二种是由全网行为管理设备强制用户注销下线。常规注销下线过程如下。

（1）PC 发送 eap-logoff 的报文给交换机。

（2）交换机收到后发送停止计费报文给 AC，AC 注销用户并发送注销报文给交换机。

（3）交换机收到注销报文后同时发送 eap-failure 报文注销 PC 的用户。

在强制注销方式中，包括几种场景，如无流量注销、MAC 地址变动注销、修改密码注销等。强制注销下线过程如下。

（1）AC 强制注销用户后通过 UDP3799 的 RADIUS 报文（该报文中不会携带用户名）通知交换机强制注销该用户。

（2）交换机收到 UDP3799 的注销报文后注销掉交换机在线的用户并通知终端。

（3）终端收到注销报文后把状态变为未认证状态。

在使用强制注销功能时，需要交换机同时开启 CoA/DM（更改授权/断开消息）功能，如果交换机不开启该功能会导致全网行为管理设备注销了用户，但是交换机未注销，流量还是能通过交换机，但是到了全网行为管理设备后，重新根据终端的 IP 地址匹配对应的认证策略。

3. 交换机 802.1x 认证配置

在全网行为管理端配置完成后，需要在交换机中完成相对应的配置，本书以 H3C 交换机和华为交换机为例进行说明。

H3C CMWV3 平台（S5600/S3900/S5100EI/S5100SI/S3600EI/S3600SI/S3100-52P/S3100SI/S3100EI/S7500）设备配置模板参考如下。

```
dot1x    //开启全局 802.1x
dot1x authentication-method eap
dot1x dhcp-launch
undo dot1x handshake enable   //关闭握手功能（握手功能仅支持配合 H3C 客户端，因此需要关闭）
dot1x re-authenticate
dot1x timer reauth-period 7200 //在全局配置重认证，该配置是否生效取决于端口下是否开启重认证
dot1x quiet-period   //打开设备的静默定时器功能。该功能使得认证失败一定次数后（max-retry-value
```

设置），该端口在静默时间内不接收 802.1x 认证请求报文

```
dot1x timer quiet-period 10              //静默时间
dot1x retry max-retry-value 4
interface Gx/0/x    //端口开启 802.1x
dot1x
dot1x port-method portbased             //默认是基于 MAC 的认证
dot1x re-authenticate                   //需要在端口下打开重认证开关，使得全局的重认证配置生效
dot1x unicast-trigger                   //启用单播触发更新，S3100SI 系列交换机不支持该命令
//AAA 认证配置
radius scheme acs                       //配置登录用 RADIUS Scheme，连接 Cisco ACS
primary authentication ip_address 1645 key key
primary accounting ip_address 1646 key key       //如果没有计费可以不用配置
secondary authentication ip_address 1645 key key
secondary accounting ip_address 1646 key key     //如果没有计费可以不用配置
user-name-format without-domain
nas-ip source_ip_address                //nas-ip 指发送 AAA 认证的源地址
radius scheme enforcer  //配置 802.1x 认证 RADIUS Scheme，连接 LAN Enforcer 服务器，此处不
配置计费
 primary authentication ip_address key key
secondary authentication ip_address key key
user-name-format without-domain
nas-ip source_ip_address                //nas-ip 指发送 AAA 认证的源地址
timer response-timeout 5
retry  1   // 根据 timeout*retry 计算公式，当 5 秒内未连接到主用 LAN Enforcer，会切换到备用
LAN Enforcer 做认证
domain acs   //配置 AAA 认证域
authentication login radius-scheme acs local
authorization login radius-scheme acs local
authentication lan-access radius-scheme enforcer
authorization lan-access radius-scheme enforcer
domain default enable acs   //设置默认认证域
```

华为 S2700 系列路由器设备配置模板参考如下。

```
dot1x enable                            //在接口下打开 dot1x 功能
dot1x authentication-method eap //配置认证方式为 EAP 认证，默认为 CHAP（挑战握手身份认证协议）认证
undo dot1x handshake                    //使能握手功能，仅需要在全局下使用
dot1x timer reauthenticate-period 7200   //在重认证功能打开的前提下，设置重认证周期
dot1x quiet-period                      //使能静默定时器功能，默认未使能
dot1x timer quiet-period 10 //打开设备的静默定时器功能。该功能使得认证失败一定次数（quiet-times
设置）后，该端口在静默时间内不接收 802.1x 认证请求报文
dot1x quiet-times 4
dot1x dhcp-trigger                      //使能在接入用户运行 DHCP（动态主机配置协议）申请动态 IP 地址
时就触发对其进行认证，默认未使能
dot1x reauthenticate                    //全局模式下使能重认证功能，默认未使能
radius-server template icbc             //配置认证服务器模板为 icbc
radius-server shared-key simple Password123   //配置密钥
radius-server authentication 114.255.225.40 1812    //配置主用 RADIUS 服务器地址和端口
radius-server authentication 114.255.225.41 1812 secondary  //配置备用 RADIUS 服务器地
址和端口
radius-server retransmit 1 timeout 3        //设置超时时间，根据 timeout*retransmit 计算，当 3
```

秒内未连接到主用服务器会切换到备用服务器

```
aaa
authentication-scheme icbc          //配置认证方案为icbc
authentication-mode radius          //配置认证模式为radius
domain default                      //配置默认认证域：绑定认证方案和认证服务器模板
authentication-scheme icbc
radius-server  icbc
interface GigabitEthernet6/0/0
port link-type access
dot1x enable                        //全局使能dot1x的前提下，在接口下需要使能dot1x
dot1x port-method port              //设置接入控制方式为基于端口方式（默认为基于MAC）
dot1x reauthenticate                //使能接口的重认证功能
```

不同厂商的设备，或者同一厂商的不同平台、不同型号的设备，其整体的配置思路大体相同，但是命令会存在差异，在使用设备进行 802.1x 配置时，需要根据具体的型号，与厂商进行确定，或者严格参照该产品的用户操作手册进行配置。

1.3.4　Portal 技术方案介绍

Portal 技术在过去是一种用于构建企业级门户网站的技术方案。近年来，开始逐步应用到认证架构中。企业通过 Portal 技术可以更加轻松地整合各种应用程序和信息资源，打造出更加智能和创新的门户网站，也可以实现更加简便的用户认证，提升用户体验。

1. Portal 认证原理

Portal 认证不需要客户端，实现原理是用户优先获取 IP 地址，访问某 URL 被重定向到 Portal 认证页面，输入用户名和密码进行认证，完成认证即可访问相应资源，实施简单、便捷，对原有网络环境没有影响，安全性适中，认证通过前可以经过二层交换机。通过这种认证方式，可以实现不需要认证（绑定 IP/MAC 地址）、用户名/密码认证、单点登录、禁止上网、微信快捷登录以及短信快捷登录。Portal 认证流程如图 1-27 所示。

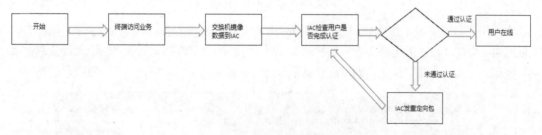

图 1-27　Portal 认证流程

（1）终端访问业务或上网数据经过交换机镜像数据到全网行为管理设备上，全网行为管理设备检查终端是否已经认证过，如果没有认证，则发 302 重定向包。

（2）终端接到 302 重定向包，到全网行为管理设备上进行认证。

（3）认证通过后不再发重定向包，进行放行；认证不通过的，发 RST 阻断用户对业务的访问。

（4）如果客户除了认证，还需要检查终端合规以后才能正常接入网络，则需要添加终端检查策略，在用户认证完成的同时检查终端合规以后才能访问内网资源。

Portal 认证方式具备多个优点，如支持旁路部署，易实施，低干扰；可以实现业务接入控制，认证通过前不能通过核心交换机访问业务系统；全网流量可视，支持互联网审计和业务审计，同时满足接入控制需求。

2. 本地用户名/密码认证

用户名/密码认证，是各个认证系统中最基础的认证方式，在全网行为管理设备中，用户名/密码认证包括本地用户名/密码认证和第三方用户名/密码认证，在本小节中主要说明本地用户名/密码认证，即设备本地存储的用户名/密码认证，也即前文中所描述的由设备直接创建的用户认证方式。图 1-28 所示为针对本地用户名/密码认证的配置内容。在全网行为管理设备中，认证策略配置一般包括认证范围、认证方式和认证后的处理方式。认证范围就是匹配当前认证方式的范围，可以是 IP 地址段、MAC 地址、SSID（服务集标识符）信息等，一般场景下使用 IP 地址段较多。认证方式是当前策略针对用户开启的校验方式，默认情况下有不需要认证、密码认证、单点登录、不允许认证 4 种方式，其中密码认证包括本地用户名/密码以及第三方的用户名/密码，选择密码认证后，在认证服务器部分，选择"本地用户"，即开启了本地用户名/密码认证。认证后的处理方式，是针对认证完成用户是否进行组织结构绑定或者 IP/MAC 地址绑定的配置。

图 1-28　本地用户名/密码认证配置

本地用户名/密码认证配置完成后，使用策略中在认证范围内的终端机器进行验证，在终端访问互联网时，会自动触发重定向认证，界面如图 1-29 所示，用户需要在此认证界面输入设备本地用户名和密码，单击"登录"按钮，即可进行认证，通过认证后的机器可以正常进行互联网的访问。

图 1-29　重定向认证界面

3. LDAP 认证

随着组织规模的扩大，为了更好地进行认证，许多组织都建立了 LDAP 服务器，如 AD 域服务器等，通过 LDAP 服务器来进行人员的统一管理。LDAP 可以根据组织内部的结构来进行人员的划分，完全根据企业内部的组织架构来建立 LDAP 的人员结构。

LDAP（Lightweight Directory Access Protocol）是轻量目录访问协议。在 LDAP 中目录是树状结构的，由条目组成。条目相当于关系数据库中表的记录，是具有区别名（Distinguished Name，DN）的属性（Attribute）集合。可以这样理解：LDAP 在认证场景中，是存储了用户信息数据库的一个用户系统，可以通过标准的 LDAP 与该系统进行交互，实现验证终端身份的需求。LDAP 是一种开放标准，是跨平台的网络协议，常见的 LDAP 系统有 MS-LDAP:Active Directory（常称为 AD 域）、Open LDAP、Other LDAP。图 1-30 所示为 LDAP 树状结构。

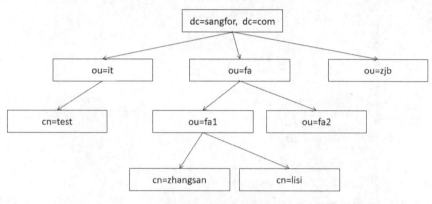

图 1-30　LDAP 树状结构

全网行为管理设备可以与 LDAP 进行联动，无须在全网行为管理设备上建立 LDAP 上的用户，就直接将认证的数据转向 LDAP 服务器，由 LDAP 服务器进行用户判断。同时为了更好地体现认证的多样性，全网行为管理设备提供读取 LDAP 中的手机号码的功能，可以跟短信认证结合起来，这样就可以实现与 LDAP 结合的双因素认证。

全网行为管理设备在使用 LDAP 认证时，过程如图 1-31 所示，用户使用 LDAP 中的用户名

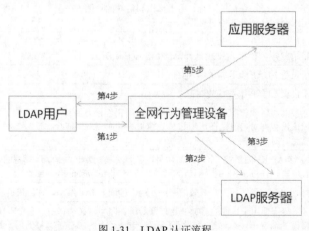

图 1-31　LDAP 认证流程

和密码信息,进行认证提交,把用户名和密码提交给全网行为管理设备。全网行为管理设备收到认证请求后,会把接收到的用户名和密码提交给 LDAP 服务器进行验证。LDAP 服务器在认证服务器本地进行验证,并把结果返回给全网行为管理设备,确定用户名和密码信息是否准确。全网行为管理设备把最终的结果返回给用户,实现用户上线或者拒绝用户上线。

如果需要使用 LDAP 认证,则需要先进行全网行为管理设备与 LDAP 认证服务器的关联,如图 1-32 所示。关联的主要目的是建立网关设备与认证服务器间的信任关系,并且通过对应的字段读取来获取 LDAP 服务器中的用户信息。

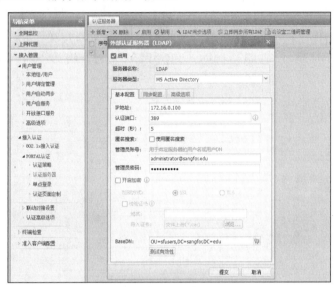

图 1-32 与 LDAP 认证服务器关联

全网行为管理设备与 LDAP 服务器整体的对接的过程,需要进行多项内容配置,如图 1-32 所示,配置选项说明见表 1-3。

表 1-3 配置选项说明

选项	说明
启用	用于设置是否启用该 LDAP 外部认证服务器
服务器名称	可随便填写便于记忆的名称,用于标识和后续的调用。在图 1-32 中,服务器名称为 LDAP,该名称后续会在认证策略中进行调用
服务器类型	LDAP 是通用的访问协议,基于 LDAP,很多厂商开发了自己的系统服务,最常见的是微软的活动目录服务,在图 1-32 中选择是的 MS Active Directory,即微软的 AD 域服务
IP 地址	用于设置 LDAP 服务器的 IP 地址
认证端口	用于设置 LDAP 服务器的端口
超时	当连接到服务器但服务器超过所设置的时间仍然没有回应时,就认为认证失败。一般情况下,保持默认设置即可,但是在组织结构规模很大的时候,可能会出现检索时间过长的问题,可以适当调整超时时间
管理员账号	填写 LDAP 服务器内一个有效的账号,用于读取 LDAP 结构。所填写的账号一般要以域中 DN 的形式填写,在图 1-32 中管理员的账号为 administor@sangfor.edu
管理员密码	填写 LDAP 服务器内一个有效的密码,用于读取 LDAP 结构,密码根据真实的密码进行填写
BaseDN	用于选择需要用于认证的 LDAP 用户账号所在路径。在选择用户账号所在路径时,在包含(嵌套)子路径的情况下,若勾选"搜索子树",该路径下的所有子路径的用户账号都包含进来;若不勾选"搜索子树",则只包含该路径下的本级用户账号

在"同步配置"中，可针对 AD 域服务器中的字段的映射关系进行相关配置；在"高级选项"中，能对关于用户的查找关联方式进行相关配置。无特殊情况，保持默认设置无须进行调整。

由于最终需要对用户进行细粒度的权限关联，因此需要将用户同步至设备本地，同步方式支持定时同步和立即同步。图 1-33 显示的域用户组织结构下的用户结构是由 AD 域服务器进行同步而产生的。针对这些被同步到本地的用户，可以进行策略关联与应用。

图 1-33　AD 域用户同步结果

全网行为管理设备与 LDAP 服务器进行关联后，即可开始进行认证策略配置，LDAP 认证策略配置与本地用户名、密码配置方式非常类似，仅在认证服务器选择部分存在差异。如图 1-34 所示，在"认证服务器"部分，选择对接配置完成的 LDAP 服务器即可，其他部分无差别，均需要根据实际的网络情况，选择认证范围以及认证后的处理操作。

图 1-34　LDAP 认证配置

在 LDAP 认证策略配置完成后就可以通过全网行为管理设备的客户端或者 Web 浏览器进行登录了。如图 1-35 所示，在用户名文本框和密码文本框中，直接输入 LDAP 中的用户名和密码，进行登录即可，用户名为 zhangsan，密码为该用户在 LDAP 中的密码。如果在此策略配置下，输入的用户名为非 LDAP 用户名，则会提示用户不存在。

图 1-35　登录

4. IP 地址与 MAC 地址绑定

IP 地址与 MAC 地址绑定策略，是在用户完成认证后生效的功能，本质上就是将终端的 IP 地址与 MAC 地址进行绑定，后续终端只能以此 IP 地址上线，如果发现终端上线后，上线的 IP 地址与绑定的 IP 地址不同，则拒绝终端进行互联网的访问。此种方式适用于使用固定 IP 地址的环境，在 DHCP 环境下不要开启此功能，DHCP 会造成终端每次启动后获取到的 IP 地址可能不同，最终会导致终端认证无法通过，从而拒绝终端访问互联网。一般情况下 MAC 地址较难修改，所以一般会忽略 MAC 地址被修改的问题。绑定 IP 地址和 MAC 地址的方式，通常适用于一些哑终端设备，比如网络电视、摄像头等。

在一些安全要求性高的地方，同时可以启用用户、IP 地址、MAC 地址三者的绑定，这种方式可以将用户与设备以及 IP 地址进行强关联，保障用户接入更安全。

图 1-36 所示是绑定关系的配置界面，根据需要可以选择 IP 地址与 MAC 地址绑定或用户与 IP 地址、MAC 地址三者绑定，进行勾选即可。

图 1-36 绑定关系配置界面

1.3.5 MAB 技术方案介绍

MAB 全称为 MAC Authentication Bypass，当启用 802.1x 认证的端口连接的设备是打印机（或者其他无法进行交互认证的设备）时，应当使用 MAB 认证。如果交换机等待客户端返回 802.1x 认证的 EAPOL（局域网可扩展认证协议）响应包超时，交换机就会尝试使用基于 MAC 地址的免认证特性来识别认证终端。同时使用 MAC 地址作为认证终端的身份标志，把认证终端的 MAC 地址作为用户名和密码发送给认证服务器。

MAB 认证具备的优点是，无须安装客户端，适用于物联网场景，支持哑终端设备、自助设备、服务器等不适用于做认证交互的终端设备；可以实现二层接入控制，认证通过前不能访问内网；支持对哑终端进行放行，比如打印机、扫描仪等设备，可在入网失败用户的列表中找到对应设备，并进行手动放行。此过程会对哑终端的 MAC 地址进行绑定，并通过 MAB 进行认证。

1.4 终端资产发现

通常公司的 IT 管理员，往往希望能够总览公司内网的分布使用情况，查看终端设备的部署使用情况、IP 地址分配情况，甚至内网中网络设备（交换机、路由器、防火墙等）的分布使用情况，全网行为管理设备可让 IT 管理员时刻掌握网络资源分配和使用信息，为优化网络提供全面、第一手的数据。这一功能被称为终端管理功能。

1.4.1 终端发现技术

全网行为管理设备支持扫描内网中指定网段的网络终端设备，并对扫描到的设备进行设备类型识别。同时可以分析出镜像流量到全网行为管理设备的终端指纹信息（设备类型、IP地址、MAC地址、操作系统、在线状态、开放的端口、厂家等），全网行为管理设备支持通过 TCP、DHCP、ARP（地址解析协议）、HTTP（HTTPS）、DICOM（医学数字成像和通信）等协议识别终端特征，支持 PC、移动设备、哑终端、专用设备的发现和型号识别；支持Windows、Linux、MAC、瘦客户机等 PC；支持手机、平板计算机等移动设备；支持服务器、交换机、无线控制器等网络设备；支持打印机、投影仪、电视、摄像头、门禁系统等哑终端。

全网行为管理设备之所以能提供如此重要的网络使用终端信息数据，让管理员如同得到上帝视角一般穷览内网全景，与其识别的机制有着很大的关联性。在全网行为管理设备中，采用了主动识别和被动识别两种机制同时进行终端识别。

主动识别采用开源嗅探工具来主动探测指定网段内设备的信息，根据不同设备的 TCP/IP协议栈差异，与已知的内置设备指纹库匹配得出具体的操作系统信息，通过本机的 ARP 信息获取设备的 MAC 地址，再根据 IEEE 标准规范，用 MAC 地址匹配对应的厂商。通过内置脚本，完成探测并识别其他哑终端设备类型。

被动识别就是不主动发送数据报，通过抓取流量信息，并对其进行分析获取相应的设备信息，被动识别主要采用的技术手段有抓取 HTTP 数据和 DHCP 数据。抓取 HTTP 数据手段是通过分析 HTTP 流量的字段信息，获取设备的终端型号等信息。抓取 DHCP 数据手段是通过分析 DHCP的请求包，分析其中指定字段的信息，提取厂商、主机名特征标识，将这些信息作为终端类型识别的指纹，与一个事先维护的已知终端厂商标识库匹配，从而确定终端厂商、主机名信息。

在二层部署的环境下，全网行为管理设备可以通过 ARP 来得到 MAC 地址信息，但是在三层网络环境下，MAC 地址无法直接跨网络进行传输，因此需要利用跨三层 MAC 地址数据和 SNMP（简单网络管理协议）获取交换机 ARP 信息来得到 MAC 地址信息。

考虑到设备扫描时间真空，通过定期扫描（比如每天全网扫描一次、每两小时重新扫描已扫描过但没有解析的设备）使扫描过后才接入网络的设备无法隐藏。图 1-37 所示是终端识别的配置内容，直接将需要扫描的网段填写入地址框，图 1-37 中填写了 172.16.0.0/24 和192.168.0.0/24 两个网段，单击开始扫描即可。

图 1-37 终端识别的配置内容

在完成扫描后，可以在终端列表中直接查看相应信息。图 1-38 所示是通过终端发现功能主动进行扫描而发现的内网终端设备。两个终端的操作系统分别为 Windows 和 Linux，如需查看更加详细的终端信息，单击终端的 IP 地址部分，会进入详细信息查看界面。

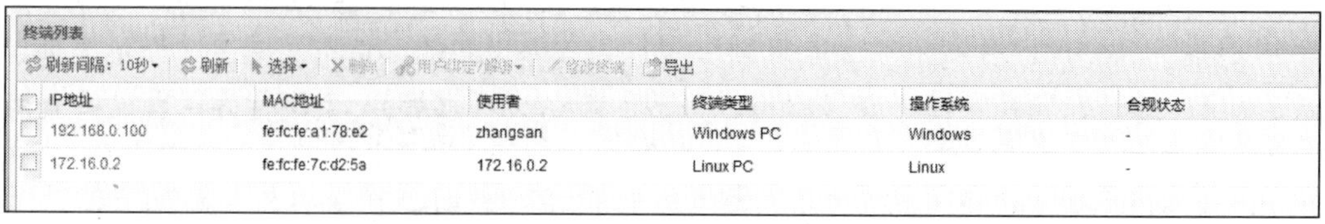

	IP地址	MAC地址	使用者	终端类型	操作系统	合规状态
	192.168.0.100	fe:fc:fe:a1:78:e2	zhangsan	Windows PC	Windows	-
	172.16.0.2	fe:fc:fe:7c:d2:5a	172.16.0.2	Linux PC	Linux	-

图 1-38 终端识别结果

图 1-39 所示为识别出的终端的详细信息，主要内容有终端信息和认证信息。终端信息包括终端名称、历史 IP 地址、MAC 地址、操作系统以及开放的端口等。认证信息包括终端认证状态、登录用户以及用户所属的组织结构信息等。

图 1-39 终端详细信息

终端管理具备针对终端的基本分析功能，这些分析功能包括新设备发现趋势、终端违规检查项排行、终端违规用户排行，可帮助管理员直观掌握终端接入安全状态，图 1-40 所示为针对终端的各类分析结果。

图 1-40 终端分析结果

1.4.2 IP 地址梳理功能

在企业网络中，对于设备的管理中，IP 地址的管理是一项重要的工作。在 IP 地址管理中，IP 地址与终端和服务器的对应关系是 IP 地址管理的核心。结合终端发现功能，全网行为管理设备可以让管理员尽览内网 IP 地址的使用情况，包括正常使用 IP 地址、长期离线 IP 地址和未使用 IP 地址，以及正常使用 IP 地址的在线状态、使用者、MAC 地址和活跃时间等。

图 1-41 所示为 IP 地址梳理结果，可以看到在 172.16.0.0/24 网段中，地址 172.16.0.2 已经被占用，当前处于在线状态，并且可以查看针对该占用 IP 地址的终端的部分信息。

图 1-41　IP 地址梳理结果

1.5　终端安全检查和修复技术

终端识别是终端管理的第一步，从安全角度进行考虑，在完成终端识别后，需要对终端的环境进行检查，以确保终端的环境安全合规，对于不满足安全基线要求的终端可以进行相应的权限控制或者提醒。对于满足安全基线要求的终端，使之匹配已经完成的配置策略，并进行放通或者重定向等。

1.5.1 终端安全检查技术

终端安全检查规则主要分为终端插件检查规则和流量行为检查规则。实现终端插件检查规则时，终端需要安装准入插件；流量行为检查规则通过检查流量实现，终端无须安装准入插件。终端插件检查规则的功能比流量行为检查规则的功能更多。

借助准入规则，全网行为管理设备可以按照管理员要求进行合规性检查，检查包括杀毒软件、登录域、操作系统版本、补丁情况、注册表键值、计划任务、终端进程运行情况、终端目录盘下文件情况、Windows 账号规则等安全合规项，不满足预设安全级别的终端将不被允许访问互联网或是限制其访问权限，从而提升整个内网的可靠性和可用性。

图 1-42 所示是终端插件检查规则列表，包括 13 项检查和管控策略，在流量行为检查规则中，所包括的功能较少，仅针对终端安全程序进行检查，包括个人版杀毒软件和企业版杀毒软件两种。

图 1-42　终端插件检查规则表

1.5.2　终端修复和处置技术

全网行为管理设备平台对入网终端进行合规性检查支持隔离修复功能，内置的终端合规性检查策略包括常规检测，如 Windows 补丁检测，可按照指定级别或指定补丁进行检测，提醒用户及时修复；注册表不安全项检测，支持自动删除不安全项，或是禁止用户上网并提醒用户修复；及时发现可疑文件检测，支持自动删除文件，禁止用户上网及告警，同时上报给管理员；是否运行指定进程检测，支持自动停止进程，禁止用户上网及告警；操作系统检查，支持禁止用户上网及告警；支持自定义计划任务检测，在指定时间执行客户定义程序并检查执行结果；支持登录域检测（PC 以任意域账号登录即可检测合规）和登录指定域（PC 以域账号登录到指定域中的一个即可检测到合规）。对于违规终端，支持禁止上网、提示用户、只记录结果和限制用户权限 4 种违规处理方式。

1.5.3　杀毒软件检查和修复

基于全网行为管理设备轻量级插件方案和无端方案，对于杀毒软件检测支持终端插件杀毒软件检查规则以及流量行为检查规则，保障入网终端安全性。

终端插件杀毒软件检查规则可以用于检测主流杀毒软件有无运行，同时支持杀毒软件版本号检测。对于违规终端，支持禁止上网、提示用户、只记录结果、限制用户权限以及违规修复 5 种违规处理方式，其中限制用户权限支持选择访问权限策略和用户限额策略两种违规处理，违规修复支持运行指定程序修复和重定向指定页面修复两种方式。

如图 1-43 所示，终端插件杀毒软件检查规则支持市场上主流杀毒软件，如 EDR 终端防护中心、360 安全卫士、瑞星杀毒软件等的运行情况、软件版本、病毒库更新时间检查，更多杀毒软件的检查策略可通过"进程检查"自定义添加。通过进程检查规则，可以对任何运行于终端环境上的进程进行管理控制。

通过终端插件杀毒软件检查规则，最终检测发现在终端环境中未运行杀毒程序时，会对终端产生多种响应操作，如图 1-44 所示，这些操作包括禁止上网并提示用户、提示用户、只记录结果、违规修复、限制用户权限。在选择违规处置策略的时候，需要考虑企业内部的实际情况，一方面需要避免出现终端管控过于严格导致无法入网的问题，另一方面还需要确保终端的安全。

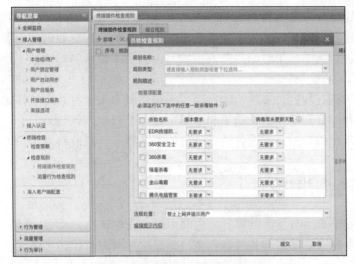

图 1-43　终端插件杀毒软件检查规则

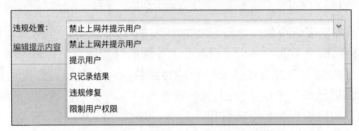

图 1-44　终端插件杀毒软件违规处置规则

除插件准入外，全网行为管理设备也可以使用基于流量的杀毒软件检测，这种方式无须安装客户端，仅通过流量状况进行检查，确认终端环境上一些主流杀毒软件的运行情况，为客户交付轻量级的软件检查方案。该功能主要基于识别杀毒软件的客户端与服务器间心跳通信的流量包实现，当发现违规操作时，支持定时重定向到指定网址和只记录结果。

如图 1-45 所示，基于流量的行为检查规则可以用于检查个人版杀毒软件以及企业版杀毒

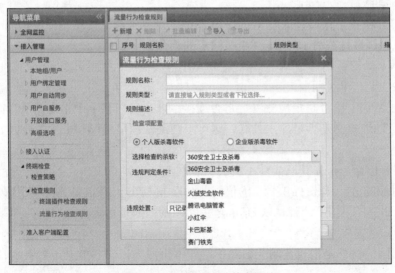

图 1-45　终端流量行为检查规则

软件。个人版杀毒软件依靠判断杀毒程序与杀毒软件厂商的云端服务器域名通信的情况，来确定客户端程序是否已经运行。而企业版杀毒软件，一般会在企业内部部署杀毒程序的管理端程序，因此在进行策略启用时，需要人工填写内网的杀毒服务器地址，供全网行为管理设备进行判断使用。

通过流量行为检查规则，最终检测发现在终端环境中未运行杀毒软件时，有两种违规处置动作可进行选择，分别是只记录结果和定期重定向至指定网址修复，一般情况下，选择定期重定向至指定网址修复，并且配置杀毒软件的下载链接，从而引导用户下载杀毒软件。

1.6 终端安全管控技术

网络世界中安全事件数量急剧攀升，内网中断、不稳定将直接影响用户的上网行为，所以需要全网行为管理设备保证网关自身安全，并强化内网可靠性、可用性。

1.6.1 非法外联管控技术

终端安全入网后需要解决的一个问题就是如何防止非法外联，全网行为管理设备可以从外联检查和外联控制两个不同的层次加强对非法外联的管控，全面保障内网安全。

外联检查用于检测上网终端设备上外设的使用情况，全网行为管理设备通过外联类型配置、违规处理、提示用户 3 方面来完成外设管理，在检查项配置中，全网行为管理设备提供了拨号行为、双网卡行为、有无线网卡行为、连接非法 Wi-Fi、有 4G 网卡、使用非法网关、连接外网和自定义外联等 8 种行为检查功能。当管理员将设置好的策略下发至 PC 的准入客户端，准入客户端此时就开始发挥其作用。每一种检查方式都具备自己独特的检查原理。

拨号行为检查采用远程访问服务完成，Windows 提供了一整套远程访问服务的 API（应用程序接口），通过调用 API RasEnumConnection 枚举出拨号行为，若拨号行为数量为 0，则表示本机没有拨号行为，若拨号行为数量不为 0 则有拨号行为，拨号行为检查基于拨号行为的数量来进行判断。

双网卡行为检查是指通过读取 Windows 系统汇总网卡存储的结构体获取网卡信息，然后通过网卡的 MAC 地址或者 IP 地址判断多网卡的行为。

有无线网卡检查是指通过 Windows 系统 API 函数检测，判断无线网卡的数量，若数量大于 0 则代表 PC 上有无线网卡。

连接非法 Wi-Fi 检查是指检测终端是否连接了非公司白名单中指定的 Wi-Fi，可以通过 SSID 和 MAC 地址检测是否是非法外联，这可以帮助管理员从 Wi-Fi 源头管理上网终端连接 Wi-Fi 乱象。

有 4G 网卡检查是指先获取当前主机的所有网卡名（即 GUID，全局唯一标识符），在注册表中判断对应的 ID（身份标识号）的值，若是以非 USB 开头的则为非 USB 外置网卡（包含无线网卡、2/3/4G 网卡），若是以 USB 开头的，则判断是否是无线网卡，如果不是，则为 2/3/4/5G 网卡。

使用非法网关检查是指设置网关白名单，若本机网关在白名单上，则表示合法，否则表示非法。

连接外网检查是指使用 PING 命令原理，内置 5 个域名，PING 通过其中任意一个就判定连接了外网，每次只发一个包。

图 1-46 所示为违规外联检查规则的具体内容，针对违规外联，可以采取处置动作，如发送告警邮件以及直接对终端进行断网操作，并且可以根据用户的具体行为，发生告警提醒。

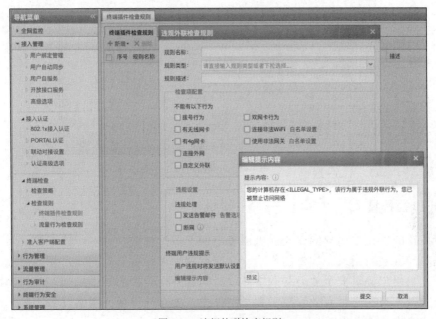

图 1-46　违规外联检查规则

对违反了外联检查规则的终端，会发生相关的提示，并直接进行断网处理，图 1-47 所示是针对双网卡情况的违规外联行为的提醒。

外联控制规则用于直接调用 Windows 防火墙规则，实现非法外联强管控，严格禁止终端访问外网。外联控制规则的使用场景有两种，一种是非法外联上报问题，另一种是内网隔离。

非法外联上报是指当一个企业安装了安全软件且开启非法外联告警上报功能之后，各个部门或区域都会上报非法外联告警。有的企业可能以此作为部门绩效考核的一项，但是我们知道

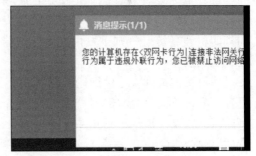

图 1-47　违规外联行为的提醒

没有绝对的事情，例如测试部门为了测试就会不可避免地出现外联行为，该部门的绩效就会受到影响。全网行为管理设备提供的外联控制规则就能有效阻止此类安全软件上报非法外联告警，使部门或区域实现一定程度的自我管理。

内网隔离用于控制内网中终端可以访问的资源范围，实现网络中的横向控制，切实地根据用户的需求场景保护网络中信息的安全。

图 1-48 所示是外联控制规则的配置内容，控制项配置包括"只能访问以下地址"和"不能访问以下地址"，根据具体需要，完成地址信息填写即可，同时在离网时策略可以继续生效。

图 1-48　外联控制规则

1.6.2　外设管控技术

　　各种各样的外设给用户的工作提供诸多方便，多一种途径就多一分方便，同样多一种途径也就多一分被攻击或中病毒的危险。全网行为管理设备要做的就是降低被攻击和中病毒的风险，为用户提供安全放心的网络环境。配置外设管控的检查规则，添加到检查策略并下发至准入客户端，可有效管控多种类型外设，如存储设备、网络设备、蓝牙设备、摄像头、打印机等。存储设备外设控制是指禁止终端使用便携式的存储设备，如U盘、手机、平板计算机。网络设备外设控制是指禁止终端使用外界网络设备，如移动数据网卡、Wi-Fi网卡等。蓝牙设备外设控制是指禁止终端使用蓝牙，如笔记本自带蓝牙、蓝牙适配器等。摄像头外设控制是指禁止终端使用摄像头等。打印机外设控制是指禁止终端使用物理连接的打印机设备等。规则下发由准入客户端执行生效后，可以有效阻止监管程序上报非法外设接入的告警。

　　外设管控规则支持精细化管控，如图1-49所示，通过终端准入客户端，在全网行为管理设备上配置检查策略实现U盘及其他便携设备的精细化管控。支持的控制动作有拒绝、只读、可读写、告警，拒绝即不允许使用U盘，只读即允许使用U盘，但是不能向U盘写入内容（可以复制文件出来，再在U盘里打开文件），可读写等同于不控制。告警即对U盘的插入进行告警。针对便携设备的控制方式有允许、禁用和告警，允许等同于不控制，禁用即禁止接入，告警即接入后进行告警。

　　当将设置的检查规则加入检查策略，并下发至终端，准入客户端每隔一段时间去查询是否有新的策略下发，检测到新的策略并使之生效，此时我们在PC终端插入未在设备ID白名单中的U盘，就可以看到U盘被系统策略阻止了。

　　确定U盘被阻止是由全网行为管理设备下发的外设管控策略阻止导致的，而不是由于终端设备硬件故障或U盘故障导致的方式是进入终端的设备管理器模块中，进行信息查看。在启用限制策略后，设备管理器中对应的设备会处于异常状态。直接查看异常状态硬件的信息，可以看到提示"系统策略禁止安装设备，请与管理员联系"的字样，就说明是由于违反了系统策略导致设备安装失败，而不是硬件问题或系统问题。

图 1-49　终端插件外设管控规则

　　全网行为管理产品的目标之一是给用户提供安全的网络，但不是只安全却不方便，毕竟各种各样的外设确实非常方便，如果一味地禁止终端使用各种外设，势必给用户造成多种不便，为了让用户能使用安全放心的外设，该产品提供了外设白名单功能，即将一些指定、可信任的外设加入白名单，在白名单中的外设依然能够给用户提供各种便利，为用户提供安全可靠的网络环境。在全网行为管理设备上，可以直接下载对应的 ID 生成工具，生成对应的外设硬件 ID 信息。如图 1-50 所示，单击"设备 ID 获取指南"按钮，即可开始下载 ID 生成工具，按照手册完成需要收集的信息并进行白名单填写即可。

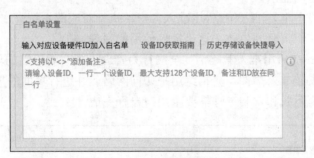

图 1-50　终端插件外设白名单

1.6.3　离线审计技术

　　为了满足移动办公、远程办公场景的审计需求，全网行为管理设备支持在准入客户端与设备连接断开的情况下实现离线审计，即使企业员工把笔记本计算机带回家，也可以实现 U 盘审计。

　　离线审计的原理是，当准入启动以后无法连接到网关或者 2 分钟内未收到心跳包回包，则切换至离线模式，如果此时缓存的策略文件打开了离线审计开关，则会继续记录 U 盘的文件操作，将要审计的目标文件备份起来，把行为记录到本地缓存，支持 1 GB 的最大缓存量，下一次连上全网行为管理设备时上报到后台，在终端离线状态支持审计。

图 1-51 所示是客户端审计策略的配置内容，客户端审计包括客户端应用审计和外接设备审计。无论是客户端应用审计还是外接设备审计，都可以按需选择离线审计功能。

图 1-51　客户端审计策略的配置内容

1.7　终端安全插件

为了优化企业的入网体验，全网行为管理设备一般使用轻量级插件解决方案，一个简单易用的小插件集准入认证客户端、终端安全性检查、非法外联管控、SSL 插件解密于一体，满足用户对终端安全的需求。

全网行为管理设备下发准入策略，由准入客户端执行对应的系统脚本，相当于在 Windows 系统下手动设置系统组策略并生效，这是插件使用的原理。

如图 1-52 所示，在启用准入策略后，全网行为管理设备会对终端的环境进行检查，若发现终端未启用或者安装准入插件，会拒绝用户访问网络，并进行页面的重定向，重定向至准入控件的下载界面，下载和安装过程需要由用户自行完成。

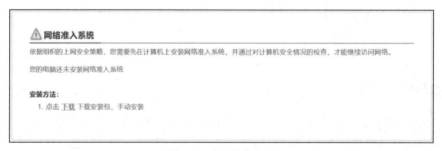

图 1-52　准入控件推送

轻量级客户端仅支持 PC 的 Windows 操作系统。轻量级插件安装包大小在 10 MB 左右，内存占用在 8 MB 以内，CPU（中央处理器）占用在 2% 以内，可以做到使终端用户无感知。

轻量级插件具有一定的安全性，员工不能随意卸载。

所有与客户端相关联的功能，全部集成在准入客户端程序中，如图 1-53 所示，利用准入客户端程序可以进行防病毒软件检查、Windows 重要更新的检查、补丁检查以及操作系统检查，该客户端程序同时具备充当准入登录客户端以及 SSL 内容解密客户端的功能。

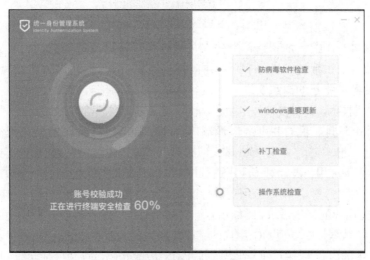

图 1-53　准入客户端程序

由于准入客户端程序需要在终端上进行安装，因此需要进行批量推送，推送方案有多种，如重定向页面统一推送，依靠重定向功能对客户端程序下载界面进行推送，再由用户进行下载安装；或者使用域控策略推送和安装；还有使用桌面管理系统推送安装。全网行为管理设备支持两种不同的轻量级插件安装包，即传统安装包和静默安装包，其中，重定向页面可以选择终端用户自行安装的安装包，域推送或桌管推送可以选择无感知静默安装包。

1.8　终端应用控制技术

终端应用控制技术是一种针对终端的安全保障技术，它通过控制终端应用程序等，限制终端设备能够处理的操作类型和数据，以确保应用或者系统不会被恶意软件攻击，从而保障企业网络的安全性。

1.8.1　应用识别技术

识别是管理的基础，现如今互联网应用极其丰富，尤其是随着大量社交型网络应用的出现，用户将个人网络行为带入办公场所，由此引发各种管理和安全问题。全面的应用识别可帮助管理员透彻了解网络应用现状和用户行为，保障管理效果，是全网行为管理设备的重要基础。

全网行为管理设备具备多种应用识别技术，全面识别各种应用，进而实现有效管控和审计。这些识别方式主要包括 URL 识别、应用识别、文件类型识别等。

URL 识别的原理是全网行为管理设备会内置千万级 URL 库，可以基于关键字管控、网页智能分析系统（Intelligent Webpage Analysis System，IWAS）从容应对互联网上数以万计的网页以及 SSL 内容的识别。除全网行为管理设备内置的上百种 URL 类别以外，管理员还可以自定义 URL 分组。根据组织内部的特殊需求，将一些指定的 URL 划分到一个 URL 分组下，此时，各种权限策略就可以引用这个 URL 分组来做控制，满足精细化的 URL 控制需求，让企业内网管理更加灵活高效，更加满足"权限最小化"的管理原则。

应用识别功能基于应用识别规则库来进行工作，应用识别库由厂商定期维护，保证该库处于最新状态。

文件类型识别是识别并过滤以 HTTP、FTP、邮件方式上传下载的文件，即使删除文件扩展名、篡改扩展名、压缩、加密后再上传，全网行为管理设备同样能识别和报警。

通过强大的应用识别技术，对于网页访问行为、文件传输行为、邮件行为、应用行为等，全网行为管理设备都能帮助组织实现对上网行为的封堵、流控、审计等管理。

规则库的生成技术，具备多种技术手段，也经历了多个发展阶段。传统的网络设备根据数据报的五元组（源 IP 地址、目的 IP 地址、源端口、目的端口、协议）特征等来识别应用并进行丢弃、转发、接收、处理等行为。以 QQ 聊天应用为例，通过识别协议为 UDP，端口为 8000，从而识别出是 QQ 聊天应用，再针对该应用进行控制。而传统的行为检测只能对数据链路层、网络层、传输层进行数据处理，不能对应用层进行操作，无法实现细粒度的策略，只能做允许和阻断的操作，无法满足用户的细化需求。比如想要针对某些 QQ 号做一些限制使用，就没办法控制了，在这种情况下，从数据报中发现 QQ 用户的字段在应用层 OICQ 协议的 Data 字段，这样就可以通过该协议字段中的内容来确定 QQ 号码，并针对对应的号码，进行控制操作。

上述两种应用识别方式，就是传统行为检测方式和深度行为检测方式，图 1-54 所示是传统行为检测范围，包括数据链路层头部、IP 头部和传输层协议头部，而不包括数据内容。通过 3 个头部信息可以判断出应用类型，其他深入的部分则无法继续进行判断了。

图 1-54 传统行为检测范围

图 1-55 所示是深度行为检测范围，与传统行为检测相比，深度行为检测包括数据内容，某些应用会在数据内容中，包含很多应用相关信息，通过深度行为检测，可以实现对应用的更细粒度的控制策略。深度行为检测之所以产生，就是因为传统技术无法识别精细的数据报应用和行为，无法识别经过伪装的数据报，无法满足现在的安全需求和可视需求。

图 1-55 深度行为检测范围

深度行为检测相比传统行为检测，具备多个优势，如可视化全网、流量精细化管理、减少或延迟带宽投入、降低网络运营成本、及时发现和抑制异常流量、透视全网服务质量、保障关键业务质量、丰富的 QoS 提供能力等。

在深度行为检测技术中，包括两种检测方式，分别是深度包检测技术（DPI）和深度流检测技术（DFI）。

1. 深度包检测技术

深度包检测不仅检测源地址、目的地址、源端口、目的端口以及协议类型，还增加了应用层分析，另外识别各种应用及其内容。在深度包检测中，包括 3 个技术分类，分别是基于"特征字"的检测技术、基于应用网关的检测技术和基于行为模式的检测技术。

不同的应用通常依赖于不同的协议，而不同的协议都有其特殊的特征，这些特征可能是特定的端口、特定的字符串或者特定的 bit 序列。基于"特征字"的检测技术通过对业务流中特定数据报文中的特征信息进行检测以确定业务流承载的应用和内容。通过对应用特征信息的升级（例如 HTTP 数据报中的 User-Agent 的位置），使用基于特征的检测技术可以很方便地进行功能扩展，实现对新协议的检测。

如某一个需求是在客户局域网中只允许计算机上网，不允许手机上网。该需求需要能够识别哪些上网数据是手机端发出的，哪些是 PC 端发出的。通过数据报分析，发现手机和计算机在同时上网的时候（同时使用 HTTP）会在 HTTP 的 User-Agent 字段区分出手机数据和 PC 数据，这就是典型的基于"特征字"的检测技术的应用。

某些应用的控制流和数据流是分离的，数据流没有任何特征。在这种情况下，就需要采用应用网关检测技术。应用网关需要识别出控制流，根据对应的协议，对控制流进行解析，从协议内容中识别出相应的业务流。

以语音或者视频应用为例，VoIP 视频协议先使用控制信令来协商数据的传输，之后进行数据流的传输。VoIP 视频协议的数据流是基于 UDP 的，跟踪数据流不会发现该数据的任何特征，但是 VoIP 在进行数据传输前由控制信令来协商数据的传输。全网行为管理设备通过控制信令来识别应用，并通过控制信令中的字段来进行控制，这种技术被称为基于应用网关的检测技术。

基于行为模式的检测技术，是基于对终端已经实施的行为的分析，判断出用户正在进行的动作或者即将实施的动作，通常用于无法根据协议判断的业务的识别。最常见的识别需求就是垃圾邮件行为模式的识别，SPAM（垃圾邮件）业务流和普通的 E-mail 业务流从 E-mail 的内容上看是完全一致的，只有通过对用户行为的分析，才能够准确地识别出 SPAM 业务。比如通过一定时间内发送的邮件数量，来判断该邮件是否属于垃圾邮件。

2. 深度流检测技术

DFI 技术是一种基于流量行为的应用识别技术，即不同的应用类型体现在会话连接或数据流上的状态等各有不同。基于流的行为特征，通过与已建立的应用数据流的数据模型对比，判断流的应用类型或业务。

表 1-4 所示是 RTP（实时传输协议）流与 P2P（对等网络）流的对比情况，它们在平均包长、下载时长、连接速率和会话保持时间上，都存在很大的差异。DFI 技术正是基于这一系列流量的行为特征，建立流量特征模型，通过分析会话连接流的包长、连接速率、传输字节量、包与包之间的间隔等信息来与流量模型进行对比，从而鉴别应用类型。

表 1-4   RTP 流与 P2P 流区别

指标	RTP 流	P2P 流
平均包长	一般在 130~220 Byte	一般在 450 Byte 之上
下载时长	较短	较长
连接速率	较低（一般是 20~84 kbit/s）	较高
会话保持时间	较长	较短

DFI 仅对流量行为进行分析，因此只能对应用类型进行笼统分类，如对满足 P2P 流量模型的应用统一识别为 P2P 流，对符合网络语音流量模型的类型统一归类为 VoIP 流量，但是无法判断该流量是否采用 H.323 或其他协议。如果数据报是经过加密传输的，则采用 DPI 方式的流控技术不能识别其具体应用，而 DFI 方式的流控技术则不受影响，因为应用流的状态行为特征不会因加密而发生根本改变。

1.8.2 HTTP/HTTPS 识别技术

网页浏览是员工主要互联网行为之一，尤其随着大量社交型网站的出现，用户将个人网络行为带入办公场所，由此引发各种管理与安全问题。

在 URL 过滤方面，全网行为管理设备采用"静态 URL 库+云系统"的识别体系。首先，全网行为管理设备内置千万级预分类 URL 库，该库由厂商负责维护，收集新增网页并经由人工审核分类，包含互联网上数十种分类站点，覆盖 95%以上用户访问量最高的网址。

其次，互联网网页容量爆炸性增长，Google 声称互联网独立网址超过一万亿个，如微博等新的网址每天层出不穷，静态 URL 库不足以有效应对。因此，全网行为管理设备支持基于内容关键字的过滤手段，即可基于管理员指定的多关键字过滤用户搜索行为、网页访问行为、发帖行为等。还提供了人工智能的网页智能分析系统，能够根据已知网址、正文内容、关键字、代码特征等对网页进行学习和智能分类，真正帮助组织完善对网页访问行为的管理。

再次，互联网上数万台全网行为管理设备组成一个庞大的云网络，自动收集上报新增的、不在 URL 库中的网页，经厂商复核后，加入 URL 库中。

以上三重识别体系保证了全网行为管理设备的 URL 识别率，保障了管理员实施 URL 控制策略的有效性。

HTTP 网站识别的原理是，终端设备通过 DNS 解析域名后，与网站服务器完成 3 次握手，发出 GET 请求，在 GET 请求数据报中的 HOST 字段，就是我们访问网站的具体 URL。

如果对该 URL 做封堵，终端设备在发出 GET 请求后（即完成 HTTP 识别），设备会伪装成网站服务器向终端设备发一个状态码为 302 的数据报，源 IP 地址是网站服务器的 IP 地址（实际是全网行为管理设备发送的），数据报中的内容是告知终端设备访问网站服务器的拒绝界面。

HTTPS 网站识别的原理是，终端设备通过 DNS 解析域名后，跟网站服务器完成 3 次握手，终端开始发 Client hello 报文（SSL 握手的第一阶段），在此报文中的 server_name 字段包含所访问的域名，上网行为管理设备提取 server_name 字段来识别 HTTPS 网站，对 HTTPS 网站进行封堵，终端设备在发送 Client hello 报文后，全网行为管理设备识别到该网站，然后同封堵 HTTP 一样，伪装成网站服务器给终端设备发送 RST 包，断开终端设备与网站服务器之间的连接。HTTPS 网站识别的整个过程都是加密的，在没有做 SSL 中间人劫持的时候是无法劫持和伪造具体数据报的，从而无法实现重定向到拒绝界面。

全网行为管理设备内置规则库已经覆盖常见的应用和网站，并以固定的周期持续更新，但难免有部分不常见的应用和网站没有更新。在这种环境下，只要管理员提供应用的特征或者 URL 就可以通过自定义进行识别和控制。

1.8.3 应用控制技术

　　全网行为管理设备支持映射组织的行政结构，管理员可依据组织结构添加管理策略，使上网策略对象化，同一条上网策略可被多个用户/用户组复用，同一用户/用户组可关联使用多条策略，实现策略和用户/用户组的双向关联，方便管理员调整。上网策略不仅支持生效时间调整、生效用户/用户组、应用类型限制以及模板形式复制，还支持设定策略有效期，管理员可手动设定策略的过期时间，逾期自动失效，有效实现策略的回收管理。此外，全网行为管理设备支持将策略的查看、编辑权限分配给指定管理员，实现策略的分级管理。

　　另外，全网行为管理设备使用灵活的用户授权策略，可以基于生效时间、用户/用户组、应用类型、位置、终端类型、SSID 的授权，帮助组织实现上网权限与工作职责的匹配，防止越权访问与泄密风险，一方面管控与业务无关的上网行为，提升员工工作效率，另一方面过滤不良信息、阻止异常行为，防止法律风险与泄密风险。

　　全网行为管理设备兼顾管理与人性化的需求，对于某些不便添加权限控制策略的部门或者企业文化较为宽松的组织，提供"智能提醒"功能，管理员可设定允许特定用户使用指定应用的时长、流速，一旦用户使用指定应用的时长、流速超限后，全网行为管理设备会自动弹出提醒窗口，提醒用户注意违规行为，督促用户自觉规范，达到促进自我管理的目的，减少管理带来的摩擦。

　　基于应用的权限划分是企业员工上网行为不可忽视的一个重要管理需求，全网行为管理设备给规则库中的所有应用打上标签，标签根据客户需求划分为"安全风险""发送电子邮件""高带宽消耗""降低工作效率""论坛和微博发帖""外发文件泄密风险"等大类。网络管理员只用根据需求针对标签应用配置策略即可，不仅节省时间，还更加准确。不仅如此，管理员还可以根据实际个性化的管理需求，给应用打上"自定义标签"，以此来对这些自定义的标签应用作权限划分，满足更多个性化的需求场景，让权限划分更加灵活。

　　图 1-56 所示是访问权限的策略配置，在"策略设置"部分，需要进行具体对象的选择，可以是应用、端口等，端口的优先级会高于应用的，在一般情况下，进行应用模块勾选即可。勾选应用模块后，添加需要控制的应用并选择具体的动作。在"适用对象"部分，选择策略生效的用户，则对用户与策略进行了关联。

图 1-56　访问权限策略配置

　　完成策略配置后，可以使用对应的策略关联对象进行业务访问，如果匹配了被拒绝的策略则会限制访问。如图 1-57 所示，用户尝试访问的网站在被拒绝的策略中，会触发拒绝页面，提醒用户无法进行访问。

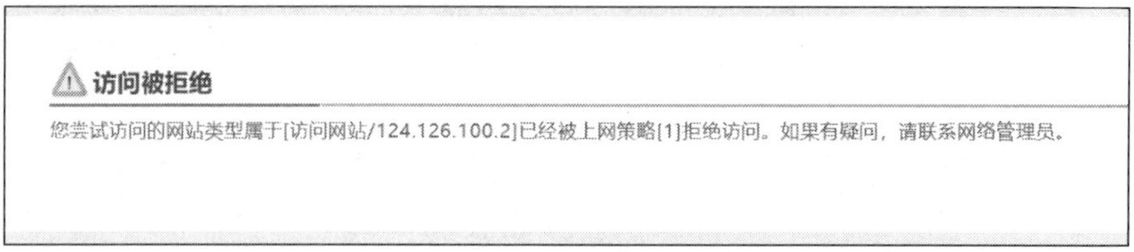

⚠ 访问被拒绝

您尝试访问的网站类型属于[访问网站/124.126.100.2]已经被上网策略[1]拒绝访问。如果有疑问，请联系网络管理员。

图 1-57　访问权限触发拒绝

1.8.4　SSL 内容管理技术

SSL 被广泛地用于 Web 浏览器与服务器之间的身份认证和加密数据传输，利用数据加密技术，可确保数据在网络上传输的过程中不会被截取及窃听。正因为如此，一方面，越来越多的网页使用 SSL 加密，如各大搜索引擎、Gmail、QQ 邮箱、BBS 等，而因为采用了加密技术，普通的管理产品无法对其内容进行识别管理，别有用心的用户可以利用这一缺陷绕过管理，通过 SSL 加密邮件、论坛发布反动言论或者是向外发送组织机密信息，导致管理漏洞。另一方面，互联网上存在大量伪造的网上银行、网上购物页面，此类网页利用网银、网上购物等普遍采用第三方权威机构颁发的数字证书以实现 SSL 加密的特性，伪造虚假证书以骗取用户信任，警惕性不高的用户容易在毫不知情的情况下泄露自己的用户信息，导致直接或间接的经济损失。

全网行为管理设备可以对 SSL 网站提供的数字证书进行深度验证，包括该证书的根颁发机构、证书有效期、证书撤销列表、证书持有人的公钥、证书签名等，防止采用非可信颁发机构数字证书的钓鱼网站蒙骗用户，此功能亦可应用于过滤 SSL 加密的色情、反动、证券、炒股站点等。此外，全网行为管理设备具有对 SSL 加密内容的完全管控能力，支持识别、管控、审计经由 SSL 加密的内容，如支持基于关键字过滤 SSL 加密的搜索行为、发帖行为、网页浏览行为，以及邮件发送行为，为组织打造坚固的管理。

在全网行为管理设备中，有两种方式进行 SSL 内容识别，一种是中间人解密技术，另一种是准入客户端解密技术。

1. SSL 中间人解密

SSL 中间人解密相对传统的 HTTPS 解密方式，需要将全网行为管理设备串接在网络中，作为 PC 和服务器的中间人进行解密，如图 1-58 所示，在使用中间人解密的方式下，对全网行为管理设备性能有较大消耗（PC 需要安装证书，否则解密时会提示证书无效），具体过程如下。

（1）中间人设备（全网行为管理设备）以代理模式部署在客户端与 SSL 服务器间。

（2）客户端发起 HTTPS 请求时，全网行为管理设备回应自己证书（伪证书），建立连接，此时会有证书告警（除非预先安装这个伪证书）。

（3）全网行为管理设备向 SSL 服务器转发 HTTPS 请求，SSL 服务器回应服务器证书（真证书），建立连接。由于会话主密钥是由全网行为管理设备与 SSL 服务器协议生成的，全网行为管理设备可全程解密出明文。

（4）全网行为管理设备将明文与 SSL 客户端加密传输，客户端以为收到的是服务器的响应。

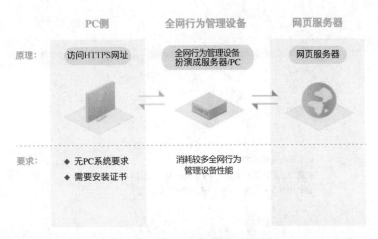

图 1-58 全网行为管理中间人解密

业界普遍采用传统的中间人解密方式，但该方式有性能损耗大、用户感知明显、部署模式有限制等缺点，难以大规模推广应用和实现全解密，具体情况如下。建立双倍连接导致性能消耗大，由于 HTTPS 传输中性能消耗较大的是非对称加密协议的阶段（约占 70%），且每浏览一个网页都会建立上百个连接，中间人代理方式还进行了双倍的连接建立过程，所以导致 CPU 性能急剧消耗。其次，中间人方式产生 3 倍流量，全网行为管理设备进行中间人代理方式解密时，在与 SSL 客户端通信、与 SSL 服务器通信、进行内部客户端与服务器身份中继时，各吞吐一次流量，故流量吞吐负荷是原来 HTTPS 传输的 3 倍，也加大了性能损耗。用户可感知解密过程，由于加密过程中使用了伪证书，客户端要求用户主动安装证书（或通过 AD 域、桌管软件、准入客户端推送安装证书），否则出现证书告警，对于证书安装过程客户有感知，即使安装了证书，由于 SSL 证书内含有身份信息，用户只要单击查看，也能发现服务端身份与网址不符，引起警惕。最后，只能串接部署在网络中，由于解密过程基于代理，故 SSL 中间人解密方式下全网行为管理设备必须串接在网络中，旁路部署无法得到支持。

2. 准入客户端解密

无感知（非中间人）的高效 SSL 解密方式是通过分析客户端加密传输进程、提取会话主密钥的方式实现解密的，PC 需要安装准入客户端，通过代理 PC 的流量进行解密，准入客户端会自动推送证书安装，如图 1-59 所示。首先，主机安装全网行为管理准入插件（可同时做终端安全检查）。其次，准入插件通过解析客户端加密传输进程，提取 HTTPS 会话主密钥。最后，全网行为管理设备旁路解密镜像流量实现 HTTPS 内容识别。

基于该直接获取会话主密钥的方式，可绕过非对称加密、只产生两倍流量、不替换证书、可旁路部署，解决中间人解密方式存在的问题。

对比传统方式主要优点如下。

（1）翻倍提升解密效率，硬件成本大大缩减。

（2）证书显示合法，只需安装准入插件实现，且准入插件可用终端安全检测的名义进行安装，更易推广。

（3）部署位置灵活，可旁路部署。

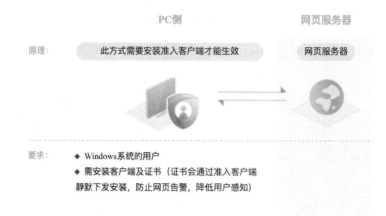

图 1-59　全网行为管理准入客户端解密

准入插件解密通过在终端 PC 安装 singress 准入客户端，客户端获取终端应用（主流浏览器和使用微软 SSPI 的应用）与服务器 SSL 连接握手过程的主密钥，将其发送给全网行为管理设备，则网关设备可以使用该密钥直接解密和加密该 SSL 连接的上下行数据报，达到审计和控制效果。该方案有以下优势。

（1）对比之前所使用的 SSL 代理解密方式，直接跳过非对称的握手计算过程，只进行对称加密与解密运算，提升系统吞吐率。

（2）可以实现全网行为管理设备旁路部署对 SSL 数据进行审计和控制。

（3）部署比较简单，配置准入策略推送安装终端代理即可，降低硬件成本。

（4）客户查看浏览器中的网站证书是完全正确的，推广风险性更小。

SSL 内容识别的原理虽然较为复杂，但是在设备上的配置过程非常简单，图 1-60 所示是 SSL 解密策略。在策略中，可以对 SSL 中间人解密和准入客户端解密两种方式进行选择，根据实际的组织情况，进行方式的选择。需要注意的是，如果选择了准入客户端解密，在接入终端后，全网行为管理设备会自动推送准入客户端程序。在"适用对象"部分，可根据具体情况选择策略生效的用户。这些内容配置完成后，策略即可生效，实现对 SSL 的内容识别。

图 1-60　全网行为管理 SSL 解密策略

1.8.5 终端行为安全管控技术

终端行为安全管控是指通过对终端设备的操作行为进行监控、管理和限制，保障企业信息安全，防止敏感数据泄露和恶意攻击，提高企业的安全防护能力，保证企业的业务连续性。终端行为安全管控技术对于金融、电商等高风险行业的安全管控非常重要，也是企业信息化建设的重要保障之一。

1. 终端防代理"翻墙"技术

目前，相对较为实用的"翻墙"技术主要有两种，分别是加密 Web 代理技术和代理软件技术。加密 Web 代理即基于 HTTPS 方式的加密 Web 代理，无须安装其他软件，仅靠浏览器就可以使用。使用代理软件方式，就是直接通过代理程序进行"翻墙"。

代理"翻墙"的原理是，用户的上网软件（通常是浏览器）会把数据发送给计算机中的代理工具，该工具对数据进行加密，然后发送给国外的某个代理服务器。而后该代理服务器把数据解密，然后发送给用户要访问的网站。最后，从该网站回传的数据，回到用户的浏览器。

按照代理是否加密，代理软件可分为加密代理和不加密代理两种。为了避开敏感词过滤，大多用户得使用加密代理软件。按照协议类型，常见的有 HTTP 代理和 SOCKS 代理。如果纯粹用浏览器"翻墙"，使用 HTTP 代理即可；如果需要让其他软件（比如 MSN）能够"翻墙"，那就得用 SOCKS 代理。

许多组织统一采用 Microsoft ISA、CCProxy、SyGate 等代理服务器上网，有的组织明文规定禁止内网用户私用代理上网，但仍存在用户私搭或私用非法代理服务器进行上网的行为，甚至使用 IPN 等加密代理。由于防火墙等设备对内网用户的管理是基于目的地址和端口的，因此无法有效区分正常上网的流量和通过代理服务器上网的流量。

对于如上情况，全网行为管理设备的深度内容检测技术能有效识别用户数据中包含的代理上网流量，通过代理识别模块可以识别从用户端发送到代理服务器之间的应用数据和几个用户间的共享上网行为，进而对用户的违规行为进行管控和记录。

对于采用 Web 代理和代理软件方式的"翻墙"行为，全网行为管理设备分别采取不同的方式来进行限制。针对 Web 代理，全网行为管理设备内置 URL 分类库，对网络上提供的在线代理网站进行搜集和汇总。管理员在做上网行为策略时，过滤这些在线代理网站后，内网的用户将无法使用 Web 代理。提供 Web 代理的网站非常多，而且更新很快，全网行为管理设备内置库可以被手动增加客户自己发现的 URL，除此之外，全网行为管理设备内置 URL 智能识别系统，用于对新增的在线代理网站进行特征分析，帮助客户管理新出现的在线代理网站。图 1-61 所示是全网行为管理设备内置的网页代理工具，其基于已经存在的代理规则库，实现对代理"翻墙"的控制。

对于代理软件方式，常用的代理软件在前文已经有介绍。针对目前较为常用的代理软件，全网行为管理设备进行了识别并更新至应用规则库中，并对这些软件进行种类和版本的更新。图 1-62 所示是在全网行为管理设备的应用规则库中已经存在的代理软件。

2. 移动终端管理技术

随着无线移动互联网的迅速发展，智能手机、平板电脑等移动终端越来越流行，但由于平板计算机等智能终端只能通过无线网络来上网，有些员工出于便捷考虑可能自己在工位旁私自拉一些无线 AP,通过无线 AP 在公司上网,但是这些 AP 由于安全性薄弱,极容易被外人破解,可能导致内网暴露,信息安全遭受威胁。

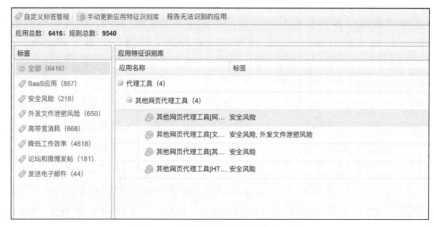

图 1-61   全网行为管理网页代理工具

图 1-62   全网行为管理软件代理库

全网行为管理设备的"移动终端管理"功能,通过 HTTP 解析技术、系统检测技术、移动应用识别技术等多项技术,能够秒级识别移动终端,发现"非法 Wi-Fi 热点",支持直接对"非法 Wi-Fi 热点"进行封堵或者发邮件给管理员进行告警,提醒管理员及时做出响应。

不仅如此,对于合法 Wi-Fi 热点,移动终端管理支持添加到信任列表,限制、封堵非法用户的同时,保证合法用户正常使用网络、业务不受影响。如图 1-63 所示,直接启用移动终端管理配置即可。

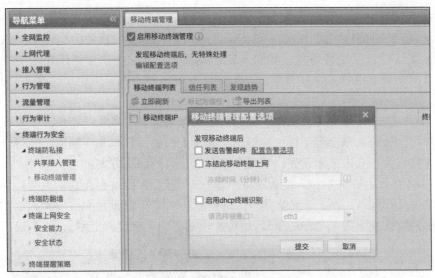

图 1-63　全网行为管理移动终端管理

3. 终端防共享技术

在解决移动终端的问题后，部分用户需要对此类接入的行为进行阻止，所以在企业的网络管理、在运营商代建的高校网络中出现了防共享上网的需求，即防代理、防"一拖多"的需求。

目前运营商以及企业需要面对共享上网带来的两个主要问题。第一个问题，在企业中，不少用户共享自己访问互联网的权限给其他用户，绕开企业对用户设定的上网权限控制，使得原本没有上网权限的用户可以上网，或者使得原本上网权限较低的用户拥有较高的权限，给网络管理带来诸多麻烦。第二个问题，在运营商承建和运维的高校网络中，很多学生使用路由器或者其他软件，共享互联网的访问权限给其他同学或朋友，直接造成运营商的收益受到影响。

进行防共享前，需要先发现共享上网的用户，当用户通过路由器、代理软件共享上网时，全网行为管理设备将通过先进的检测技术发现共享上网的 IP 地址、用户名、接入的终端数，并在防共享上网的状态界面显示出来。防共享的核心技术原理，是结合基于应用特征的方法和基于 Flash Cookie 的方法。

基于应用特征的方法，是指全网行为管理设备内置防代理软件规则库，对最新热门软件的唯一特征库进行识别，比如 QQ、360 安全卫士、搜狗拼音输入法、迅雷、英雄联盟、穿越火线、暴风影音、爱奇艺视频、搜狐影音等。PC 终端安装这些热门软件后，在使用该软件或者该软件进行更新时，全网行为管理设备在网络出口处就能检测到来自该 IP 地址的应用特征。若发现同一个用户账号下有两个或超过两个的 IP 地址接入，则判断为共享上网的行为，并自动检测到有两个或超过两个终端在接入。

基于 Flash Cookie 的方法的原理，同 HTTP Cookie 的一样，Flash Cookie 就是记录用户在访问 Flash 网页的时候保留的信息，鉴于 Flash 技术的普遍性，其具有同 HTTP Cookie 一样的作用。但是相比 HTTP Cookie，Flash Cookie 更加强大。首先，容量更大，Flash Cookie 可以容纳最多 100 千字节的数据，而一个标准的 HTTP Cookie 只有 4 千字节；其次，Flash Cookie 没有默认的过期时间；最后，Flash Cookie 将被存储在不同的地点，这使得它们很难被找到。比如用任意浏览器进入百度 MP3 搜索，在不登录百度账号的情况下打开百度音乐盒，随便试听几首歌曲，这时可以看到在百度音乐盒的试听历史中会出现之前试听的歌曲。接下来我们使用浏览器自带的删除功能来清理 Cookie（也可以使用各种软件的清理 Cookie 功能），清理完之后重新打开百度音乐盒，我们发现之前试听的歌曲信息居然还在，情况还不止如此，用任意一个浏览器打开百度音乐盒，都可以发现之前的试听历史，这就是 Flash Cookie 在起作用。

由于 Flash Cookie 不容易被清除，而且针对每个用户具有唯一的特性，并且支持跨浏览器，所以被用于做防共享检测，极大地降低了共享上网的漏判率和误判率，使得全网行为管理防共享方案成为行业内技术领先、获得众多客户认可的解决方案。

如图 1-64 所示，在共享接入配置选项中，在发现该 IP 地址存在共享上网行为时，在上网权限策略中选择代理控制，开启防共享上网检测，设置单 IP 地址允许的最大终端数。这里的最大终端数默认最小为 1，最大为 5，超过 5 个的终端无法接入上网。

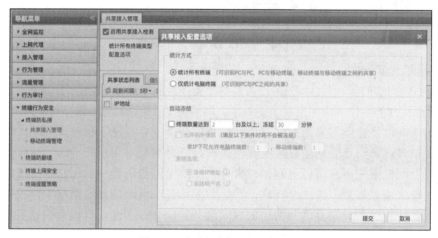

图 1-64　全网行为管理防共享策略

针对已经被冻结的用户/IP 地址，可设置冻结的时间为 1～720 分钟。在过了设置的冻结时间后，该用户/IP 地址可正常上网。该策略主要根据防共享在企业或高校中推广的便利性而设置，提醒该用户有共享上网的行为，在停止该行为之前，无法连续正常上网。

此时，通过路由器或者其他代理软件上网的 PC 将无法打开新的网页或者应用，并会收到浏览器推送的图 1-65 所示的提示页面。

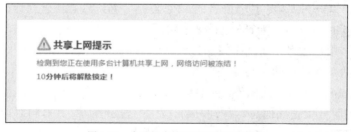

图 1-65　全网行为管理防共享策略效果

1.8.6　文件传输控制

利用网络来进行文件传输是许多用户每天的必修课，而在文件传输过程中存在种种管理和安全的隐患，如用户通过不可信的下载源下载带毒文件、在文件打包外发过程中不慎夹带涉密文件、终端因为中毒或被黑客控制主动发起外发文件行为而用户对此茫然无知，有意泄密者甚至会将外发文件的扩展名修改、删除，或者加密、压缩该文件，然后通过 HTTP、FTP 或以 E-mail 附件等形式外发。

全网行为管理设备支持管控文件外发行为，基于关键字、文件类型控制上传/下载行为，允许使用 Webmail 接收邮件而禁止发送邮件等。其中，仅仅实现对外发文件的审计和记录显然无法挽回泄密已经给组织造成的损失，单纯的基于文件扩展名过滤外发文件、外发 E-mail 也无法应对以上风险。鉴于此，全网行为管理设备的文件类型深度识别技术能基于特征识别文件类型，即便存在修改、删除外发文件扩展名，或者加密、压缩外发文件的行为，全网行为管理设备也能发现并且告警，保护组织的信息资产安全。

1.9　业务行为审计

业务行为审计是针对用户访问业务系统行为的审计和分析。当前企业内部安全问题频发，但是对于内网用户访问业务系统的行为难以控制，业务行为审计为解决此问题，提供了完善、可靠的方案。

1.9.1　业务行为审计概述

随着企业信息化的发展，内部业务系统越来越多，业务系统上的数据越来越多，对于管理员来说，业务系统和数据越多，维护起来就会越复杂。综合来看，会存在许多问题。首先是业务系统梳理困难的问题，企业内部有很多系统，由于历史的原因，很难对业务系统进行梳理，难以对资产进行有效管理，导致存在很多安全隐患。其次是业务系统访问的留存和追溯，企业的重要数据大都在各业务系统上，因此对业务系统的访问要进行日志留存，以便后续发生事故时可以进行追溯。最后是账号安全管理，业务系统使用的问题很多是账号的不当使用引起的，特别是在重要的业务系统里，由于账号的不合理使用导致很多安全隐患。

全网行为管理设备支持在互联网审计、业务审计（提供应用审计、流量和上网时长审计、网页内容审计）、日志记录、报表中心等不同层级的全面行为审计，实现用户网络的全面管控，不仅支持互联网侧的行为审计，也支持内网侧的行为审计，可以让用户对自己的网络行为进行更多、更全的管理监测。

1.9.2　业务行为审计实现方式

全网行为管理设备支持通过镜像流量，指定 IP 地址范围，自动识别业务和协议，自动审计，自动区分业务访问行为、业务外联行为以及流量并分别审计。

TCP 流量经过业务系统识别模块，识别为业务系统流量，应用审计模块把 TCP 流量组装成 HTTP 单元，业务审计插件把 HTTP 单元记录成日志。分为以下两种日志类型：业务外联日志，指业务主动连接外网产生的日志；业务访问日志，指用户主动访问业务产生的日志。审计对象包括服务器以及服务器上对外开放的业务，一个服务器可能有多个业务，还有就是访问业务的用户。

1.9.3　业务审计

全网行为管理设备支持自动识别业务和协议。管理员仅需指定业务 IP 地址范围后，系统即可自动识别开放的业务端口和里面的流量类型，并自动记录日志。通过指定 IP 地址范围自动识别内网业务系统，客户端访问目的地址即使业务系统。图 1-66 所示是管理员定义业务系统的过程，通过人为定义创建业务系统对象，以便其他策略调用。

图 1-66　业务系统定义

在定义完业务系统后，即可开始进行业务审计策略的配置，审计内容包括业务访问行为和服务器外联行为。如图 1-67 所示，在业务审计策略中需要先进行业务系统选择，这里选择的内容就是提前定义好的业务对象，也就是说针对该业务对象进行审计。对象选取完成后，按需勾选"行为审计"和"流量审计"就完成了策略设置部分。在"适用对象"部分，与其他策略一样，需要选择策略的生效用户。完成上述配置后，则可以对业务系统的访问进行审计。

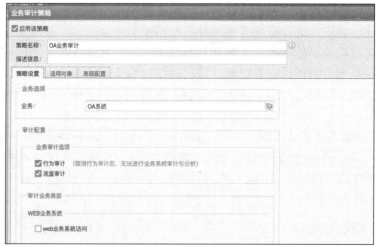

图 1-67　业务审计策略

1.10　上网行为审计

上网行为审计是指对企业或组织内部员工使用计算机及网络的行为进行记录、审查和分析，以发现违反网络安全相关法规及规章制度的行为或者活动。通过审计可以了解员工的上网行为，及时发现并处理违规行为，维护企业网络的安全和稳定。此外，上网行为审计还可以用于分析企业内部的网络流量情况，优化网络带宽使用，提高网络的效率。

1.10.1 Web 日志记录

近年来，一方面随着国家为了净化互联网环境，逐步建立对互联网行业发展的市场规范，监管力度不断增强；另一方面，组织出于自身信息安全保护的需求，如防止信息资产泄密、预防舆论风险、保留安全事件的相关证据，以及管理上的要求，如考核员工的网络工作效率、分析网络应用情况、提供管理依据等，对于行为记录方案的需求日益明确。

对内网用户的所有上网行为全网行为管理设备都能够进行记录以满足《互联网安全保护技术措施规定》的要求。全网行为管理设备可针对不同用户（组）进行差异化的行为记录和审计，包括网页访问、网络发帖、邮件发送、文件传输、玩游戏、炒股、在线影音使用、P2P下载等行为，并且包含该行为的详细信息等。

信息防泄密方案备受组织管理员的关注，内网员工无意或有意将组织机密信息泄露到互联网甚至竞争对手，或向 BBS 发布不负责的言论、网络造谣等，将给组织带来泄密和法律风险。全网行为管理设备不仅能基于关键字过滤和记录员工通过 E-mail（包括 Webmail）、BBS、Blog、QQ 空间等发布的网络言论，还支持实时报警功能。

对于使用 HTTP、FTP、E-mail 等方式传送文件所引发的风险（如将研发部的核心代码发送出去），首先全网行为管理设备可以禁止用户使用 HTTP、FTP 上传下载指定类型的文件，对于上传的文件全网行为管理设备也可以全面记录文件内容，做到有据可查。但有心的泄密者通常会更改文件扩展名、删除扩展名、压缩文件、加密文件等，再通过 E-mail 外发，或通过 HTTP、FTP 上传，全网行为管理设备对以上行为同样可以识别并及时报警。

在移动互联网的兴起下，移动 App 的使用已经越来越普遍，因此，公共社交类移动应用将成为发布不实言论、造谣诽谤等的重灾区。全网行为管理设备紧随时代步伐，针对移动端的新闻评论类（腾讯新闻、网易新闻、新浪新闻等）、微博类（新浪微博等）、论坛类（百度贴吧、豆瓣、知乎等）App 进行内容审计，保护"移动互联网时代"的网络内容安全。

图 1-68 所示是在互联网审计策略中可进行审计的内容，包括互联网上几乎所有的应用类别。

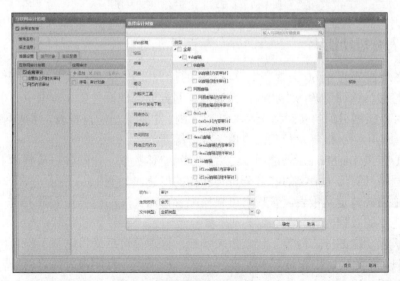

图 1-68　互联网审计策略可审计内容

1.10.2 客户端应用审计

PC 客户端应用大多采用加密协议，包括 SSL 加密和私有泄密加密，对加密客户端内容的审计一直是业界上网审计的最大挑战之一，全网行为管理设备通过创新方式实现常用客户端审计，审计的关键内容包括客户端代理解密（同 SSL 内容管理）和应用外发附件审计。

客户端代理解密是指在准入客户端加上一个代理进程，通过操作系统驱动程序将数据报抓到代理程序，进而将经过 PC 的 TCP/UDP 流量都代理上，通过代理进程将 SSL 解密 Key 发送给全网行为管理设备，流量实现代理后，在全网行为管理设备上进行 SSL 数据解密。终端代理程序是跨平台的，将应用层与驱动层分离，针对市面主要浏览器做默认代理，支持范围广。

应用外发附件审计是指采用消息钩子注入的方式对 Windows 系统函数做注入处理，可以审计到多种上传附件的操作，是对终端外发文件审计的通用方案，通过简单修改规则，就可以增加对应用的支持。全网行为管理设备目前支持多款常见运维工具、网盘/笔记类应用、FTP应用、远程控制应用的外发附件审计。图 1-69 所示为客户端审计策略的可选内容。

图 1-69　客户端审计策略的可选内容

1.10.3 报表分析功能

大型组织可能在短短 60 天就产生数百 GB 的行为日志，仅仅实现日志的海量审计尚不足以帮助组织管理员透彻了解网络状况，而通过全网行为管理设备独立数据中心丰富的报表工具，管理员可以根据组织的实际情况和关注点定制、定期导出所需报表，形成网络调整依据、组织网络资源使用情况报告、员工工作情况报告等。

数据中心首页 Dashboard 功能用于给客户展示整体数据，帮助客户从整体上把握网络现状，这些数据是针对历史情况的综合分析和计划的汇总，如图 1-70 所示。

支持可拖曳式自定义报表，管理员可轻松配置自己关注的内容作为报表的一部分，方便灵活地选择想要的数据内容。

在订阅报表功能部分，内置了智能报表模板，管理员可手动设定基于行为特征的网络概况报表、离职风险报表、工作效率报表等。如图 1-71 所示，订阅报表的可用报表分类有流量分析、时长分析、用户行为分析、网站分类分析、终端接入分析、终端接入安全。

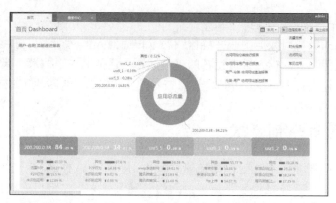

图 1-70 数据中心 Dashboard

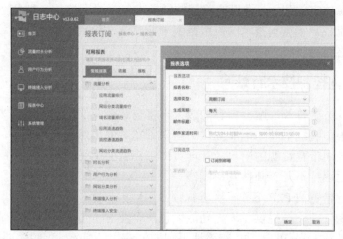

图 1-71 报表订阅策略

除上述功能外，数据中心还具备搜索中心、趋势分析以及查询工具。搜索中心可以用于进行网页搜索、邮件搜索、关键字搜索、论坛微博搜索等；趋势分析可以用于分析流量趋势、行为趋势、邮件趋势、炒股趋势等；查询工具可以用于进行流量查询、时间查询、用户行为查询、网站分类查询、单用户行为查询、终端接入查询、病毒日志查询、安全日志查询、操作日志查询等。

1.10.4 日志与隐私的平衡

对用户网络行为的记录一直是一个颇有争议的话题，许多组织管理员对部署行为记录方案可能遭遇的管理阻力和舆论阻力表示担忧，主要来自"如何避免对关键人员（如组织高层领导）的过度记录""如何实现对日志的保护和保密""如何控制对日志的访问和查看权限"3方面，并希望方案提供商能给出合理的解决方案。

对此，全网行为管理设备正是考虑到用户可能面临的以上风险和威胁，使用了"免审计Key"功能。在全网行为管理设备上为总裁等高层管理人员创建用户时使用 DKey 认证，并勾选"不审计此用户的网络应用"选项，为总裁生成"免审计 Key"。总裁使用"免审计 Key"认证后，全网行为管理设备从底层免除对总裁的所有记录。如果"非善意"人员私下取消全网行为管理设备的免审计选项，总裁再插入"免审计 Key"后系统会自动弹出警告且禁止总裁访问网络，彻底保障信息安全。

为防止非授权人员访问数据中心并窥探或恶意传播他人上网行为日志，甚至导致员工对管理员产生误解和埋怨，全网行为管理设备的"数据中心认证 Key"技术，保证只有插入该 Key 的管理员才能审计他人行为日志，否则将只能查看统计报表、趋势图线等，确保日志不被滥用。

1.11　流量带宽控制技术

流量带宽控制技术是指通过对网络流量进行控制和调整，使其在一定的带宽范围内稳定地运行。在网络通信中，流量控制是重要的网络管理方式之一，可以有效地解决网络拥塞等问题。流量控制技术可以对网络数据报的传输速度、大小和数量进行限制，以确保网络容量的合理分配和资源的有效利用。常见的流量控制技术包括速率控制、拥塞控制、流恢复控制、流标记控制等。流量带宽控制技术的应用范围十分广泛，包括互联网、局域网、广域网、数据中心等各种网络环境。

1.11.1　流量带宽控制技术背景

随着互联网业务的普及，网上内容的极大丰富也让企业的出口带宽越来越成为瓶颈。带宽有限，应用无限，组织不断地扩展互联网出口带宽，但仍然感觉不充裕，一旦内网存在网络行为不规范、滥用带宽资源的用户，管理员的工作就会饱受抱怨，如网络太慢、业务系统访问迟缓、页面迟迟打不开、邮件发送缓慢等。

如何解决企业带宽被 P2P 下载、观看视频占用巨大带宽，是管理员面临的巨大难题。针对此问题全网行为管理设备提供了流控功能以解决企业对于带宽控制的烦恼，使用虚拟线路、多重父子通道等细致、精确的方法，有效地限制 P2P 应用的带宽，保障重要工作应用的带宽，使企业正常业务不受影响。

如何将有限的带宽资源分配给不同部门/用户、不同应用、不同终端和不同业务，保障核心用户、核心业务的带宽，限制"网络杀手"如迅雷等占用资源？全网行为管理设备可以基于不同用户（组）、出口链路、应用类型、终端类型、位置、网站类型、文件类型、目标地址、时间段进行细致的带宽划分与分配，从而保证领导视频会议的带宽而限制员工 P2P 的带宽，保证市场部访问行业网站的带宽而限制研发部访问新闻类网站的带宽，保证设计部传输 CAD 文件的带宽而限制营销部传输 RMVB 文件的带宽。精细智能的流量管理能防止带宽滥用，提升带宽使用效率。

此外，数据中心（Data Center）对内网用户的各种网络行为流量进行记录、审计，借助图形报表直观显示统计结果等，帮助管理员了解流量 TOP N 用户、TOP N 应用等，并自动形成报表文档，定时发送到指定邮箱，让管理员轻松掌控用户网络行为分布和带宽资源使用等情况，了解流控策略效果，为带宽管理的决策提供准确依据。

全网行为管理设备提供了多种技术，用于精细化和智能化地对企业带宽进行控制，其中主要的就是 P2P 智能流量控制和动态流控等技术。

1.11.2　P2P 智能流量控制技术

P2P 下载、流媒体等应用程序，通常具备强烈的带宽侵占特性，导致设备在下行方向接收到的流量大于设定的最大带宽，超出的数据报被流量管理系统丢弃，而这部分丢弃的数据报实际上已经占用了运营商分配给企业的线路带宽，导致带宽浪费以及在下行方向的拥塞。

全网行为管理设备使用 P2P 智能流量控制技术，解决上述问题。目前互联网上流行的 P2P 应用，通常采用 TCP、UDP 混合协议传输数据，更具有带宽侵占性。普通流控手段通过缓存和丢包手段来实现流速控制的目的，但是某些 P2P 应用（例如：P2P 流媒体、P2P 下载工具）自身缺乏流控机制，拥有强大的抢占带宽能力，所以它们即使被通道丢包依然不会主动降低速率。对于下行方向的接收流量来说，被丢弃的流量已经占用了外网带宽，这部分被浪费的带宽还会影响关键业务的带宽保证效果。

虽然采用流控之后，内网 PC 的 P2P（主要针对 UDP 的 P2P 流量）下载流量已经得到控制而得以削减，但是由于 P2P 数据到达全网行为管理设备后才做了控制，实际上这部分被流控丢弃的流量已经占用了运营商给企业分配的带宽，而造成带宽浪费和带宽拥塞。对 TCP 的流控没有问题，因为在流控对 TCP 丢包之后，TCP 自身的拥塞控制协议会自动带来服务端发送数据的降速，所以不会造成带宽浪费。而 UDP 由于没有拥塞控制协议，即使全网行为管理设备的流控功能对其下行数据进行丢包，也不会让服务端下载降速，从而带来 P2P 流量对带宽的浪费和拥塞。

通过研究发现，虽然基于 UDP 的 P2P 应用可能对丢包不敏感，但是下行流量与上行流量有显著的正相关性，只要控制住上行流量，下行流量就能得到控制。当开启"抑制 P2P 下行丢包"功能时，上行带宽会根据下行流量自动调整，以达到控制下行、减少下行丢包导致的外网带宽浪费的目的。

如图 1-72 所示，在流量限制通道中勾选"抑制 P2P 下行丢包"选项，可以降低此类应用下行方向的丢包率，建议在 P2P 限制通道才启用此选项。

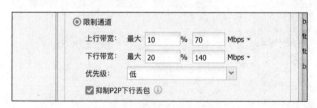

图 1-72　抑制 P2P 下行丢包

1.11.3　动态流控技术

在带宽有限时，企业客户希望通过流控来限制 P2P、流媒体等消耗带宽的应用，保障邮件、访问网站等与业务有关的重要应用不受影响。但当客户互联网出口带宽只有 30%或者更低的使用率时，可以不使用流控策略，放通合法应用的带宽。而以往的流控设备，只能通过设置上下班时间来控制流量，无法做到灵活的带宽管理，反而使得带宽在有时候被浪费。全网行为管理设备，通过配置线路空闲阈值，可以定义线路的空闲和繁忙状态。限制通道在开启浮动功能后，当线路空闲时可以上浮通道带宽，突破设定的最大带宽；当线路繁忙时可以下压通道带宽，回收浮动部分，这样的设计可以最大限度使用企业的带宽，避免使用流控而造成实际带宽的浪费。

在限制通道中勾选"当线路空闲时，允许突破限制"选项，并在通道配置页面的"高级配置"中设置线路的上下行空闲阈值。在图 1-73 中默认设置的空闲阈值为 70%，也就是说，当带宽的利用率不足 70%时，可以触发动态流控，使被限制的应用或者用户可以突破流量控制限制的速度，以确保更加充分地利用带宽。

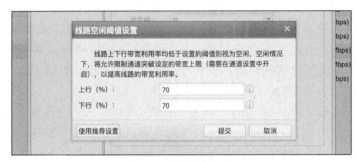

图 1-73　线路空闲阈值

在流量控制功能中，还包括线路繁忙保护的概念，需要注意线路空闲阈值和线路繁忙保护阈值是不同的概念，二者没有直接的关系。开启线路繁忙保护后，设置一个繁忙阈值，相当于手动把线路的带宽设置得比实际值小一些。在流量高峰时段依然会预留部分带宽来提高关键业务的服务质量，以减少线路占满导致关键应用速度慢的问题。

如图 1-74 所示，在"流量管理"的"流控策略"的"高级配置"中，勾选"启用线路繁忙保护"选项，并设置对应的上下行繁忙阈值。

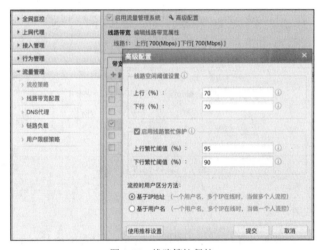

图 1-74　线路繁忙保护

由于线路实际带宽与运营商提供的线路带宽标称值之间往往存在差异（实际带宽小于标称值），导致运营商把流量发送给企业出口的过程中实际上已经产生大量丢包，这影响了关键业务的带宽保证质量，例如视频会议出现马赛克现象。开启线路繁忙保护后，在流量高峰时段流控设备依然会按比例预留部分带宽来提高关键业务的服务质量，即开启该功能后流控功能将运营商的带宽标称值按比例缩小。可以理解为假如运营商提供的带宽标称值为 1000 Mbit/s，繁忙比例为 90%，那么策略生效后，带宽值在设备端将被控制为 900 Mbit/s。如此操作可以让流控的保证流量经过运营商时依旧不会被运营商一级丢包，从而更好地达到保证效果。

需要注意的是，开启本功能后，因为需要预留少量带宽，所以用户设置的通道带宽和实际带宽之间会产生细微误差。如果线路实际带宽与配置的带宽之间差距较大，线路繁忙保护的效果会变差，甚至没有效果。直接将通道带宽设置成比实际带宽略小，也有同样的效果，但需要手动控制，比较麻烦。

1.11.4　流控黑名单技术

在网络管理过程中，令管理员头疼的往往不是技术问题，而是人际关系问题。很多与业务无关的应用（如迅雷等）不能直接封堵，直接封堵会造成内部矛盾，不封堵又会影响核心业务。

全网行为管理设备根据用户需求，内置了流控黑名单功能。流控黑名单是一种惩罚机制，全网行为管理设备可以提供基于应用的流量、流速、时长的配额限制，当用户被限额的应用的流量等超过了配额，那么该用户的这些应用将被强制加入低速流控惩罚通道中，限制用户的这些应用的流量到一个较低的带宽进行惩罚。流控黑名单功能，让策略更加灵活，让管理更加人性化。

如图 1-75 所示，在限额策略中，可以设定针对用户的流量限额数值，在超过设置的数值后，会触发处罚操作，使用户进入处罚通道中。

图 1-75　流控惩罚通道

1.11.5　多级父子通道嵌套技术

全网行为管理设备采用"基于队列的流控技术"，即建立管道，将不同的控制对象分配到不同的管道里。该技术的优点是控制灵活，大通道中可以多层嵌套小通道，分别基于不同的用户、时间、应用协议、网站类型、文件类型、终端类型、位置等对象建立不同的通道，同时小通道继承大通道的属性，对于结构复杂又希望实现差异化控制的组织来说可以做到更为精确的控制。

如图 1-76 所示，通道可创建一级通道，同时在通道内可以设置子通道，并且在子通道中可以继续创建子通道，通过多级父子通道嵌套技术，使管理更加精细。

图 1-76　多级父子通道

1.11.6　应用引流和智能负载技术

全网行为管理设备采用应用路由技术、DNS 透明代理技术以及链路繁忙控制技术等，基于链路的负荷情况、时间段、用户群体、访问对象等因素来实现链路的分配机制，进一步提升链路优化使用率。

全网行为管理设备支持动态负载（优先使用高优先级线路）、指定线路、按运营商负载、按线路带宽负载、按剩余带宽负载、VPN 做专线备份等多种负载方式，提升引流效果。采用动态引流技术，优质线路空闲时其他用户和流量也可以跑优质线路，优质线路快要繁忙时，引走非核心应用流量和非核心用户流量，在保障核心用户和核心应用上网体验的前提下，对优质线路充分利用，避免空置浪费。图 1-77 所示是默认负载策略的配置选项所包括的内置策略，可供用户直接选择进行使用。

图 1-77　默认负载策略

除了内置的固定策略外，还可以由管理员通过手动配置策略。如图 1-78 所示，优先负载策略可以按照终端用户群体、上网应用、访问域名、源地址段、目的地址段、传输协议、IP 层 DSCP（差分服务代码点）/TOS（服务类型）标记等因素来设置引流范围，实现更加精细化的控制策略。

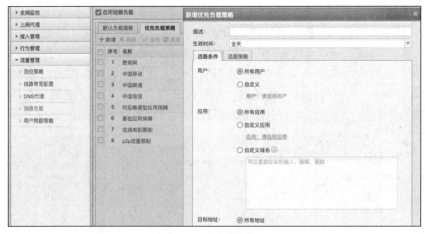

图 1-78　优先负载策略

很多组织拥有电信、网通等两条或者两条以上互联网出口链路，如何同时复用多条链路并做到流量的负载均衡与智能分担，也是企业需要考虑的问题。通过全网行为管理设备的多线路复用及带宽叠加技术，可以复用多条链路形成一条互联网总出口，提升整体带宽水平。之后结合多线路智能选路技术，为出网流量自动匹配最佳出口。

1.12 行为感知技术

行为感知技术是基于用户行为日志进行深度分析，帮助组织得出各类行为趋势的技术。行为感知技术集成技术、心理、行为等多层面的内容，可保障企业和组织提前发现风险问题。

1.12.1 行为感知产生背景

随着互联网在各种工作场景中的普及，网络用户数量越来越多，网络设备积累了大量的网络日志，包括安全事件、用户网络行为等。这些网络数据蕴藏着巨大的商业价值，因为这些数据具备如下特征。

真实性：互联网是相对隐蔽的空间，用户真实心理和偏好都会在上网行为中体现，同时一些日常难以发现的、隐蔽性较高的风险行为，也容易在互联网上发生。

完整性：区别于人工监督管理，上网日志是全时刻完整记录的，无遗漏，同时不受任何时间、位置的影响。比如可以针对高校的网络数据做学生失联分析，针对企业员工进行离职风险评估等。与此同时，很多客户反馈，组织内的部分业务问题难以通过规章制度解决，这给组织的管理者带来了极大的挑战。这类问题主要具备以下三大特征。

隐蔽性强：类似校园网贷、员工离职等敏感问题，在组织的日常管理中很难发现，而一旦发生，就会给组织造成极大的损失。

管理难度大：类似员工上网购物、学生通宵打游戏等问题，组织难以每时每刻进行监督管理，而这些行为会对组织的日常运营造成不小的影响。

与上网行为有关联：由于客户业务越来越多地迁移到互联网，大量的业务问题都和上网有所联系。

以往，分析这些网络数据都由网络设备厂商主导，只能提供一些基础报表，或者由第三方数据挖掘系统和网络设备对接做报表定制，但是这种做法有如下的缺点：定制应用一般都是短期确定的需求，应用的效果无法跟踪，并持续优化；定制应用的数量和时间是确定的，客户难以持续挖掘数据价值；无法标准化分析应用，无法将分析应用推广到其他相同行业的客户，实际上有部分定制应用也适用于同行业的其他客户，但是由于系统的封闭性，应用价值无法分享；无法持续并最大化地挖掘网络数据的商业价值等。

1.12.2 行为感知概述

行为感知系统主张和网络设备配套提供数据分析应用商店，这不仅可以共享设备自身的网络数据，满足客户定制化分析应用的需求，而且可以给客户持续推送或者优化已标准化的数据分析应用，持续挖掘数据的商业价值。

行为感知系统一般在全网行为管理设备的外置数据中心基础上开发全新架构，汇总海量的上网日志，对用户行为特征进行深度建模分析，基于不同场景的数据分析应用，以应用商店为载体，提供多种行为感知应用，帮助客户解决业务问题，持续挖掘数据价值。

行为感知系统的核心部件是应用商店，它统一管理所有的数据分析应用。在应用商店中，各种分析方法被抽象成应用，以 App 的形式发布到应用商店中。应用的好处首先是与平台解耦合，可以随需索取，用完即走，就像我们在 PC 上安装一个播放器、输入法一样简单，其次是与全网行为管理软件的软件版本解耦合，不依赖于全网行为管理软件版本。因此，任何系列的版本都可以升级到应用商店版本。

图 1-79 所示是行为感知系统中的常用的行为感知应用，包含全网上网态势分析、分支网络监测运维、专线质量分析等，并且厂商还在不断探索新场景的应用，持续挖掘数据价值，帮助组织感知行为风险，简化网络运维管理。

图 1-79　行为感知应用

1.12.3　行为感知技术架构

行为感知系统的整体架构如图 1-80 所示，关键技术在于底层的大数据平台支撑，并且通过建模分析功能，实现对用户行为的分析。结合使用应用商店中的各类分析方式，使用不同的模型，进行具体的分析和告警。

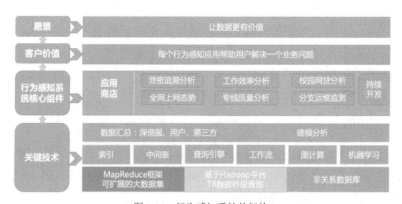

图 1-80　行为感知系统的架构

行为感知系统和上网行为管理设备高度耦合，在整个方案中，上网行为管理设备负责收集数据，行为感知系统负责汇总和分析数据。两类设备各司其职，负责对应的工作。

行为感知系统的功能重在进行分析，因此不需要将行为感知系统串接在网络中，只需要进行旁路部署即可，部署架构如图 1-81 所示，网络中的所有全网行为管理设备将日志发送给行为感知系统即可，由行为感知系统进行主动分析。

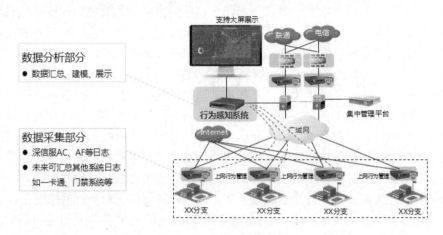

图 1-81　行为感知部署架构

1.13　内部威胁管理技术

内部威胁管理技术是一种由企业使用的技术，旨在发现、缓解和防止公司内部员工对组织结构、敏感数据和其他信息系统上的不当行为。使用这些技术的目的是监视用户的活动以及时识别潜在的内部威胁，汇集数据并分析它们，识别公司内部的安全漏洞，并减少由内部威胁造成的损失。

1.13.1　内部威胁管理产生背景

互联网的普及让网络泄密和网络违法行为层出不穷。如果员工利用组织网络泄密或发生违法行为，而如果又没有证据找到直接责任人，IT 部门将成为该事件压力的承担者。因此公司内部都有一些重要的业务系统（比如邮件服务、财务系统、共享服务器等），员工在访问业务系统，特别是一些关键业务系统的时候，要能进行日志留存，以便后续出现数据泄露或其他事件的时候能够进行追溯，可以追溯到具体哪些人拿到了敏感数据。同时，对上传的数据也要进行记录，如果有人蓄意破坏业务系统，要能够及时发现。如果对关键业务的账号使用情况不清晰，需要对关键业务的账号使用情况进行监控，需要知道都有哪些账号进行了哪些操作，通过可视化操作发现是不是一些账号权限太大，拥有不需要的权限，或者一些人访问了一些不应该访问的数据。另外，提前确认可疑操作和事件，规避安全问题的发生，防患于未然更加重要。针对业务和数据安全的这些需求，迫切需要一个工具或者平台，以帮助管理员更加简单便捷而又智能地发现风险和确认问题。内部威胁管理系统可以相对完美地解决这些问题。

1.13.2　内部威胁管理产品

深信服内部威胁管理方案由全网行为管理设备和内部威胁管理（ITM）平台组成，在各个分支公司出口部署全网行为管理设备来采集上网数据以及内网业务数据形成日志，以及对分支用户的行为进行管控，分支的全网行为日志传到总部的内部威胁管理平台上，内部威胁管理平台统一对所有员工的行为进行分析，该平台有搜索引擎式追溯中心，可以快速准确定位泄密行为，支持 AI 涉密检测引擎，提高泄密判断的准确率和智能化程度，以人为中心进行泄密风险分析，能快速定位到泄密风险，关注高风险用户，从而对泄密风险进行场景化分析，将用户的泄密信息与行为上下文对应起来，使泄密分析更加准确。

内部威胁管理平台通过机器学习、智能算法、规则分析以及 UEBA（用户实体行为分析）来对数据进行分析，实现泄密风险可视化和泄密追溯可视化，最终协助管理员进行安全问题判定，包括是谁泄了密、以何种方式进行的泄密、最终泄密的内容，以及如何处置。

在使用内部威胁管理平台时，部署前提是已经具备一台全网行为管理设备，其中全网行为管理设备作为上网行为日志审计端，可以将用户上网过程中产生的流量保存为日志文件，通过同步日志给内部威胁管理平台，就能在内部威胁管理平台进行内部威胁的日志分析。部署比较简单，只需要保证全网行为管理设备能和内部威胁管理平台进行网络通信即可。内部威胁管理平台作为日志数据分析端，不会影响到原来的网络。PC 终端进行业务访问时，在这个过程中产生的业务访问日志由全网行为管理设备进行记录，全网行为管理设备将这些日志实时地同步给内部威胁管理平台。

1.13.3　内部威胁管理功能

内部威胁管理系统，具备丰富的数据泄密相关的分析功能。首先，可以进行泄密事件分析，预防泄密事件发生，使用内部威胁管理系统的内置泄密检查规则或用户自定义规则，可以方便地在内部威胁管理系统首页看到近期可疑事件和存在风险的用户的统计信息。管理员通过首页的概览信息就能判断是否存在泄密风险，内部威胁管理系统还提供了页面告警、告警邮件发送、周期订阅报表等实用功能，帮助管理员通过多种途径了解公司最近是否存在泄密风险，提前预防。比起使用传统的日志行为平台，管理员需要面对大量未知是否存在泄密的日志，很难做到快速定位风险事件，使用内部威胁管理系统只需要简单地定义几个管理员关注的泄密规则就能做到高效准确分析、自动统计风险状况并呈现给管理员。其次，可以进行泄密事件追溯，方便事后追究责任，使用内部威胁管理系统，能帮助管理员通过搜索关键字、上传文件和图片等简单操作定位到泄密员工使用的泄密通道、泄密内容及其他泄密详细情况。内部威胁管理系统可以为日志提供长时间的数据存储，保障管理员能在泄密事件发生后搜索到相关泄密记录作为追究责任的证据。另外，可以进行业务系统监控，及时发现可疑行为，防范信息泄露，保障组织信息安全。互联网资源极为丰富，亦良莠不齐，内部威胁管理系统能帮助管理员及早发现员工访问不允许使用的应用、外发含有不良关键字的网络信息，防止用户和公司不慎触犯法律，最大限度地减少舆论风险给组织形象、声誉带来影响，同时保障公司的信息安全。

1.　风险用户分析

管理员通过风险用户列表，可以了解到当前内部环境有哪些用户是存在风险的（比如存在可疑行为、外发文件命中规则等）。通过用户详情对用户情况了解后可以对这个风险用户采取操作，比如标记为特别关注或信任或离职状态，被标记的用户会出现在对应的列表，方便管理员下次更加容易地对该用户进行管理。

如图 1-82 所示，在风险用户列表中，可以对风险用户进行标记，以便针对风险用户进行排查和处理。

图 1-82　风险用户分析

2. 外发泄密分析

随着国内网络安全法规、等级保护 2.0 和各种行业（央企、银行等）规定等合规性要求的加强，企业对各个部门在日常工作中接触到的各种敏感数据，如客户信息、财务数据、员工信息等越来越重视。然而，这些重要信息往往得不到保护，经常被内部员工或者合作方通过各种方式（如邮件、USB 移动存储、网盘等）使这些敏感数据泄露。内部威胁管理系统的泄密分析模块提供以下功能，方便管理员掌握员工的外发行为和泄密行为。

涉密事件包括用户自定义的规则分析和系统自动检测的可疑行为分析。其中规则分析以多个维度展示规则分析的结果，如图 1-83 所示，分别是用户分析、命中规则分析、命中对象分析。

图 1-83　泄密事件分析

可疑行为分析涉及多种可疑行为类型，比如加密文件外发、高风险应用使用、异常时段外发、内网暴露风险、离职风险、可疑邮件外发、大量下载、突发访问等。

本章小结

本章讲解的主要内容为全网行为管理设备的常用功能以及实现的原理，包括设备的部署方式与场景、用户管理、接入认证技术、上网应用识别、权限控制、审计技术以及流量控制技术等。

通过对本章的学习，读者应该可以掌握和完成对全网行为管理设备的基本部署，满足企业日常行为管理的基本需求。

本章习题

一、单项选择题

1. 全网行为管理设备，不包含以下（　　）技术。

A．接入认证　　　B．流量控制　　　　　　C．上网权限控制　　　D．入侵防御

2. 下列认证技术中，属于接入准入认证的是（　　）。

A．802.1x 认证　　B．用户名/密码认证　　C．RADIUS 认证　　　D．LDAP 认证

3. 下列审计技术中，不属于全网行为管理的是（　　）。

A．业务审计　　　B．终端审计　　　　　　C．互联网审计　　　　D．数据库审计

4. 全网行为管理在网桥模式下，不支持的功能是（　　）。

A．NAT　　　　　B．流量控制　　　　　　C．用户认证　　　　　D．权限控制

5. 全网行为管理的权限控制策略中，不属于策略的必选项的是（　　）。

A．终端类型　　　　　　　　　　　　　　B．生效时间

C．控制动作　　　　　　　　　　　　　　D．控制端口或者应用

二、多项选择题

1. 全网行为管理设备常见的部署模式，包括（　　）。

A．网关部署　　　B．旁路部署　　　　　　C．网桥部署　　　　　D．飞地部署

2. 全网行为管理设备的 SSL 解密方式，包括（　　）。

A．SSL 中间人解密　　　　　　　　　　　B．准入客户端解密

C．密钥解密　　　　　　　　　　　　　　D．监听解密

3. 全网行为管理设备中，属于终端行为安全管控技术的，包括（　　）。

A．防代理"翻墙"　　　　　　　　　　　　B．移动终端识别和管控

C．防共享技术　　　　　　　　　　　　　D．流量控制

4. 全网行为管理设备中，应用的识别技术包括（　　）。

A．深度包检测　　B．深度流检测　　　　　C．文件指纹检测　　　D．文件格式识别

5. 全网行为管理设备中，用户 IP/MAC 的绑定包括（　　）。

A．操作系统类型绑定　　　　　　　　　　B．IP 地址及 MAC 地址及用户名绑定

C．IP 地址及 MAC 地址绑定　　　　　　　D．计算机名绑定

三、简答题

1. 简述全网行为管理设备的不同部署模式的使用场景以及不同部署模式的优缺点。

2. 简述全网行为管理设备在 SSL 内容识别技术中的中间人解密和准入客户端解密的区别。

3. 为什么会有行为感知技术的产生？该技术主要应用于什么场景？

4. 简述惩罚通道的使用场景。

5. 深度流检测和深度包检测的区别在哪里？

第 2 章

边界安全

边界安全是指对网络边界或系统边界进行保护和管理，以防止未经授权的访问、入侵、威胁或其他恶意活动。在网络环境中，边界通常是指网络的边缘，例如防火墙或路由器上的物理接口。使用边界安全措施旨在限制外部实体对内部网络和系统的访问，同时允许合法用户通过边界访问内部资源。

边界安全可以通过多种技术和方法来实现，包括网络防火墙、入侵检测和入侵防御系统（IDS/IPS）、虚拟专用网络（VPN）、访问控制列表（ACL）、边界路由过滤等。这些技术和方法可以帮助组织保护网络和系统免受恶意攻击、数据泄露、未经授权访问和其他安全威胁的影响。目前在边界安全方案中，最佳实践就是防火墙区域隔离方案（防火墙技术）。

防火墙技术涉及多个层面，如网络层、应用层和数据层。在网络层，防火墙技术主要涉及基础网络和安全的配置和管理，以保护网络免受恶意攻击和未经授权访问。在应用层，防火墙技术关注的是应用程序的安全性，以防止恶意代码和攻击。在数据层，防火墙技术着眼于数据的保护和隔离，以防止数据泄露和未经授权访问。

本章学习逻辑

本章主要介绍的内容是下一代防火墙设备的常用功能以及实现的原理，包括防火墙设备的部署模式与场景、终端与服务器安全防护技术，以及勒索病毒防护技术和安全运营功能等。本章思维导图如图 2-1 所示。

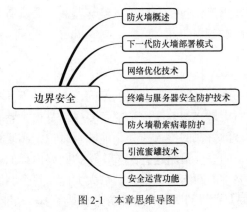

图 2-1　本章思维导图

本章学习任务

一、了解下一代防火墙技术和设备的产生背景。

二、掌握下一代防火墙的部署模式以及匹配的业务场景。

三、掌握下一代防火墙的高级网络功能。

四、掌握下一代防火墙的终端安全防护技术和服务器安全防护技术。

五、掌握勒索病毒防护技术、蜜罐技术以及安全运营的概念。

2.1 防火墙概述

防火墙（Firewall）一词的最初含义是指在古代，为了防止火灾蔓延，人们在木质结构房屋周围筑起坚固的石墙，这就是"防火墙"。在网络安全领域，防火墙的作用是阻止来自未经授权的网络的攻击，保障内部网络安全。这就像在一个房子的门口设置防盗门一样，防止有目的的人闯入。但是，防盗门也需要留出一些小口，以确保合法的人或物品能够进出。同样，防火墙也需要留出一些"小口"，这些"小口"中设置了过滤器，符合安全规范的数据才能通过。因此，防火墙不是一堵实心墙，而是一个带有过滤机制的保护屏障。

现实生活中的防火墙就像机场的安检部门，对一切进出机场的人和包裹进行检查，防止非法人员通过非法手段进入机场，保证合法包裹能够进入机场，而网络防火墙的产生正是基于以上理念。

2.1.1 防火墙的定义

国家标准 GB/T 20281—2020《信息安全技术 防火墙安全技术要求和测试评价方法》定义防火墙为对经过的数据流进行解析，并实现访问控制及安全防护功能的网络安全产品。防火墙在逻辑上扮演了分离器、限制器和分析器的角色，有效地监控流经防火墙的数据，以保障内部网络和隔离区的安全。简而言之，防火墙是一种用来隔离不同网络或网络安全域、维护网络安全的关键设备。

作为一种访问控制机制，防火墙可以作为硬件、软件或软硬件组合形式存在。防火墙必须具备 3 个基本特性：首先，所有的数据流都必须通过防火墙；其次，防火墙能够根据安全策略控制所有进出网络的数据流，包括允许、拒绝、监测，并具有较强的抵御网络攻击的能力；最后，防火墙自身不影响数据流通。

2.1.2 防火墙的功能

通常，在网络拓扑结构中，按照部署位置的不同，有两种不同类别的防火墙。一种是边界防火墙，另一种是内部防火墙。边界防火墙的主要作用是保护整个网络，防止来自外部的攻击和内部的威胁，通常被部署在网络入口处，能够及时识别和阻止外部的恶意流量进入网络。内部防火墙则根据特定的安全策略进行配置，保护网络内部的服务器和数据。这两种防火墙相互协作，形成一个完整的网络安全架构，可大大提高整个网络的安全性和稳定性。

目前使用的防火墙主要是边界防火墙。边界防火墙具备多种功能：首先是创建一个阻碍攻击者的障碍点，有效地防御外部网络对内部网络的攻击；其次是隔离网络，将不同的网络隔离开来，防止内部机密信息外泄，加强信息的安全性；再次是强化安全策略，根据企业的安全策略和需求，制定相应的安全规则，保证网络的可靠性、稳定性和安全性；最后是审计和记录，有效地监控和审计内、外部网络的活动，方便对系统出现的问题进行调查和解决。

强化网络安全策略，通过以防火墙为中心的安全方案配置，能将所有安全软件功能（如口令、加密、身份认证、审计等）配置在防火墙上。与将网络安全问题分散到各个主机上相比，防火墙的集中安全管理更经济。各种安全措施的有机结合，更能有效地对网络安全性能起到增强作用。

为了有效地监控和记录网络内外活动，防火墙可以对内外网的存取和访问进行审计和监控。通过所有访问都经过防火墙的方式，防火墙能够记录这些访问并生成日志，同时提供网络使用情况的统计数据。在可疑行为发生时，防火墙会适时地发出警报，并提供详细的网络监测和攻击信息。这为管理员提供了非常重要的安全管理信息，帮助他们了解防火墙的抵御攻击和探测的能力，以及是否需要对防火墙的控制进行进一步加强。

而内部防火墙处于内部不同可信等级安全域之间，起到隔离内部网络关键部门、子网或用户的作用。内部防火墙可以精确制定每个用户的访问权限，保证内部网络用户只能访问必要的资源；可以记录网段间的访问信息，及时发现误操作和来自内部网络其他网段的攻击行为；通过集中的安全策略管理，使每个网段上的主机不必再单独设立安全策略，降低了人为因素导致产生网络安全问题的可能性。

2.1.3　防火墙的分类

防火墙是企业网络安全体系架构中的重要组成部分，了解其基本结构后，我们可以对市场上的防火墙进行进一步的分类。当前市场上的防火墙种类繁多，分类标准也各不相同，以下是主流分类标准。

1. 按物理特性分类

很明显，如果从防火墙的物理特性来分，防火墙可以分为硬件防火墙和软件防火墙。所谓的硬件防火墙，就是以硬件设备形式呈现的防火墙，和平常所看到的集线器、交换机一样，它们的外观非常相似，只有少数几个接口，分别用于连接内、外部网络或者自定义的其他网络。这是由防火墙的隔离区的核心作用所决定的。

软件防火墙是随着防火墙应用的普及和计算机软件技术的进步而产生的。为了满足不同层次用户对防火墙技术的需求，许多网络安全软件企业推出了基于纯软件的防火墙产品，其中最广为人知的是"个人防火墙"。所谓"个人防火墙"，是指将其安装在主机上，仅对单台主机进行防护，而不是对整个网络提供安全防护。当然，在如今，安装在主机上的防火墙通常会具备一个统一的管理平台，用于实现分散主机的集中安全管理。

2. 按技术分类

防火墙技术复杂多样，但是大体上可归为两种类型，分别是基于"包过滤"的防火墙和基于"应用代理"的防火墙。前者的典型代表包括 Check Point 防火墙和 Cisco 公司的 PIX 防火墙，后者则以美国网络联盟公司（NAI）的 Gauntlet 防火墙为代表。

（1）包过滤型防火墙

包过滤型防火墙工作在 OSI（开放系统互连）参考模型的网络层和传输层，其通过检查数据报的源地址、目的地址、端口号和协议类型等标志，来确定是否允许其通过。只有符合过滤条件的数据报才会被转发到相应的目的地址，其他数据报则会被直接丢弃。

包过滤是一种通用、经济和有效的安全手段。说它是通用的，是因为它不需要对各种具体的网络服务采取特殊的处理方式，适用于所有网络服务。同时，大多数路由器都具有数据报过滤功能，这意味着这类防火墙可以集成在路由器中或者其他网络设备中，所以成本相对较低。此外，它非常有效，因此它几乎可以满足所有企业的基本安全需求。

在防火墙技术的发展历程中，包过滤技术出现了两种不同的版本，分别是"第一代静态包过滤"和"第二代动态包过滤"。

第一代静态包过滤类型防火墙与路由器一同出现，它的作用是根据预定的过滤规则审查每个数据报，以确定其是否符合某一条规则。这些过滤规则通常是基于数据报的报头信息制定的，如 IP 源地址、IP 目的地址、传输协议（TCP、UDP、ICMP 等）、TCP/UDP 目标端口、ICMP（互联网控制报文协议）消息类型等。

第二代动态包过滤类型防火墙采取动态设置包过滤规则的方式，从而避免静态包过滤技术所带来的问题。随后，此类技术不断发展演化，已成为我们今天所说的包状态检测（Stateful Inspection）技术。使用此技术的防火墙能够对每一个建立的连接进行跟踪，根据需要动态地增加或更新过滤规则中的条目。

包过滤方式的优点在于它不需要对客户端和主机上的应用程序进行修改，因为它与应用层无关。然而，它也存在一些明显的弱点，比如：其过滤判别依据仅限于网络层和传输层的有限信息，无法满足各种安全要求；许多过滤器中规则数目有限制，随着规则数目的增加，性能将会受到很大影响；缺少上下文关联信息，无法有效过滤 UDP、RPC（远程过程调用）等协议；大多数过滤器缺少审计和报警的机制，只能根据包头信息进行过滤，容易受到"地址欺骗型"攻击；安全管理人员需要具备较高素质，建立安全规则时必须深入了解协议本身及其在不同应用程序中的作用。因此，通常会将过滤器与应用网关配合使用，以共同组成防火墙系统。

（2）应用代理型防火墙

应用代理型防火墙工作在 OSI 参考模型的最高层，即应用层。它的主要特点是通过对每种应用服务编写专门的代理程序，并完全"阻隔"网络通信流，实现监视和控制应用层通信流的目的。应用代理型防火墙可以实现更高层面的安全控制。

应用代理型防火墙技术在发展过程中，同样经历了两个不同的版本。第一代应用网关型代理防火墙（Application Gateway）主要依靠手动配置专门的策略和规则，对网络通信进行监视和控制。而第二代自适应代理型防火墙（Adaptive Proxy）则更加智能化，能够自主学习和适应网络环境的变化，进一步提升网络安全的水平。

第一代应用网关型代理防火墙采用代理技术全面参与 TCP 连接过程。内部数据报经过此类防火墙处理后，看起来像来源于外部网卡，从而实现内部网络结构的隐藏。网络安全专家和媒体普遍认为这是最安全的防火墙类型，其核心技术为代理服务器技术。

第二代自适应代理型防火墙，在近年来广泛得到应用。该防火墙结合了应用代理型防火墙的安全性和包过滤型防火墙的高速度。同时，在不影响安全性的情况下，该防火墙可以将应用代理型防火墙的性能提升至原来的 10 倍以上。这种类型的防火墙由自适应代理服务器和动态包过滤器两个基本要素组成。

用户可以通过配置的自适应代理服务器和动态包过滤器之间的控制通道，方便地设置所需的服务类型和安全级别。根据这些配置信息，自适应代理服务器会动态地决定是通过应用层代理请求还是通过网络层转发包。如果选择后者，它会及时向包过滤器发送增减过滤规则的通知，以满足用户对速度和安全性的双重需求。

应用代理型防火墙采用代理机制，为每种应用服务建立专门的代理。这意味着内、外部网络之间的通信不能直接进行，而需要经过代理服务器审核和连接。在这个过程中，内、外部网络计算机没有直接会话的机会，从而能有效避免数据驱动类型的攻击入侵。相比之下，包过滤型防火墙很难完全避免这种攻击入侵。

3. 按部署类型分类

防火墙按照应用部署位置，可以分为边界防火墙、混合防火墙、个人防火墙三大类。

传统的边界防火墙通常是硬件设备，在内、外部网络的边缘位置起到隔离内、外部网络的作用，以保护内部网络的安全，价格较贵，但性能较高。

混合防火墙是一种由软、硬件组件组成的整套防火墙系统，可以在内、外部网络边界以及各个主机之间进行部署。它不仅可以过滤内、外部网络之间的通信，还可以过滤同一网络内部各主机之间的通信，因此也被称为分布式防火墙或嵌入式防火墙。这一技术是目前较新的防火墙技术之一，混合防火墙具备出色的性能，但价格较高。

个人防火墙通常安装在单台主机上，主要提供对该主机的保护。这类防火墙主要面向广大的个人用户，通常采用软件形式，价格较为便宜，但性能也较差。

4. 按性能分类

按防火墙的性能分类，防火墙可分为百兆级防火墙、千兆级防火墙以及更高性能的防火墙。因为防火墙通常位于网络边界，所以至少是百兆级的。这主要是指防护的通道带宽，或者说是吞吐率。当然通道带宽越大，性能越高，这样的防火墙因包过滤或应用代理所产生的时延也越小，对整个网络通信性能的影响也就越小。

当然，防火墙性能由多个因素决定，包括带宽性能、会话性能、处理延迟性能和安全策略性能等。带宽性能是防火墙的重要性能指标之一，它指的是防火墙能够处理的最大数据流量，通常用 Mbit/s（兆位每秒）或 Gbit/s（吉位每秒）来表示。根据带宽性能分类，防火墙可以分为低端设备、中端设备和高端设备。低端设备通常支持一些基本的安全功能和低带宽，中端设备支持更多的功能和更高的带宽，高端设备则能提供更强大的安全能力和更高的带宽。会话性能是指防火墙能够同时处理的最大网络连接数量，此指标通常以每秒会话数（SPS）表示。防火墙的会话性能可以影响到网络应用的可用性和性能，因此，在高流量的环境中，防火墙必须具备较高的会话性能。处理延迟性能是指防火墙将数据报转发到下一个网络设备所需的时间，此指标对于网络应用的性能至关重要。较低的延迟将帮助提高网络应用的性能和响应速度。安全策略性能是指防火墙可以支持的安全策略规则数量，这些规则可以控制访问和数据传输，使网络免于威胁，此指标通常以安全策略每秒执行次数（SPEPS）计算。

2.1.4 下一代防火墙技术

下一代防火墙是指在传统防火墙的基础上，引入更多先进技术和功能，以应对日益复杂和多样化的网络威胁。无论是在功能还是在性能上，下一代防火墙相对于传统防火墙来说都有一定程度的提升。

1. 下一代防火墙产生背景

随着网络技术的快速发展，网络安全问题也愈发突出。传统的防火墙技术正面临着越来越复杂的威胁和攻击手段，无法有效阻止网络攻击。在这种情况下，下一代防火墙的产生成为必然趋势。下一代防火墙的产生背景主要包括以下几个方面。

第一，黑客的攻击手段不断升级，网络攻击方式愈发多样，而传统防火墙的检测技术已经无法满足现代网络安全的需求。不少攻击者在针对性地攻击网络环境之前，会对传统的防火墙进行检测和突破，以便能够获得对网络的更大攻击空间甚至入侵成功。传统防火墙对于这种高级威胁方法的响应速度较慢且检测能力相对较弱。

第二，对于针对应用层的攻击，传统防火墙难以实现抵御效果，比如在 80 端口上的应用就有很多种，传统防火墙对网络层、传输层上的应用难以区分和防护。传统的防火墙存在一些缺陷，比如基于包头信息做检测、无法分辨应用及其内容，也不能区分用户，更无法分析、记录用户的行为。因此，开发适应互联网发展的下一代防火墙势在必行。

第三，现代的网络环境要求防火墙拥有更快的检测速度、更快的反应速度，因此需要设备具备更高的工作性能和极快的数据流通速度。传统防火墙处理数据报的效率和时延往往无法满足实时监控和控制的要求，而下一代防火墙通过加速硬件等措施已经可以更好地提高监控和抗攻击效率。

第四，过去的边界安全，更多是"补丁式"设备堆叠的方案，防火墙功能上的缺失使得企业在进行网络安全建设的时候针对现有多样化的攻击类型采取打补丁式的设备叠加方案，形成"串糖葫芦"式部署。通常我们看到的网络安全规划方案，都会以"防火墙+入侵防御系统+网关杀毒+……"的形式呈现，这种方式在一定程度上能弥补防火墙功能单一的缺陷，对网络中存在的各类攻击形成似乎全面的防护。但在这种环境中，通常会遇到很多困难，比如：多种设备堆砌，投资成本高；功能上有重合，设备多，线路多，维护成本高，效率低；数据报文要反复封装、发送，效率低，就像机场安检总排长队一样；在管理员进行管理时，会出现维护复杂、各种设备独立管理、安全风险无法分析的问题。

第五，串连的方式中，有几种设备就可以看到几种攻击，但是各设备之间是割裂的，难以对安全日志进行统一分析。这种情况下，有攻击才能发现问题，在没有攻击的情况下，就无法看到业务漏洞，但这并不代表业务漏洞不存在。有的时候即使发现了攻击，也无法判断业务系统是否真正存在安全漏洞，无法进一步指导客户进行安全建设。

第六，有几种设备就可以防护几种攻击，但大部分用户无法全部部署，所以存在短板。即使全部部署，这些设备也不能对服务器和终端向外主动发起的业务流进行防护，在面临新的未知攻击的情况下缺乏有效防御措施，还是存在被绕过的风险。

2. 统一威胁管理

2004 年，IDC（国际数据公司）提出了 UTM（统一威胁管理）的概念，旨在集中多个功能模块，如 FW（防火墙）、IPS（入侵防御系统）、AV（防病毒）等，以实现统一防护和集中管理。这为安全建设者们带来了新的思路并得到了用户认可，在 2009 年，UTM 市场增长率上升迅速。然而，2010 年 UTM 市场增长率同比下降，这是因为 UTM 设备仅将 FW、IPS、AV 简单整合，传统防火墙安全及管理问题仍旧存在，例如，缺乏对 Web 服务器的有效防护等。同时，UTM 开启多个模块时采用串行处理机制，一个数据报需多次拆包和分析，导致性能和效率下降，难以令人满意。因此，Gartner 公司认为"UTM 安全设备只适合中小型企业使用，而适合员工人数在 1000 以上的大型企业使用的是下一代防火墙"。

3. 下一代防火墙概念

用户在安全方面的需求不断提高，推动下一代防火墙集成更多安全特征以应对不断变化的攻击行为和业务流程。2009 年，在 Gartner 公司发布的《定义下一代防火墙》报告中，明确了下一代防火墙（Next-Generation Firewall，NGFW）的特征与定义。

下一代防火墙在功能上至少应当具备以下 5 个属性。

（1）拥有传统防火墙所提供的所有功能。

（2）支持与防火墙自动联动的集成化 IPS。

（3）根据识别库进行可视化应用识别、控制。

（4）智能防火墙，当防火墙检测到攻击行为时自动添加安全策略。

（5）高性能，包括高可用性及扩展到万兆平台。

下一代防火墙技术即融合了以上 5 个属性的综合网络安全处理技术。在本书中以深信服公司的下一代防火墙的功能特点来举例，阐述下一代防火墙的功能。

一是网络安全可视化。下一代防火墙可以根据应用的行为和特征实现对应用的识别和控制，而不仅仅依赖于端口和协议，摆脱了过去只能依靠 IP 地址来控制的缺陷，即使对加密过的数据流也能应付自如。下一代防火墙的应用可视化引擎能够识别多种应用及其动作，还可以与多种认证系统（AD、LDAP、RADIUS 等）、应用系统（POP3、SMTP 等）无缝对接，使网络应用、业务和终端安全、智能用户身份识别、用户与应用的访问控制策略、基于用户的流量管理等均实现可视化。

二是应用层攻击防护。下一代防火墙提供基于应用的深度入侵防御，其灰度威胁关联分析引擎具备丰富的漏洞特征库、Web 应用威胁特征库，可以全面识别各种应用层和内容级别的单一安全威胁，强化 Web 攻击防护，其 Web 攻击防护包括防 SQL（结构查询语言）注入攻击、防 XSS（跨站脚本）攻击、防 CSRF（跨站请求伪造）攻击等十大 Web 安全威胁。

三是双向内容检测技术。下一代防火墙具备完整的数据链路层—应用层（L2—L7）的安全防护功能，如网页防篡改、敏感信息防泄露、应用层协议内容隐藏等功能。

四是智能的网络安全防御体系。下一代防火墙基于时间周期的安全防护设计提供事前风险评估及策略联动功能，通过端口、服务、应用扫描帮助用户及时发现端口、服务及应用的风险，并通过模块间智能策略联动及时更新各种安全风险对应的安全防护策略。

五是更高效的应用层处理能力。为了实现强劲的应用处理功能，下一代防火墙抛弃了 UTM 多引擎、多次解析的架构，而采用了更为先进的一体化单次解析引擎，对漏洞、病毒、Web 攻击、恶意代码/脚本、URL 库等众多应用层威胁统一进行检测匹配，从而提升工作效率，实现万兆级的应用安全防护功能。

综上所述，下一代防火墙技术会全面考虑网络安全、操作系统安全、应用程序安全、用户安全以及数据安全 5 个方面。

2.1.5　深信服下一代防火墙介绍

近年来，随着"互联网+"以及业务数字化转型的深入推进，各行各业都在加速向互联网化、数字化转型，业务越来越多地向公众、合作伙伴、第三方机构等开放。在数字化业务带给我们高效和便捷的同时，信息暴露面的增加、网络边界的模糊化以及黑客攻击的产业化使得网络安全事件相较以往呈指数级增加。传统防火墙基于五元组的方式对进出网络的数据流量进行访问控制，基于网络层特征进行攻击检测与识别。由于 Web 2.0 的普及，通过少数端口和协议的数据流量越来越多，部分应用甚至使用非标准端口，基于端口/协议类检测方式的安全策略不再具备有效性，缺乏对基于应用发起的网络攻击行为的防御。

为了应对当前和未来的网络安全威胁，非常有必要将传统防火墙升级为下一代防火墙。

下一代防火墙不仅具备传统防火墙的功能与特点，还集成应用层安全防御技术、可视化技术和智能化技术。

深信服下一代防火墙以保障用户核心资产为目标，在传统防火墙的基础上集成丰富的应用层安全防御功能，为用户提供 L2—L7 的全面安全防护功能，是一款能够有效应对传统网络攻击和未知威胁攻击的创新网络安全产品。为实现对各类安全风险的有效防御，深信服下一代防火墙集成云端订阅服务、机器学习和大数据分析等创新安全技术，增强组织网络边界的安全检测与防控能力，保障网络的正常运行，实现业务的稳定运营。

防火墙是日常网络安全建设中常见且重要的网络产品。作为网络出口的网关类安全产品，产品性能对于衡量业务的连续性和安全性至关重要。深信服下一代防火墙采用自主研发硬件系统和专用防火墙软件系统（深信服自主知识产权专用操作系统 Sangfor OS），在保障高可用性的同时，提供优异的应用层安全防御功能，保证用户业务的可靠性。

图 2-2 所示为深信服下一代防火墙的系统架构，整体包括 3 个平面，分别是控制平面、转发平面和安全平面。

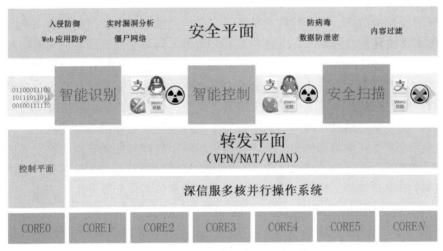

图 2-2 深信服下一代防火墙系统架构

（1）控制平面负责整个系统各平面、各模块间的监控和协调工作，此平面包括配置存储、配置下发、控制台 UI、数据中心等功能。

（2）转发平面负责网络数据报的高速转发，此平面包括路由子系统、网桥子系统、邻居系统、VPN、NAT、拨号等功能。

（3）安全平面负责安全功能的协调运行，采用一次解析引擎，只进行一次扫描便可识别出各种威胁和攻击，此平面包括入侵防御、Web 应用防护、实时漏洞分析、僵尸网络、防病毒、数据防泄密、内容过滤等功能。

深信服下一代防火墙被赋予了风险预知、深度安全防护、响应检测的能力，最终形成全程保护、全程可视的融合安全体系。融合不是单纯的功能叠加，而是依照业务开展过程中会遇到的各类风险而提供的对应安全技术手段的融合，能够为业务提供全流程的保护。融合安全包括从事前的资产风险发现、策略有效性检测，到事中所应具备的各类安全防御手段以及事后的持续检测和快速响应机制，并将这一过程中所有的相关信息通过多种方式呈现给用户。

深信服下一代防火墙产品的关键特性在于事前预知、事中防御、事后检测与响应 3 个部分。

事前预知的关键在于识别和管理资产，发现其脆弱性，并保障策略的有效性，能够在事前对内部的服务器开放端口、漏洞、弱密码等风险进行自动识别，同时还能判断识别出的资产是否有对应的安全防护策略且策略是否生效。

事中防御强调的是完整的防御体系，结合安全联动和威胁情报构建完整的安全体系，在事中防御层面融合多种安全技术，提供 L2—L7 完整的安全防御体系，确保安全防护不存在短板，同时还能通过安全联动功能加强防御体系的时效性和有效性，包括和云端、终端的联动，以及各个模块间的联动等。此外，深信服下一代防火墙还广泛地开展与第三方安全机构合作，如国家信息安全漏洞库、VirusTotal、恶意链接库等，通过多来源威胁情报的输入，帮助用户在安全事件爆发之前就做好防御的准备。

事后检测与响应，关键在于针对威胁行为的持续检测并进行快速的响应。传统安全建设主要集中在边界安全防御，缺乏对绕过安全防御措施后的检测及响应能力，如果能做好事后的检测及响应措施，可以在极大程度上降低安全事件产生的影响。下一代防火墙融合了事后检测及快速响应技术，即使在黑客入侵之后，也能够帮助用户及时发现入侵后的恶意行为，如检测"僵尸主机"发起的恶意行为、网页篡改、网站黑链植入及网站 WebShell 后门检测等，并快速推送告警事件，协助用户进行响应处置。

2.2 下一代防火墙部署模式

下一代防火墙的部署模式用于设置设备的工作模式。不同厂家的防火墙设备可部署的模式大体相同，分为如下几种模式：路由模式、透明模式、虚拟网线模式、旁路模式和混合模式。可以根据具体的网络架构和业务场景，选择合适的部署模式，顺利将设备部署到网络中并且使其能正常使用安全功能。

表 2-1 所示是下一代防火墙部署模式的使用场景说明。在后文中，会针对具体的部署模式进行详细的讲解。

表 2-1   下一代防火墙部署模式

部署模式	使用场景说明
路由模式	设备可以作为路由设备使用，对网络改动最大，但可以实现设备的所有功能
透明模式	可以把设备视为一根带过滤功能的网线使用，一般在不方便更改原有网络拓扑结构的情况下启用，平滑架到网络中，可以实现设备的大部分功能
虚拟网线模式	是透明模式的一种特殊情况，无须检查 MAC 地址表，直接从虚拟网线配对的接口转发，且虚拟网线模式转发效率高于透明模式转发效率
旁路模式	设备连接在内网交换机的镜像接口或集线器上，镜像内网用户的数据，通过镜像的数据实现对流量的检测。可以完全不改变用户的网络环境，避免设备对用户网络造成中断的风险，但在这种模式下设备只对流量进行检测，无法对恶意流量进行阻断
混合模式	主要指设备的各个接口，既有二层口，又有三层口的情况，特别是当 DMZ 服务器集群需要配置公网 IP 地址的时候

2.2.1 防火墙接口与区域功能

防火墙的接口用于网络中设备间的互联互通，其功能就是完成设备之间的数据交换。根据部署模式的不同,接口的配置和特性也存在较大差异。下一代防火墙的接口用于设置设备各网络接口和接口所属局域网信息,可以设置物理接口、子接口、VLAN接口、虚拟接口、聚合接口、本地环回接口、GRE隧道和接口联动。图2-3所示是下一代防火墙中的网络接口汇总。

图2-3 网络接口汇总

1. 物理接口

物理接口即设备面板上的接口,与逻辑接口一一对应(如eth0为manage口)。物理接口无法删除或新增,其数量由硬件决定(个别平台可扩展)。可以查看各个接口的名称、描述、类型、区域、连接类型、地址、拨号状态、MTU(最大传输单元)、工作模式、PING、接口状态等。

图2-4所示是某一个接口的具体可配置内容。"名称"部分为当前接口的名称,物理接口的名称是根据接口的顺序自动生成的,一般不支持修改名称。"启用状态"选项,用于对接口进行启用和禁用。"描述"选项是对该接口功能等的描述,用于区分和标记接口。

图2-4 物理接口配置

"类型"选项，显示的是接口所属的类型，即接口模式配置，它决定了设备数据的转发功能。接口类型有路由接口、透明接口、虚拟网线接口和旁路镜像接口 4 种。若选择路由接口，表示该接口工作在三层模式，需要配置 IP 地址，并且该接口包含路由转发功能；若选择透明接口，则相当于普通的交换接口，不需要配置 IP 地址，不支持路由转发，根据 MAC 地址表转发数据；若选择虚拟网线接口，则也是普通的交换接口，不需要配置 IP 地址，不支持路由转发，转发数据时，直接从虚拟网线配对的接口转发；若选择旁路镜像接口，则连接到有镜像功能的交换机上，用于镜像流经交换机的数据。

"区域"选项指定接口所属的安全区域，接口可以根据具体的需求情况进行区域调整。在"基本属性"中的"WAN 口"选项，显示了该物理接口是否有 WAN 口属性，如需要配置流控等则需要开启该功能。

"源进源出"功能用于多运营商出口场景，启用后可以保持数据报源进源出，在多运营商出口场景下进行业务发布，防止数据报没有源进源出导致业务无法访问。启用 WAN 口属性后，会自动勾选并启用源进源出。

物理接口支持配置 IPv4 地址和 IPv6 地址，在图 2-4 中以 IPv4 地址为例，配置接口的 IPv4 地址以及网关地址信息。选择 IPv6 后，可以配置 IPv6 地址。接口的连接类型有多种，包括 PPPoE、静态 IP、DHCP。以指定连接获取 IPv4 地址的方式为例，如果选中"静态 IP"，表示通过手动配置方式指定接口 IPv4 地址和下一跳地址。如果选中"DHCP"，表示通过 DHCP 方式自动获取 IPv4 地址和下一跳地址。如果选中"PPPoE"，表示通过拨号的方式获取 IP 地址，由于运营商 IP 地址经常发生改变，所以需要勾选"添加默认路由"。

"线路带宽"用于配置该接口的线路带宽范围，需要根据带宽的实际情况进行设置。线路带宽会影响后续使用的选路策略以及流控策略等，需要根据真实的情况进行配置。

"管理设备方式"选项表示的内容是，是否允许通过该接口和方式访问设备，如 HTTPS、PING、SSH（安全外壳）、SNMP。

HTTPS 方式表示可以通过 Web 页面形式来访问下一代防火墙的管理控制台，HTTPS 是一种安全的通信协议，这种方式使用加密技术来保护数据的传输过程，以避免被未经授权的个人窃取或篡改。在网络安全领域中，这种协议被广泛应用于访问下一代防火墙的管理控制台。管理控制台是管理员常使用的维护工具之一，它提供了一个直观且易于操作的界面，方便管理员对防火墙进行配置、监控和管理。

PING 方式表示是否允许使用 PING 测试的方式判断接口的状态，如果不进行勾选，则该接口无法被 PING 通。

SSH 方式表示是否可以通过 SSH 的方式连接和管理设备的后台。SSH 是一种安全的网络协议，用于在不安全的网络上安全地进行远程连接和管理设备的后台。通过 SSH，用户可以使用加密的传输通道连接远程计算机，并在远程计算机上执行命令和操作。它被广泛应用于网络安全设备中，这些设备通常具有前端的 Web 界面和后端的 SSH 界面，以便用户可以根据自己的需求选择不同的访问方式。相比之下，SSH 后端界面具备更高的操作权限，一般用于问题排查和其他高级操作，可以执行更复杂和深入的配置和操作。在排查故障时，SSH 后端界面可以提供更详细和全面的日志信息和诊断工具，使用户能够更准确地分析和解决问题。

SNMP 则是标准的管理协议，用于第三方管理平台获取下一代防火墙的运行信息。

在物理接口的"高级设置"中，可以对物理接口的一些硬件特性进行设置，包括工作模式、MTU、巨帧以及 MAC 地址等内容。如图 2-5 所示，"工作模式"选项指的是该接口的物理网卡的工作模式，用户可配置。"IPv4 MTU""IPv6 MTU"选项，显示该接口的 MTU 信息，可配置 MTU 的范围为 68～1796。同时也可选择是否开启"巨帧"功能，使该物理接口支持 MTU 为 9000 的数据报。

图 2-5　物理接口高级设置

在进行物理接口设置时，需要注意，通常情况下厂商会预留专门的物理接口作为管理口使用。以深信服下一代防火墙为例，eth0 接口默认为管理接口，该接口默认属于带外管理区，不可修改。eth0 接口可以增加管理 IP 地址，但是默认的管理 IP 地址 10.251.251.251/24 不能被删除。

2．子接口

子接口指的是在一个主接口上配置出来的多个逻辑上的虚拟接口。子接口依赖物理接口，共用主接口的物理层参数，又可以分别配置各自的数据链路层和网络层的参数。主接口状态的变化会对子接口产生影响，特别是只有主接口处于连通状态时，子接口才能正常工作。

下一代防火墙设备支持在三层以太网接口和三层 VLAN-Trunk 接口下创建子接口。当三层以太网接口或 VLAN-Trunk 接口需要识别 VLAN 报文时，可通过配置子接口解决。这样，来自不同 VLAN 的报文可以从不同的子接口进行转发，为用户提供很高的灵活性。在子接口部分，直接进行新增，即可创建子接口，关键配置内容如图 2-6 所示。

图 2-6　子接口关键配置

在子接口的"基础信息"部分，主接口即子接口归属的物理接口，在进行子接口配置的时候，需要先进行物理接口的选择。在"VLAN ID"部分，说明该接口支持接收和发送对应的 VALN ID，是用于标识子接口的重要配置。在"描述"部分，填写该子接口的描述信息即可。其他部分的配置内容与物理接口的相同，在此不再赘述。

3. VLAN 接口

当 VLAN 内的主机需要与网络层的设备通信时，可以在设备上创建基于 VLAN 的逻辑接口，即 VLAN 接口。VLAN 接口在功能上与普通三层物理接口基本相同，可实现配置 IPv4/IPv6 地址等多种三层特性，用于二层透明部署场景，以实现 VLAN 间的通信。在 VLAN 接口部分，单击"新增"，即可开始创建 VLAN 接口。图 2-7 所示为 VLAN 接口的主要配置。

图 2-7　VLAN 接口的主要配置

在 VLAN 接口配置中，"VLAN ID"是指当前 VLAN 的编号标识，用于区分不同 VLAN，图 2-7 中配置的 VLAN ID 为 99，其他配置部分与物理接口的无区别，按需进行区域以及 IP 地址等内容的配置即可。

4. 聚合接口

链路聚合（Link Aggregation）是指将多个物理接口捆绑在一起，成为一个逻辑接口，以实现出/入流量在各成员接口中的负荷分担。下一代防火墙可以根据用户配置的端口负荷分担策略决定报文从哪一个成员接口发送到下一跳地址。当交换机检测到其中一个成员接口链路发生故障时，就停止在此接口上发送报文，并根据负荷分担策略在剩下接口链路中重新计算报文发送的接口。故障接口恢复后会再次重新计算报文发送的接口。

链路聚合在增加链路带宽（如果一个接口是 1 GB 带宽，另外一个接口也是 1 GB 带宽，将这两个接口聚合成一个逻辑接口，理论上这个逻辑接口的带宽就是 2 GB）、实现链路传输弹性和冗余等方面是一项很高效的技术。

图 2-8 所示是聚合接口的配置界面。"接口名称"由特定的字段以及数字组成。"描述"用于对该接口进行描述说明，按需添加即可。"类型"根据具体的网络架构进行选择，选择的不同类型，决定了设备的部署模式：若选择路由接口，表示该接口工作在三层模式，需要配置 IP 地址，并且该接口包含路由转发功能；若选择透明接口，则相当于普通的交换接口，不需要配置 IP 地址，不支持路由转发，根据 MAC 地址表转发数据；若选择虚拟网线，则也是普通的交换接口，不需要配置 IP 地址，不支持路由转发，转发数据时，直接从虚拟网线配对的接口转发。

区域的选择用于划分接口的归属区域，便于后期的策略调用。聚合接口的核心配置是聚合的工作模式的选择。聚合接口所支持的工作模式，包括负载均衡-hash、负载均衡-RR、主备模式和 LACP 模式。负载均衡-hash 按数据报源/目的 IP 地址/MAC 地址的散列值均分；负载均衡-RR 模式直接按数据报轮转均分到每个接口；主备模式会选取 eth 数字大的接口为主接口收发包，其余为备接口（如选了 eth2 和 eth1 两个接口，eth2 会作为主接口，eth1 会作为备接口）；标准 LACP 对接，选择 LACP 选项后，可以支持基于源 IP 地址和目的 IP 地址以及源 MAC 地址和目的 MAC 地址、基于源 IP 地址和目的 IP 地址以及源端口和目的端口、基于源 MAC 地址和目的 MAC 地址这 3 种散列策略，同时支持主动协商和被动协商两种模式。

图 2-8　聚合接口的配置界面

需要注意的是，聚合接口不支持旁路镜像模式，也就是说不可以将聚合接口选择为镜像类型。通常情况下，如果需要使用多个接口作为镜像接口时，选择多个镜像的接口即可。

5. 本地环回接口与接口联动

本地环回接口代表设备的本地虚拟接口，所以默认被看作永远不会宕掉的接口。一般情况下，在配置动态路由协议的时候，会使用本地环回接口的 IP 地址作为设备的 ID 标识。

接口联动用于防火墙设备工作在流量负载均衡模式时，把负责转发数据的设备的出接口和入接口添加到同一个联动组，实现同一个联动组中所有接口的状态始终保持一致。例如，若一个联动组的一个接口网线掉了，同一个联动组的其余接口则自动宕掉。如果后续这个接口的网线重新插好，恢复了电信号，则恢复同一个联动组的其余接口，保证流量负载均衡的正常切换。

"启用接口 LINK 状态联动"为开启接口联动功能的总开关，勾选后，单击"新增"按钮，添加接口。将需要联动的接口选择加入同一联动组时，只能选择物理接口，可以选择多个接口属于同一个联动组。通过"新增"和"移除"按钮选择添加和删除接口，如图 2-9 所示。

图 2-9　接口联动配置

6. 区域划分

区域划分的本质是基于网络架构的安全需求进行划分，目标是实现不同业务或网段的安全级别的区分，并通过定义不同的安全域来实现此目标。在规划区域时，需要根据实际的控制需求来进行划分，可以将一个接口划分到一个独立的区域，或者将几个具有相同需求的接口划分到同一个区域。通过将网络划分为不同的区域，可以有效地隔离不同安全级别的业务，并为每个区域定义相应的安全策略和访问控制规则，以保护网络免受潜在的威胁。

区域划分可以根据不同的安全需求来进行。例如，对于一些涉及核心业务的区域，可以采取更加严格的安全策略，确保只有经过授权的用户或设备才能访问该区域。而对于一些普通的办公区域或公共区域，可以采取相对较低的安全要求，以满足用户的日常工作需求。

此外，区域划分还可以根据不同的网络功能来进行。例如，可以将具有相同网络需求的接口划分到同一个区域，以便更好地进行网络管理和故障排查。同时，该区域的接口也可以互相通信，以满足特定的业务需求。

区域是本地逻辑的概念，根据转发类型可以分为二层区域、三层区域和虚拟网线区域。二层区域只能选择透明接口、旁路镜像接口；三层区域可以选择所有的接口，包括路由接口、子接口、VLAN 接口等；虚拟网线区域只能选择虚拟网线接口。

单击"区域"模块，创建区域，相应配置如图 2-10 所示，"转发类型"表示根据部署模式的不同，可以选择二层区域、三层区域和虚拟网线区域。如果有接口属于对应的二层区域、三层区域以及虚拟网线区域，则可以直接选择进入对应的区域。

图 2-10　区域配置

2.2.2　路由模式

　　路由模式是指防火墙产品工作在三层交换模式,下一代防火墙以路由模式部署在网络中,所有流量都经过下一代防火墙进行安全处理,实现对用户或者服务器的流量管理、行为控制、安全防护等功能。作为出口网关,下一代防火墙需要保障网络安全,满足多线路技术扩展出口带宽,代理内网用户上网、服务器发布,实现路由功能等。

　　在进行路由模式部署的时候,下一代防火墙的外网接口与广域网接入线路相连,通常支持光纤、ADSL 线路或者路由器。下一代防火墙的内网接口或者 DMZ 接口与局域网的交换机相连。内网 PC 将网关指向下一代防火墙的局域网接口,通过下一代防火墙实现代理上网。图 2-11 所示是下一代防火墙在使用路由模式部署时的拓扑结构。

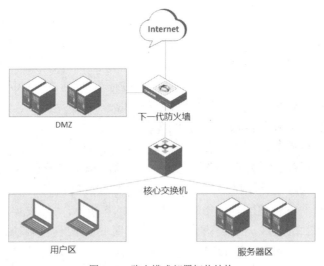

图 2-11　路由模式部署拓扑结构

路由模式部署的下一代防火墙，一般部署在企业互联网出口，在部署的时候需要提前进行接口与区域的规划，通常会划分为至少 3 个区域，分别是 WAN 区域、LAN 区域和 DMZ，将不同终端或者服务器划分至不同的区域。

配置过程通过设备的控制台来完成，以深信服下一代防火墙为例，通过配置机器连接设备的管理接口，进行设备配置。默认情况下，设备的管理接口（eth0）的默认 IP 地址为 10.251.251.251/24，通过浏览器登录设备控制台，访问方式为使用浏览器打开 https://10.251.251.251。

在图 2-12 所示的路由模式部署实例中，管理员配置 eth1 为外网接口，eth2 为内网接口，eth3 为 DMZ 接口。

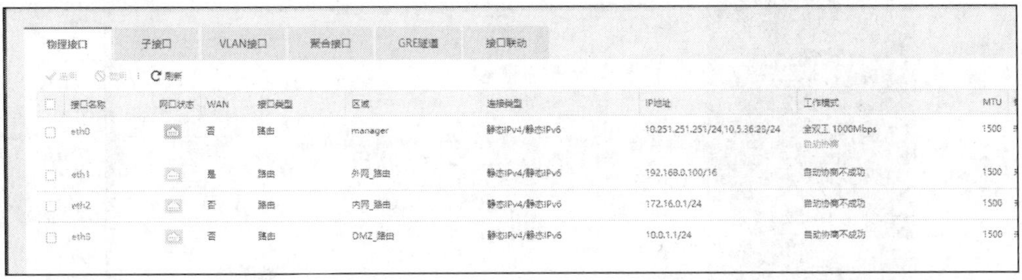

图 2-12　路由模式配置

将 eth1 配置为外网接口，选择接口类型为"路由"，区域选择自定义的"外网_路由"，勾选 WAN 口属性，配置 IP 地址为 192.168.0.100/16，在实际的配置过程中，还需要配置 WAN 口的网关地址为 192.168.0.1。

将 eth2 配置为内网接口，选择接口类型为"路由"，区域选择自定义的"内网_路由"，不勾选 WAN 口属性，在接口的 WAN 属性部分，会显示为"否"，配置 IP 地址为 172.16.0.1/24，非 WAN 属性的接口在默认情况下无须配置网关地址。

将 eth3 配置为 DMZ 接口，选择接口类型为"路由"，区域选择自定义的"DMZ_路由"，不勾选 WAN 口属性，配置 IP 地址为 10.0.1.1/24。

非带外管理接口的下一跳网关仅用于接口的链路检测和策略路由功能，设置了下一跳网关，不会在设备上产生 0.0.0.0/0.0.0.0 的默认路由，需要手动设置默认路由。接口的线路带宽设置与流量管理的带宽设置没有关联，接口处的线路带宽设置用于策略路由的调度。

在配置完接口后，需要进行路由配置，如图 2-13 所示，配置一条到 0.0.0.0/0.0.0.0 的默认路由指向前置网关。图 2-13 中配置的网关为 192.168.0.254。同时由于存在内网接口跨三层的多个网段，还需要配置添加各网段的静态路由到核心交换机。配置路径与默认路由相同，需要根据实际的网段情况进行配置，配置内容包括目标地址/子网掩码以及下一跳地址等。除了 IPv4 的路由配置内容外，还支持 IPv6 的路由配置，配置过程与 IPv4 的一致。

设备工作在路由模式时，局域网内计算机的网关都是指向设备内网接口 IP 地址或指向三层交换机的，三层交换机的网关再指向设备。上网数据由设备做 NAT 或路由转发出去。当设备有多个路由接口时，多个路由接口可以设置同网段的 IP 地址，通过静态路由决定数据从哪个接口转发。设备支持配置多个 WAN 口属性的路由接口以连接多条外网线路，但是需要开通多条外网线路的授权。

在路由模式下，下一代防火墙所支持的功能最为全面，包括各类三层网络功能如 IPSec VPN 和地址转换等，在其他模式下，功能会有部分限制。

图 2-13　路由配置

2.2.3　透明模式

当数据进出下一代防火墙设备的接口处于透明模式时，设备相当于以透明模式部署，可将其视为一台带过滤功能的交换机。一般在不方便更改原有网络拓扑结构的情况下启用透明模式，把设备接在原有网关及内网用户之间，不更改原有网关及内网用户的配置，对下一代防火墙设备进行一些基本配置即可使用。透明模式的主要特点是对用户做到完全透明，实现几乎无感知的上线。

图 2-14 所示为透明模式下设备的常见拓扑结构。由于透明模式下设备的三层转发功能会有所限制，因此在部署的时候，常会串接在两台三层设备之间，由上下连设备提供三层功能。在图 2-14 中，出口设备为路由器，通过路由器提供地址转换等功能，核心交换机用于划分不同内网网段，实现不同网段的联通，而下一代防火墙仅进行安全策略限制。透明接口在不同的使用场景下，可以分为 Access 接口和 Trunk 接口。

Access 接口透明模式部署，即设备的接口类型选择为"透明"后，接口的 VLAN 类型为 Access。在这里，我们以某企业的网络环境为例，某企业网络是跨三层的，有路由器部署在公网出口，不能改动原有环境，需要将下一代防火墙设备透明部署到网络中，核心的配置内容如图 2-15 所示。在下一代防火墙物理接口的配置中，单击需要设置成外网接口的接口，选择 eth1 作为上联外网接口，选择"透明"类型，区域选择自定义的"外网_透明"，勾选 WAN 口属性，连接类型为 Access。在物理接口 eth2 上，选择接口类型为"透明"，区域选择自定义的"内网_透明"，不勾选 WAN 口属性，连接类型为 Access。

在完成物理接口的配置后，需要进行 VLAN 接口的配置，VLAN 接口可以通俗地理解为常见的交换机的 VLAN 接口，作为对应 VLAN 的网关使用。具体的配置如图 2-16 所示。在 VLAN 接口中，新增一个逻辑接口，此接口属于三层路由接口。配置 VLAN ID 为 1，并选择所属的区域为"外网_路由"，按需配置好分配的地址 192.168.1.1/24。

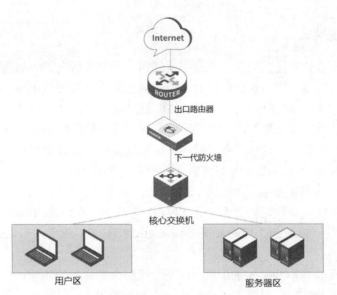

图 2-14 透明模式拓扑结构

图 2-15 透明模式 Access 类型核心配置

图 2-16 透明模式 VLAN 接口配置

2.2.4 虚拟网线模式

虚拟网线模式与透明模式类似，是透明模式的一种特殊情况，但与透明模式存在一定的区别。首先，虚拟网线接口也是二层接口，但是被定义成虚拟网线接口。其次，虚拟网线接口必须成对存在，转发数据时，无须检查 MAC 地址表，直接从虚拟网线配对的接口转发。再次，虚拟网线接口的转发性能是高于透明接口的，在一般的网桥环境下，推荐使用虚拟网线接口部署。最后，虚拟网线部署必须通过其他路由接口进行外接管理。

在本书中，以某企业网络环境的虚拟网线部署为例进行配置说明。用户内网由两台三层交换机和两台路由器做负载均衡。若不希望更改原来的上网方式，就要求在此网络环境中透明部署下一代防火墙设备，要求 eth1 和 eth2 这对二层接口隔离，即进入 eth1 口的数据必须从 eth2 口转发，进入 eth2 口的数据必须从 eth1 口转发，此需求可以通过虚拟网线接口来实现。

图 2-17 所示是虚拟网线接口的配置，在下一代防火墙设备的物理接口部分，分别配置了 eth1 和 eth2 为虚拟网线接口类型，并且选择 eth1 接口为 WAN 口属性，设置区域为自定义的"外网_虚拟网线"；选择 eth2 接口为非 WAN 口属性，设置区域为自定义的"内网_虚拟网线"。其他配置保持默认即可。

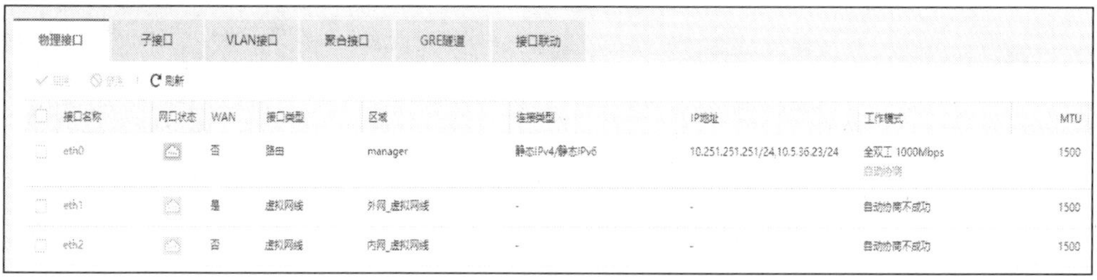

图 2-17　虚拟网线接口配置

由于虚拟网线接口是需要成对使用的，因此需要对虚拟网线接口进行成对选择。如图 2-18 所示，对 eth1 和 eth2 接口进行选择，即可实现一条虚拟网线的配置。通常会结合接口联动的功能对虚拟网线进行使用。所谓接口联动，就是在同一个接口联动组中，某一个接口出现故障后，配对的接口会自动变成宕掉的状态，此功能多用于实现内网交换机和路由器的主备切换。图 2-19 所示是虚拟网线接口联动的配置，只需选择对应的虚拟网线接口即可。

图 2-18　虚拟网线配置

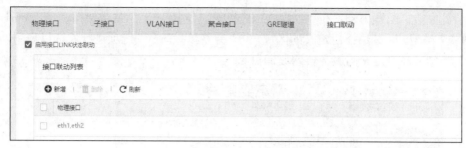

图 2-19　虚拟网线接口联动配置

2.2.5　旁路模式

下一代防火墙以旁路模式部署在网络中，与交换机镜像接口相连，实施简单且完全不影响原有的网络结构，可降低网络单点故障的发生率。此时下一代防火墙获得的是链路中数据的副本，主要用于监听、检测局域网中的数据流及用户或服务器的网络行为，以及实现对用户或服务器的 TCP 行为的管控。图 2-20 所示是下一代防火墙旁路模式部署的基本拓扑结构。依托交换机的流量镜像功能，将通过交换机的应用或者互联网流量镜像转发给下一代防火墙设备即可。

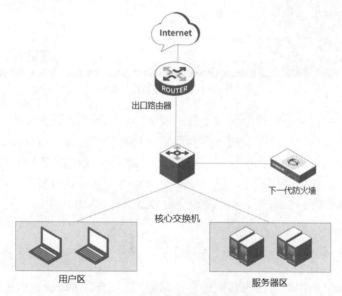

图 2-20　下一代防火墙旁路模式部署

在旁路模式下，实现的关键部分为交换机镜像流量的配置。需要在交换机上配置镜像接口，对需要采集的流量进行镜像输出，交换机的镜像接口与防火墙的镜像接口互连，并最终在防火墙的镜像接口上完成流量输入。以旁路模式实现防护功能的同时，可以不改变用户的网络环境，并且可以避免设备对用户网络造成中断的风险，用于把设备接在交换机的镜像接口或者接在集线器上，保证外网用户访问服务器的数据经过此交换机或者集线器，并且设置镜像接口的时候需要同步镜像上下行的数据，从而实现对服务器的保护。

旁路模式的配置过程也较为简单，仅需要配置对应的镜像接口即可。图 2-21 所示是下一代防火墙镜像接口配置内容，在"物理接口"部分，选择 eth1 为镜像接口，单击 eth1，选择"旁路镜像"类型，区域选择自定义的区域，对"旁路流量统计"选项进行勾选以启用，在"网络对象"部分选择自定义的服务器网段即可。

图 2-21　下一代防火墙镜像接口配置

在完成上述的配置后，可以配置安全防护规则，以配置业务保护策略为例，通过安全策略，新增业务保护策略。在旁路模式下，要保护的对象和需抵御的对象都要选择旁路接口所在的区域，要保护的对象的网络所属区域选择服务器网段所在的业务组即可。

需要注意的是，在旁路模式下，下一代防火墙支持的功能是有限的，常规的防火墙支持APT（或僵尸网络）防护、PVS（实时漏洞分析）、WAF（Web 应用防护）和漏洞攻击防护，在不需要阻断时可以不启用旁路阻断功能。

2.2.6　混合模式

混合模式是指下一代防火墙设备同时存在路由接口、透明接口或者虚拟网线接口的情况。根据客户的不同需求，可以采用不同的部署方式来实现。

混合模式常见的部署结构如图 2-22 所示，常见的场景为企业内网有大量服务器群，用户需要通过公网访问，并且每个服务器均分配公网地址，在公网出口部署下一代防火墙设备，实现用户能够直接通过公网地址访问服务器群，不需要通过端口映射的方式发布服务器，且能实现下一代防火墙设备代理内网的终端上公网。

在本书中，对某配置案例进行讲解，说明混合模式的部署过程。如图 2-23 所示，在某单位中用户需要通过服务器的公网地址访问服务器，则可以把下一代防火墙设备连接公网的eth1 口和连接局域网内服务器群的 eth2 口设置成透明 Access 接口，且属于同一个 VLAN。

设置 VLAN 接口，且给 VLAN 接口配置公网地址。把连接内网的 eth3 口设置成路由口，内网用户上公网时将源 IP 地址转换成 VLAN 接口的公网地址，则可实现用户的需求。

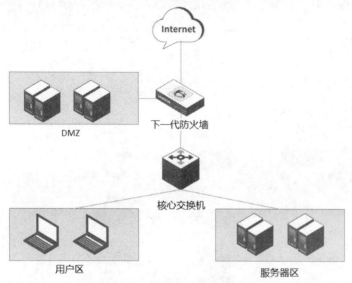

图 2-22　下一代防火墙混合模式部署结构

图 2-23　下一代防火墙混合模式配置

具体配置包括以下几个步骤。

（1）设置外网接口。在"物理接口"中，选择 eth1 作为外网接口，单击 eth1，选择"透明"类型，区域选择自定义的区域，勾选 WAN 口属性，连接类型为 Access。

（2）设置服务器区接口。在"物理接口"中，选择 eth2 作为服务器区接口，单击 eth2，选择"透明"类型，区域选择自定义的区域，连接类型为 Access。

（3）单击 eth3，选择"路由"类型，区域选择自定义的区域，并填写 IP 地址即可。

2.2.7　主主模式

为了确保网络边界的可靠性，下一代防火墙支持两台设备同时以主机模式运行，实现设备冗余和负载均衡的功能。这意味着两台设备可以同时处理网络流量，并且当其中一台设备出现故障时，另一台设备可以自动接管工作，确保网络的持续运行。此外，两台设备之间可以共享工作负载，实现负载均衡，提高网络性能和可扩展性。这种设备冗余和负载均衡的部署方式，能有效地提高网络边界的稳定性和可靠性，保护网络免受各种威胁。在这种环境中，下一代防火墙通常以单网桥模式或者多网桥模式部署在网络中。

如图 2-24 所示,下一代防火墙以网桥模式部署在网络中,为每一台下一代防火墙设备配置网桥 IP 地址。保证每一台设备上指定的通信接口在同一个局域网内,下一代防火墙之间即可实现同步。

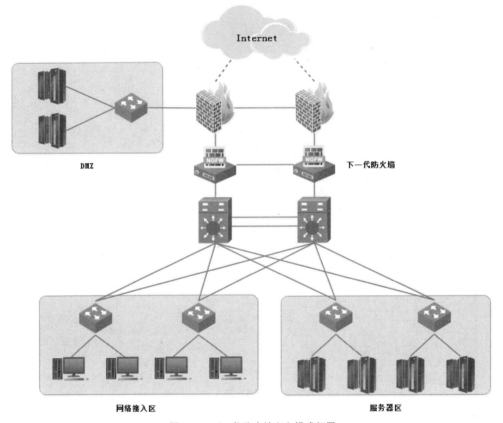

图 2-24　下一代防火墙主主模式部署

2.2.8　主备模式

下一代防火墙支持双机主备模式运行,通过心跳口连接两台设备,一主一备,以提高网络的可靠性。双机主备模式采用备份和恢复机制,通过在主设备和备用设备之间建立心跳连接,实现设备状态的监测和信息传输。在正常情况下,主设备负责处理和过滤网络流量,备用设备处于待命状态。这种设计可以实现负载均衡,确保网络的正常运行,同时也为主设备发生故障时的自动切换提供了有力的支持。

当主设备发生故障时,备用设备会迅速接管主设备的工作并继续进行网络流量的处理和过滤。这个过程是自动进行的,不需要人为干预,因此可以缩短故障切换的时间,减少网络流量的中断。而这种自动切换的设计,能大大提高网络的稳定性和可靠性。

除了故障切换功能,主备模式还支持设备的高可用性,保证网络的连续性。即使在主设备正常运行时,备用设备也可以进行数据备份和同步,保持两台设备的状态一致。这种设计可以在备用设备迅速接管主设备工作之后无缝切换,实现网络服务的不间断提供。

在这种环境中，下一代防火墙以单网桥模式、多网桥模式或者路由模式部署在网络中。图 2-25 所示是下一代防火墙较为常见的单网桥主备模式的部署。

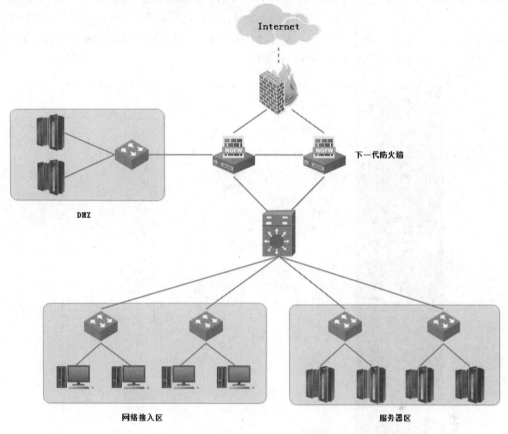

图 2-25　下一代防火墙单网桥主备模式部署

2.3　网络优化技术

下一代防火墙具备多种网络优化技术，用来提升用户对于网络的访问体验，其中较为常用的就是 DNS 透明代理技术和策略路由技术。

2.3.1　DNS 透明代理技术

DNS 透明代理就是指中间设备（一般是网关）截获终端通过设备本身的 DNS 数据报，由中间设备根据相关设置将请求发送给设备本身配置的 DNS 进行解析，中间设备收到 DNS 应答后，返回给终端。这个代理过程对于终端来说是无感知的、完全透明的。DNS 透明代理页面用于内网用户 DNS 地址未指向下一代防火墙设备，但 DNS 请求经过下一代防火墙时，下一代防火墙进行透明的 DNS 代理解析设置。图 2-26 所示是 DNS 透明代理的配置内容。"外网 DNS 服务器地址"用于设置 DNS 透明代理的外网 DNS 地址，如 114.114.114.114 等。当启用 DNS 透明代理后，非上传域名文件列表内的域名，一律通过该处设置的外网 DNS 地址进行代理解析。"内网 DNS 服务器地址"用于设置 DNS 透明代理的内网 DNS 地址，当启用 DNS 透明代理后，上传域名文件列表内的域名，一律通过该处设置的内网 DNS 地址进行代理解析。"DNS64"则主要配合 NAT64 工作，将 DNS 查询信息中的 A 记录（IPv4 地址）合成到 AAAA 记录（IPv6 地址）中，返回合成的 AAAA 记录用户给 IPv6 侧用户。"上传域名文件列表"用于设置需要通过内网 DNS 进行解析的域名，常见场景为通过域名访问单位自己的网站时，直接解析到网站对应的内网 IP 地址。

图 2-26　DNS 透明代理的配置内容

2.3.2　策略路由技术

策略路由的操作对象是数据报，在路由表已经产生的情况下，不按照先行路由表进行转发，而是根据需要，依照某种策略改变其转发路径。策略路由主要用于设备有多个外网接口接多条外网线路时，根据源/目的 IP 地址、源/目的端口、协议等条件进行出接口和线路的选择，以实现不同的数据走不同的外网线路的自动选路功能，需要在接口/区域中启用链路故障检测功能。图 2-27 所示为下一代防火墙中策略路由的具体配置内容。

在"路由类型"中，可选择"源地址策略路由"和"多线路负载路由"。源地址策略路由基于终端的源 IP 地址进行路由匹配，通过更多的人为控制，进行路由的选择；多线路负载路由不会考虑源 IP 地址，更多考虑的是线路的情况，针对线路情况进行路径选择。

策略路由配置的核心思路：在存在多条线路出口的情况下，根据源/目的 IP 地址、端口、协议、应用来定义匹配条件，对于匹配上的流量根据选择指定线路的出口或下一跳地址。这里以多运营商选路场景为例进行配置。下一代防火墙支持基于 IPv4 和 IPv6 的策略路由，可以根据需要设置策略的生效时间。由于此策略是源地址策略路由，因此需要基于访问的源区域或者源 IP 地址进行策略匹配，同样也基于目的地址或者应用进行匹配，实现基于源 IP 地址的策略路由。

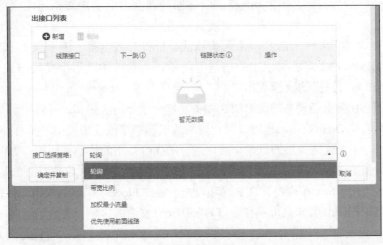

图 2-27　策略路由具体配置内容

多线路负载路由的场景是，在某企业存在多条线路出口的情况下，根据源/目的 IP 地址、端口、协议、应用来定义匹配条件，对出接口选择轮询、带宽比例、加权最小流量、优先使用前面线路的策略，动态选择线路，实现线路带宽的有效利用和负载均衡。在进行该策略的配置时，需要按照图 2-28 所示，进行策略选择。

图 2-28　多线路负载路由功能

根据算法对流量进行负载，存在表 2-2 所示的 4 种选择策略。

表 2-2 选择策略

选择策略	策略说明	适用场景
轮询	平均分配连接到多条外网线路	适用于线路质量基本相同且带宽相同的情况，可以选择轮询的方式，实现每一条线路都可以均等分配
带宽比例	按照外网线路带宽的比例来分配连接	适用于线路的带宽不同的场景，多出口带宽大小不同，需要安装对应的带宽比例的线路进行连接分配，实现不同线路的使用率近似相同，避免出现低带宽线路利用率过高而高带宽线路利用率过低的问题
加权最小流量	通过比较当前线路流量与线路带宽的比值，选择加权最小的线路优先分配连接	根据算法，选择使用率最低的线路进行流量分配。确保各个线路剩余带宽比例按照要求进行分配
优先使用前面线路	用于线路需要做主备的场景，即所有连接均分配到第一条线路。如果第一条线路发生故障，才把连接切换到第二条选择的可用线路	适用于手动控制选路，通常优先选择质量好的线路，或者强制指定某条线路，如国际线路等

在使用策略路由功能时，需要注意一些事项。首先，如果要实现多条外网线路的负载，必须开启链路故障检测检查链路是否存在故障，以作为切换判断的依据。其次，多线路负载只能选择 WAN 口属性的接口。最后，每一条外网线路必须有一条策略路由与之对应，可以是基于源 IP 地址的策略路由或者多线路负载路由。

2.4 终端与服务器安全防护技术

终端与服务器安全防护技术是对终端设备和服务器进行安全防护的技术。终端安全防护技术包括防病毒技术、强密码策略、入侵检测防御技术等。而服务器安全防护技术包括访问控制、加密传输、WAF 策略等。在本书中将介绍一些较为常见的安全防护技术。

2.4.1 DDoS 攻击防御技术

DoS 攻击/DDoS 攻击（拒绝服务攻击/分布式拒绝服务攻击），通常以消耗服务器资源、迫使服务器停止响应为目标，通过伪造超过服务器处理能力的请求数据造成服务器响应阻塞，从而使正常的用户请求得不到应答，以实现其攻击目的。

下一代防火墙采用多种 DDoS 攻击防护算法，可针对数据报、IP 报文、TCP 报文、基于 HTTP 的 DoS/DDoS 攻击等各种洪水攻击进行防范，并对各种畸形报文攻击进行检测，抵御各种对 IP 地址和端口扫描的窥探攻击。

深信服的下一代防火墙设备的防 DDoS 攻击功能分成外网防护和内网防护两个部分，既可以防止外网对内网的 DDoS 攻击，也可以阻止内网的机器中毒或使用攻击工具对外发起的 DDoS 攻击。通常来说，下一代防火墙通过两个阶段进行 DDoS 攻击的检测和防护，如图 2-29 所示。

对于业务数据第一阶段进行 TCP 异常包、IP 选项攻击、未知 IP 攻击、IP 分片攻击、LAND 攻击、WinNuke 攻击、Smurf 攻击、TCP 选项攻击、各种 Flood（洪水）攻击（包括 SYN Flood、ICMP Flood、UDP Flood、DNS Query Flood）等 DDoS 攻击的检测。当第一阶段中检测到 SYN 包频率过高时，将在第二阶段对 TCP 连接做 SYN Cookie 代理，第二阶段还可进行 ICMP 大包攻击（即 ping of death）等检测。

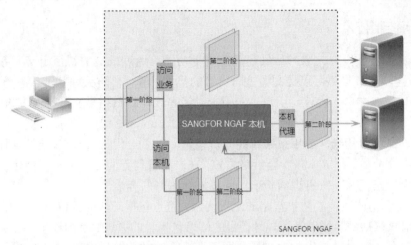

图 2-29　DDoS 检测与防护

对于本机（访问深信服下一代防火墙本身）数据，DDoS 攻击检测模块会在第一阶段做端口扫描的检测（SYN 扫描和 Connect 扫描），包括所有的 Nmap 扫描，如 FIN 扫描、NULL 扫描，Xmas Tree 扫描、UDP 扫描、ACK 扫描、Maimon 扫描、Windows 扫描、TCP Idle 扫描等。而第二阶段根据第一阶段的检测结果决定是否做本机的 SYN 代理。

防 DDoS 攻击功能的配置分为外网对内攻击防护和内网对外攻击防护。以外网对内攻击防护策略为例，如图 2-30 所示，在此配置选项中，"名称"部分用于设置该防护规则的名称；在"源"的"外网区域"部分，设置需要防护的源区域。外网防护的源区域一般是外部区域。如果设置"ARP 洪水攻击防护"为"开启"，则启用 ARP 洪水攻击防护，可以设置区域阈值，在单位时间内如果该区域的接口收到超过阈值的 ARP 包，则会被认为是攻击。如果页面下方设置"检测攻击后操作"为"阻断"，则检测到攻击后，会丢弃超过阈值的 ARP 包。在扫描攻击类型和 DDoS 攻击类型的高级防御设置中，可以选择需要被防护的类型，并设置阈值。

图 2-30　外网对内攻击防护策略

2.4.2　访问控制技术

访问控制是下一代防火墙产品最基础的安全功能，通过报文的特征定义一系列的 ACL 策略，通过这些 ACL 策略可以控制通过防火墙的报文。下一代防火墙基于状态检测技术，从安全域、IP 地址、端口、协议、用户、应用、时间等维度对数据报文进行深度检测，阻断违规数据访问。

为简化产品日常运维，应用策略智能分析技术，对下一代防火墙产品已启用的安全策略进行深层次对比分析，判定哪些安全策略失效，在产品管理界面提示用户根据建议及时调优，避免出现安全策略冗余、难管理的状况，保障安全策略的有效性。

图 2-31 所示是应用控制防护策略的配置内容，重点包括策略的源信息、目的信息以及生效条件。源信息包括源区域以及源地址。目的信息包括目的区域、目的地址、服务以及应用。在生效条件部分，可以设置生效动作是允许还是拒绝，以及生效时间。

图 2-31　应用控制防护策略的配置内容

2.4.3　入侵防御技术

IPS（Intrusion Prevention System，入侵防御系统）是一种安全机制，其通过分析网络流量检测僵尸网络、木马、蠕虫等恶意威胁入侵，并通过一定的响应方式，实时地中止入侵行为，保护企业信息系统和网络架构免受侵害。入侵防御实现机制包括重组应用数据、协议识别和协议解析、特征匹配。

重组应用数据是指数据流量进入 IPS 模块前，会先将分片传输的报文进程重组，确保应用层数据的连续性，有效检测逃避入侵检测的攻击行为。

协议识别和协议解析是指根据内容识别出多种应用层协议，并根据具体协议进行精细的解码，深入提取报文特征以进行入侵检测。

特征匹配是指将解析后的报文特征和签名进行匹配，如果命中签名则进行响应处理。下一代防火墙基于深度应用识别技术，能够对流经下一代防火墙的数据报文进行深度应用层分析和检测，通过对数据报文进行协议分析和重组，并根据检测结果对数据报文做出响应动作。下一代防火墙产品中内置了主流 IPS 特征库，正常情况下会周期性地更新，如遇重大事件一般会 24 小时更新响应。由于 IPS 的攻击检测主要依赖攻击特征匹配，IPS 模块检测的精准度依靠规则库的数量和规则库更新的及时性，这种检测方式的劣势是无法针对复杂漏洞、未知漏洞进行防御。深信服自研的 IPS 反逃逸漏洞防御引擎在漏洞特征库的基础上，增加了行为分析检测技术，基于攻击泛化的漏洞覆盖技术，从漏洞共性攻击与利用方式出发，泛化出通用漏洞特征，利用最少规则检测更多的安全漏洞。

同时，深信服通过与 CNCERT、Google virus total 等十余家机构的合作来实现共享威胁情报并接收全面的信息，实现对新型漏洞威胁的有效防御。

2.4.4　失陷主机检测技术

失陷主机通常是指网络攻击者以某种方式获得主机的控制权，在获得控制权后，攻击者通过建立 C&C（Command and Control，命令与控制）隐蔽通道并对失陷主机发送恶意指令，甚至以该主机为跳板继续攻击内网的其他主机。另外，失陷主机往往具有无规律性、高隐蔽性的特点，很多入侵动作本身难以识别或无法确认攻击是否成功。

针对办公网或者生产网场景中存在的失陷主机安全隐患，下一代防火墙采用"本地特征库+云端检测"技术准确定位各种失陷主机的高危行为。下一代防火墙在本地具备大量的僵尸网络特征库，里面包含主流恶意 URL、C&C IP 地址等，通过对比风险主机的非法外联行为，确认并定位失陷主机。由于攻击者经常使用恶意软件隐秘通信，包括使用 DGA（域名生成算法）通信、DNS 隐蔽通道通信、字典拼接通信、硬编码通信等，增加了非法外联行为的检测难度。下一代防火墙采用异常流量行为分析检测引擎，基于"AI+规则"的闭环迭代发现异常流量，定位未知威胁，如图 2-32 所示。

在失陷主机场景下，攻击者通过病毒分发服务器来存储和分发病毒，当主机感染成为"肉鸡"后，会尝试连接预先设定好的 C&C 服务器获取控制命令。早期的僵尸网络中，失陷主机和 C&C 服务器之间通过固定的域名或 IP 地址进行通信，但是由于硬编码的域名或 IP 地址固定且数量有限，安全人员通过逆向掌握该部分内容后可对该域名进行有效的屏蔽，阻断其命令控制途径，使其失去控制源并逐渐消亡。

而现在僵尸网络中已经出现各种 C&C 通信混淆逃逸技术，以躲避各类安全设备或其他方式的网络检测，其中最为出名的混淆逃逸技术便是 DGA，攻击者与恶意软件运行同一套 DGA，生成相同的备选域名列表，当需要发动攻击的时候，选择其中的少量进行注册，便可以建立通信，并且可以对注册的域名应用动态 IP 地址技术，快速变换 IP 地址，从而使域名和 IP 地址都可以进行快速变化，使失陷主机与攻击者保持通信并且可以躲避检测。

还有一种难以检测的混淆逃逸技术，使用正常网站通信，使失陷主机不再直接与 C&C 服务器进行通信，而是把正常网站如微博、QQ 空间、网盘、云盘等作为跳板，传输信息。

总的来说，只要能通信就有可能存在 C&C 通信。

图 2-32　僵尸网络防护策略

僵尸网络中的失陷主机除了回联攻击者的 C&C 服务器之外，还会进行内部横向扩散，感染更多主机。

下一代防火墙在检测僵尸网络的时候，将从流量中剥离的 IP 地址和 URL 与本地的僵尸网络库进行匹配，同时识别网络中的异常行为，如扫描、DGA 通信、未知下载等。如遭遇未知的灰度数据，可快速上云查杀。下一代防火墙在对抗僵尸网络的过程中，除了本地拥有僵尸网络库，还具备覆盖多种僵尸网络的行为识别功能，并能联动云端进行快速查杀，协同防御。

在对僵尸网络的对抗上，下一代防火墙也贯穿着简单易用的理念，相比"日志逐条分析+第三方威胁情报协助判定"的传统分析与处置体验，下一代防火墙基于失陷主机遭受的攻击和发起行为进行聚合分析，通过时间区间、地理位置等多维举证判定威胁进行告警和封堵，并能深度结合深信服自研威胁情报协助判定，原厂威胁情报，数据来源稳定准确，落地产品模型无偏差，并提供开放界面查询。

随着网络威胁日益趋于复杂化、高隐蔽性，我们发现虽然防火墙具备深度识别恶意网络行为的能力，却只能在边界告警和封堵。最常见的失陷处置方式是通过防火墙告警事件中的主机信息，寻找对应的失陷主机，借助第三方处置工具进行全盘病毒查杀。但大部分第三方处置工具只能检测发起恶意行为的进程，遇到调用正常系统程序执行的恶意行为往往不能彻底处置。而防火墙基于网络行为检测到恶意外联，也只能不断地发出告警信息。

为此下一代防火墙通常融合端点安全，在多维举证失陷主机后，提供依托于终端组件进行终端侧的分析和处置，可重定向失陷主机访问网站并推送终端组件 EDR（终端检测与响应），联动 EDR 进行分析和处置，并将结果同步至防火墙。如果是已经安装 EDR 的主机，可将网端定位网络特征，并通过网端捕获的恶意网络行为在终端进程级定位文件特征，网端联动分析和处置失陷主机，并针对同类型的威胁进行智能免疫，快速、简单、有效地进行响应。通过融合端点，下一代防火墙分析与处置失陷主机举证完善，处置精确，同时能检测与处置基于正常程序（如 CMD、PowerShell、Downloadstring 等）执行恶意行为的威胁。

当下一代防火墙遭遇本地无法识别的灰度数据时，可上云查杀，云端引擎进行聚合分析，分钟级下发查杀结果，每 5 分钟共享全球接入云端的安全设备捕获到的威胁数据及云端聚合分析结果，本地结合云端快速鉴别未知威胁，分钟级全球设备协同防御快速捕获未知威胁。

在网络中有 DNS 的场景下，失陷主机的恶意域名通过内网的 DNS 查询 C&C 地址，在互联网出口的防火墙捕获到来自内网 DNS 的大量恶意域名请求，安全设备无法识别发起恶意域名请求的真实主机 IP 地址。下一代防火墙同时支持配置恶意域名重定向，通过重定向恶意域名的 IP 地址为蜜罐 IP 地址，监听对蜜罐 IP 地址的访问，即可定位内网的真实失陷主机 IP 地址。

2.4.5　病毒防护技术

深信服下一代防火墙通常采用流模式和启发式文件扫描技术，并使用自研的 AI 杀毒引擎 SAVE（Sangfor Anti-Virus Engine），可对 HTTP、SMTP（简单邮件传送协议）、POP3、IMAP（因特网信息访问协议）、FTP、SMB（服务器消息块）等多种协议类型的近百万种病毒进行查杀，包括木马、蠕虫、宏病毒、脚本病毒等，同时可对多线程并发、深层次压缩文件等进行有效控制和查杀。图 2-33 所示是下一代防火墙中病毒查杀过程的协议解析引擎和杀毒引擎，协议解析引擎用于分析协议本身以及识别协议携带的文件内容，通过任务分发进程，将文件和内容下发至杀毒进程中进行分析，以判断文件是否为问题文件。

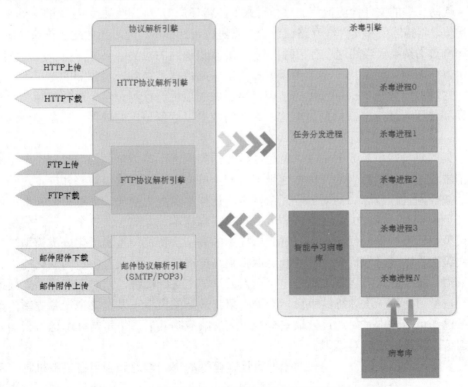

图 2-33　下一代防火墙病毒查杀过程的协议解析引擎和杀毒引擎

传统的反病毒技术从单个样本识别到提取捕获病毒的特征码和特征库进行匹配，再到基于捕获样本进行举一反三，预言威胁，这 3 个阶段除了只能识别已知的威胁外，还分别存在不同的问题。随着攻击的不断变化,高成本且只能识别已知病毒的技术已逐渐无法适应当前的安全形势。

那么如何对抗未知威胁成为一个重要的问题,而问题的答案是使用 AI 技术进行反病毒。可以看到,相比传统的特征库技术,AI 技术具有泛化能力,能够查杀各种病毒变种、新型病毒;不依赖云端能力,在一些离线场景下能力退化慢,杀毒能力依旧保持;同时模型更新量小,在大量部署的场景不会因为更新带来网络风暴;最后也是对网关设备很重要的一点,即使用 AI 技术内存占用小,对性能影响小。

与文件检测有关的 AI 技术主要有 3 种:无监督学习、有监督学习、深度学习。可以简单地理解为:无监督学习的目的就是提取特征分类,挖取潜在结构;有监督学习是带着既定的目标分类;深度学习又叫人工神经网络,与其他所有机器学习一样,都基于算法,但它并非像数据分类一样根据任务选择的算法,而是模仿人类大脑结构与运算过程——识别非结构化输入的数据,输出精确的行为和决策。

深度学习算法自主决定了原始数据中哪些对分拣有利,因此带来了更高的检测精度。深度学习算法对大数据十分友好,对恶意程序的总趋势有强大的记忆能力并对新兴威胁有较好的泛化能力。此外,深度学习算法的资源占用也更为友好。

下一代防火墙的检测矩阵提供捕获文件和拦截处置的能力,SAVE 提供本地无规则的检测能力,云端提供安全能力的更新、云端威胁情报、云沙箱等多引擎的云查能力。

下一代防火墙的文件检测流程通过传过来的流量还原协议,再解析协议里的文件大小、类型等描述值,将描述值和文件缓存路径传给杀毒进程进行检测,同时扣住此次传输的最后一个数据报等待查询结果(当然这个有超时机制),并跟进返回的检测结果进行操作,记录日志。

在机器学习中,经常用一个预测模型和一堆原始数据来得到一些预测的结果,人们需要做的是从这堆原始数据中提炼较优的结果,然后做到最优的预测。这个过程包括 3 个方面,一是选择和使用各种模型,二是使用这些原始的数据以达到最优的效果,三是模型的快速调整和适应。

样本集的建设并不是数据集越大就越好,数据集应基于覆盖全面的理念,不断增加数据集的样本数量。下一代防火墙在样本建设上有两个核心点:一是通过对整体样本进行聚类分析,然后按类别进行甄选,从而去除冗余样本,让样本覆盖更全面,训练高效精准;二是多年企业安全的积累,拥有大量企业级环境的真实病毒样本,聚焦企业安全。

在模型设计上,下一代防火墙通过分析样本的高层次特征调整和优化分类模型,并针对模型的决策边界做大量的优化,使其既可保障很高的准确率,又具有一定的泛化能力。

在云端,安全专家会将样本集合定期送入云端模型进行训练,同时云端模型能根据现有情况进行自学习。每一次训练结束后,云端引擎将最新的模型下发至安全设备更新落地。当本地设备遭遇可疑样本时,通过云端安全专家应急响应确认后,将可疑样本送入云端引擎进行自动训练,快速输出应对规则。

经过高质量数据集建设、优秀的模型设计、模型的持续学习和利用自更新机制,下一代防火墙能做到"高检出,低误报"的文件检测,并能覆盖已知样本的变种和全新样本的未知威胁。

真正体现到下一代防火墙杀毒功能的配置界面上,如图 2-34 所示,可以进行邮件安全设置、URL 过滤设置和文件安全设置,以实现内容安全。

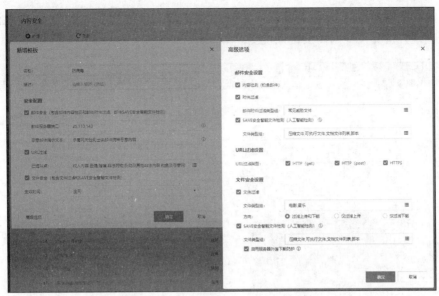

图 2-34 下一代防火墙杀毒功能配置界面

2.4.6 Web 应用防护技术

随着互联网和移动互联网技术的快速发展，各类网站和 Web 应用近年呈现爆发式的增长，Web 应用平台已经在电子政务、电子商务等领域得到广泛应用，以实现协同办公和社会性网络服务等目的。黑客也将注意力从以往对网络服务器的攻击逐步转移到对 Web 应用的攻击上。

根据 Gartner 的调查报告，信息安全攻击有 70% 都发生在 Web 应用层面而非网络层面上，同时数据也显示 2/3 的 Web 站点都相当脆弱，易受攻击。绝大多数企业将大量的投资花费在网络和服务器的安全上，通常在网络中会部署防火墙、IPS、防病毒软件等安全产品，但是这类产品对于 HTTP 和 HTTPS 的 Web 应用层攻击往往无法检测，没有从真正意义上保证 Web 业务本身的安全。

下一代防火墙采用"规则匹配+WISE 语义引擎"双重检测机制，针对攻击者发起的应用层攻击行为进行深度检测与阻断。产品内置主流应用特征库，有效识别攻击者发起的各类主流 Web 应用攻击行为。下一代防火墙中的 WAF 模块，专注于 7 层安全防护，能够有效应对 OWASP（开放式 Web 应用安全项目）组织提出的十大 Web 安全威胁的主要攻击。图 2-35 所示是 WAF 模块中存在的 Web 应用防护功能。

1. 黑链检测防护技术

黑链是SEO（Search Engine Optimization，搜索引擎优化）手法中相当普遍的一种手段，是指用非正常的手段获取其他网站的反向链接。最常见的黑链就是通过各种网站程序漏洞获取搜索引擎权重或者PR值（网页权重级别）较高的网站的WebShell，进而在被黑网站上链接自己的网站。

黑链检测最常用的方式是使用第三方扫描工具，需要不定期地检测网页是否存在黑链，实时性较差。深信服下一代防火墙应用动态常态检测技术，只要被挂黑链页面出现访问行为，就可以检测到黑链的位置以及对应类型。下一代防火墙的黑链检测功能由两部分检测内容来实现，分别是外链类型检测和关键词检测。

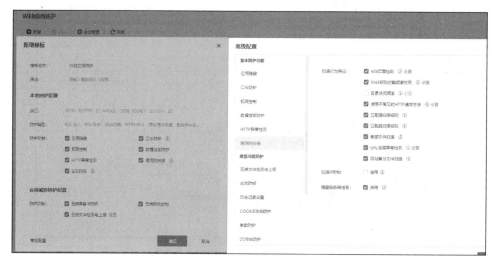

图 2-35　下一代防火墙 Web 应用防护功能

外链类型检测是指对通过下一代防火墙的 HTTP 流量进行处理并提取外链，在产品内置的 URL 分类库中查询其类型并给予一定权值评分，当总分达到一定程度时，就认为是黑链。

关键词检测是指对通过下一代防火墙的 HTTP 流量进行处理，提取外链内容，使用关键词库去匹配，针对不同关键词给予不同权值评分，当总分达到一定程度时，就认为是黑链。当检测到黑链后，记录黑链类型以及对应的位置，高亮显示黑链位置。

图 2-36 所示是下一代防火墙中针对黑链检测功能的流程展示，其中抓包进程会实时抓取 HTTP 的请求和响应，并对抓取文件中的内容进行检测以确定是否存在黑链问题。

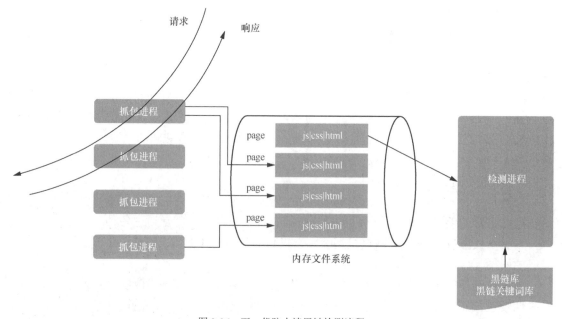

图 2-36　下一代防火墙黑链检测流程

2. SQL 注入攻击防护技术

SQL 注入攻击产生的原因是在开发 Web 应用时，没有对用户输入数据的合法性进行判断，使应用程序存在安全隐患。用户可以提交一段数据库查询代码，根据程序返回的结果，获得某些想要的数据，这就是所谓的 SQL Injection，即 SQL 注入。深信服下一代防火墙可以通过高效的 URL 过滤技术，过滤 SQL 注入的关键信息，从而有效地避免网站服务器受到 SQL 注入攻击。在本书中，针对 SQL 注入的一些场景进行说明。

第一个场景是用户提交的恶意请求不符合语法时，网站会返回错误信息。此情景下可能会引发的问题主要是在网站返回的错误信息中是否会透露不安全的信息，如当前连接的数据库名、当前连接数据库的用户身份、当前运行的数据库版本信息、当前错误查询语句的源代码等。这些信息在正常情况下都应是用户不可见的，恶意用户在取得这些信息后或是可以针对性地进行版本攻击，或是能够进一步猜测数据库内容。若网站的错误信息是经过处理的，并无任何额外信息，那么暂时不存在问题。

如图 2-37 所示，当输入了不合法的错误语句后，会触发数据库的错误信息出现，也就会暴露数据库的版本信息。针对第一个场景，解决方案就是关闭反馈的相关信息。以 PHP+MySQL 为例，可以使用 expose_php=off 关闭 PHP 版本信息，使用 display_errors=off 关闭脚本的错误执行信息的输出，这样就可避免信息的泄露。而下一代防火墙则可以直接过滤输入的错误语句，避免版本信息泄露。

第二个场景是用户提交的恶意请求合法时，网站会返回查询语句的结果。此场景的问题在于一般用户构造的恶意请求都是正常查询的用户不应看到的内容或者正常执行的用户不应执行的数据库操作，例如查询网站管理员用户密码、新建一个管理员用户等，这些内容或操作将严重威胁网站的安全。

如图 2-38 所示，在进行 tid=10066 这个正常的查询语句前提下，还可以同时查询 admin 的密码，这个时候，会将 admin 的密码信息泄露出来，但是对于 Web 来说，语句是正确的。针对第二个场景，一般的做法是严格做好脚本输入变量的筛选，如对于查询帖子 ID 的语句，不允许出现字符；对于字符查询的语句不允许出现符号；对于查询语句长度可知的地方，限制提交长度；等等。

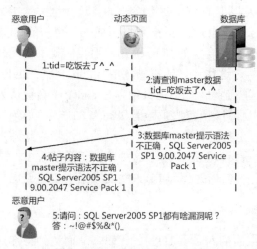

图 2-37　SQL 注入提交不合法语句

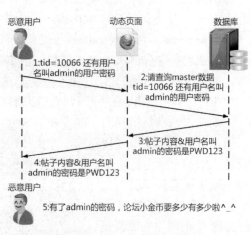

图 2-38　SQL 注入提交恶意请求

　　然而这些工作只适合于在网站开发时就纳入规划，直接在页面代码中实现。若是在网站已经建设完成，并运营一段时间后才考虑做这些工作，那么实现起来就会有较大的难度。此时需要借助下一代防火墙来进行相关的防御。下一代防火墙的工作位置是在用户将数据提交至服务器页面之前，用户的请求和发送的内容都会经过下一代防火墙进行 SQL 注入规则库的匹配和过滤，放行正常的用户请求，拒绝匹配 SQL 注入的行为，保护网站和数据库的安全。

　　第三个场景是用户提交的恶意查询是语法合法的，并且不仅包括数据库查询，还附带系统命令时，网站会执行命令并返回结果。此情景最为危险，但不是在所有环境下都会发生。典型的条件是使用最高管理员身份连接 SQL Server，并且开启数据库的 xp_cmdshell 存储过程功能，那么恶意用户可以直接执行任意系统命令，如开启远程桌面、添加管理员用户等。

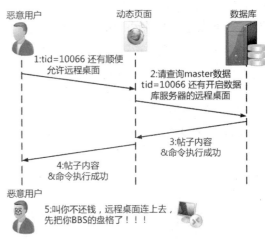

图 2-39　SQL 注入附带系统命令

　　图 2-39 展示通过数据库查询语句将操作系统命令带入查询语句的过程。针对第三个场景，解决方案是限制用户连接数据库，或者关闭 xp_cmdshell 功能。

　　下一代防火墙针对 SQL 注入的防护，主要依靠内置的规则库，内置规则有弱攻击、强攻击、注入攻击 3 种。

　　弱攻击包括如 select * from test，这个 SQL 语句中，有两个关键字即 select 和 from，会被认为是一个弱攻击，此时即便启用 SQL 注入防护并选择阻断，下一代防火墙也不会对其进行阻断，而是在数据中心记录 SQL 注入攻击，但动作是放行。

　　强攻击包括如 insert into test values(sangfor,123)，这个语句中有 3 个 SQL 关键字即 insert、into、values，并且这个语句操作可能导致在 test 表中添加 sangfor 这个用户，这个语句被认为是危险的，如果勾选 SQL 注入防护并选择阻断，则此数据会被阻断。

　　总结来说，强攻击大致具备的特征包含 3 个及以上的 SQL 关键字，并且这 3 个关键字组合起来能够成为一条合法的 SQL 语句。比如 insert、into、values 可以组成一条合法的 SQL 语句，但是 update、insert、select 可能就无法组成一条合法的 SQL 语句，那我们就不认为是强攻击。或者包含任何的 SQL 关键字连词或符号，这些连词或符号包括 union、";"、and、or 等，并且采取了常用的 SQL 注入方法来运用这些连词，如数据报中存在 and 1=1 会被认为是强攻击。对于强攻击，在下一代防火墙的数据中心将记录为"危险等级高"，动作为"拒绝"。

　　注入攻击通常是指利用一些专业的 SQL 注入工具进行攻击，这些工具的攻击特点是固定的，通过分析出来并做成规则库，此类攻击数据报会被阻断。对于这些注入工具的攻击，下一代防火墙都可以进行防护。注入攻击跟强攻击一样，在下一代防火墙的数据中心将被记录为"危险等级高"，动作为"拒绝"。

3. XSS 攻击防护技术

　　XSS 攻击产生的原理是攻击者通过向 Web 页面插入恶意 HTML 代码，从而达到特殊目的。下一代防火墙通过数据报正则表达式匹配原理，可以准确地过滤数据报中含 XSS 攻击的恶意代码，从而保护用户的 Web 服务器安全。

作为一种 HTML 注入攻击，XSS 攻击的核心思想就是在 HTML 页面中注入恶意代码，而 XSS 采用的注入方式是非常巧妙的。在 XSS 攻击中，一般有 3 个角色参与，分别是攻击者、目标服务器、受害者的浏览器。由于有的服务器并没有对用户的输入进行安全方面的验证，攻击者就可以很容易地通过正常的输入手段，夹带一些恶意的 HTML 脚本代码。当受害者的浏览器访问的目标服务器上被注入恶意脚本后，由于它对目标服务器的信任，这段恶意脚本的执行不会受到什么阻碍。而此时，攻击者的目的就已经达到了。

XSS 攻击主要分为两大类，一类被称为反射型 XSS 攻击，一类被称为存储型 XSS 攻击。

反射型 XSS 攻击，又称非持久型 XSS 攻击。之所以称为反射型 XSS 攻击，是因为这种攻击方式的注入代码是从目标服务器通过错误信息、搜索结果等方式"反射"回来的。而之所以称为非持久型 XSS 攻击，则是因为这种攻击方式具有一次性。攻击者通过电子邮件等方式将包含恶意脚本的链接发送给受害者，当受害者单击该链接时，恶意脚本被传输到目标服务器上，然后服务器将恶意脚本"反射"到受害者的浏览器上，从而在该浏览器上执行这段脚本。比如攻击者将如下链接发送给受害者：

```
http://www.targetserverxxxxx.com/search.asp?input=<script>alert(document.cookie);</script>
```

当受害者单击这个链接的时候，注入的恶意脚本被当作搜索的关键词发送到目标服务器的 search.asp 页面中，在搜索结果的返回页面中，这段恶意脚本将被当作搜索的关键词而嵌入。这样，当用户得到搜索结果页面后，这段恶意脚本也得到了执行，这就是反射型 XSS 攻击的原理。可以看到，攻击者巧妙地通过反射型 XSS 攻击的方式，达到了在受害者的浏览器上执行恶意脚本的目的。由于代码注入的是一个动态产生的页面而不是永久的页面，因此这种攻击方式只在单击链接的时候才产生作用，这也是它被称为非持久型 XSS 攻击的原因。

存储型 XSS 攻击，又称持久型 XSS 攻击，它和反射型 XSS 攻击最大的不同就是，恶意脚本将被永久地存放在目标服务器的数据库或文件中。这种攻击多见于论坛，攻击者在发帖的过程中，将恶意脚本连同正常信息一起注入帖子的内容之中。随着帖子被论坛服务器存储下来，恶意脚本也永久地被存放在论坛服务器的后端存储器中。当其他用户浏览这个被注入恶意脚本的帖子的时候，恶意脚本则会在他们的浏览器中得到执行，从而使其遭受 XSS 攻击。

可以看到，存储型 XSS 攻击的方式能够将恶意代码永久地嵌入一个页面当中，所有访问这个页面的用户都将成为受害者。如果我们能够谨慎对待不明链接，那么反射型的 XSS 攻击将没有多大作为。而存储型 XSS 攻击则不同，由于它注入的往往是一些我们所信任的页面，因此无论我们多么小心，都难免会受到攻击。可以说，存储型 XSS 攻击更具有隐蔽性，带来的危害也更大，除非服务器能完全阻止注入，否则任何人都很有可能受到其攻击。

在本书中，我们以某一 JavaScript 场景为例进行讲解，描述整个 XSS 攻击的过程。

```
<script>alert(document.cookie);</script>
```

上面这段脚本的执行具体内容就是弹出一个对话框显示用户的 Cookie 信息。攻击者在对目标服务器的某个页面进行数据输入的过程中，通过正常的输入方式夹带这段脚本。假如一切正常的时候，生成的页面代码有如下形式。

```
<html>
    …
    text            //正常输入的数据
    …
</html>
```

如果用户的输入为 text<script>alert(document.cookie);</script>，而目标服务器又没有对这个输入进行检验的话，则会生成如下形式的页面代码。

```
<html>
    …
    text
    <script>alert(document.cookie);</script>
    …
</html>
```

可以看到，如果这段脚本成功嵌入某个页面当中，当受害者用浏览器访问这个页面的时候，这段脚本也将被认为是页面的一部分，从而得到执行，即弹出对话框显示浏览器的 Cookie 信息。当然，上面的脚本只是一个简单的例子，只要攻击者愿意，可以注入任意的脚本代码，而这些脚本代码也将能够在受害者的浏览器上得到执行。剩下的关键就是如何让更多受害者去浏览这个被注入恶意脚本的页面，而这方面就属于社会工程学的范畴了。

解决 XSS 攻击问题，核心的措施就是通过页面代码对用户输入进行过滤，检查并替换常见 XSS 攻击使用的字符。这种方式要求页面编程人员有较高的安全意识与经验，能够有效过滤非法的命令。但是随着 XSS 攻击手段不断更新，页面代码也必须持续更新。同时 XSS 攻击还可以使用一些逃逸手段，如对 XSS 进行编码加密等，避开过滤条件。下一代防火墙中，内置了丰富的需要被过滤的字符串，并且包括丰富的逃逸字符串，在 Web 服务器和攻击者之间部署下一代防火墙，并应用 XSS 攻击防护策略，可以有效解决 XSS 攻击问题。

4．CSRF 攻击防护技术

跨站请求伪造（Cross-site Request Forgery），也被称为"one click attack"或者"session riding"，通常缩写为 CSRF 或者 XSRF，是一种对网站的恶意利用。尽管听起来像 XSS，但它与 XSS 非常不同，并且其攻击方式几乎相左。XSS 利用站点内的信任用户，而 CSRF 则通过伪装来自受信任用户的请求来利用受信任的网站。与 XSS 攻击相比，CSRF 攻击往往不大流行（因此对其进行防范的资源也相当稀少）和难以防范，所以被认为比 XSS 攻击更具危险性。

在 CSRF 攻击中，攻击者盗用用户的身份，以用户的名义发送恶意请求。利用 CSRF 能够做的事情很多，包括以用户个人名义发送邮件，发消息，盗取用户的账号，甚至购买商品，进行虚拟货币转账……造成的最终问题就是个人隐私泄露以及财产安全受到威胁。

CSRF 是对 XSS 漏洞更高级的利用，利用的核心在于通过 XSS 漏洞在用户浏览器上执行功能相对复杂的 JavaScript 脚本代码，劫持用户浏览器访问存在 XSS 漏洞的网站会话，攻击者可以与运行于用户浏览器中的脚本代码交互，使攻击者以受攻击用户浏览器的权限执行恶意操作。下一代防火墙通过数据报正则表达式匹配原理，可以准确地过滤数据报中含有的 CSRF 的攻击代码，防止 Web 系统遭受 CSRF 攻击。

这里我们通过一个具体的用户访问网站的过程，来阐述 CSRF 攻击的流程。

第一步：用户访问一个可信站点 A 并进行登录。

第二步：登录成功，用户的浏览器里带有站点 A 的 Cookie，下次访问可以免登录。

第三步：用户访问嵌入了一些恶意代码的站点 B。

第四步：B 的恶意代码会利用用户身份访问 A 并且做一些操作。这里假设 A 是银行网站，B 包含转账给黑客的恶意代码。

第五步：用户带着转账请求去访问 A 站点，因为之前登录过留有 Cookie，导致用户把自己的钱转给了黑客。

下一代防火墙可以有效地防护 CSRF 攻击，在这里我们进行一下分析。在上述攻击过程的第五步中，用户执行 B 网站的恶意代码去访问 A 站点，这时候 HTTP 头部的 Referer 肯定是 B 站点的某个链接（网页里的恶意代码无法伪造 Referer，除非用户计算机中了木马）。A 站点的转账页面，肯定是通过 A 的某个链接点进去的，不可能来自其他站点。所以这里可以通过检查 HTTP 头部的 Referer 字段来判断请求的合法性，这就是下一代防火墙的 CSRF 攻击防护的原理。（Referer 或 HTTP Referer 是HTTP报头的一个字段，用来表示从哪儿链接到目前的网页，采用的格式是URL。换句话说，借着 Referer，目前的网页可以检查访客从哪里而来，这也常被用来对付伪造的跨网站请求。）

除了上述说明的防护原理之外，针对 CSRF 攻击，下一代防火墙还具备受限 URL 防护功能，这个功能的目的是保护一些配置不当的 HTTP 服务器，防止黑客直接访问一些敏感页面，比如后台管理页面。受限 URL 防护可以做到必须通过一些特定页面单击进入后台管理页面，防止非法用户直接访问到，其原理和 CSRF 攻击防护一样，都是检查 Referer。图 2-40 所示是 CSRF 攻击防护的配置界面，仅需要配置需要防护的页面和允许访问的来源界面，即可实现对被防护页面的防护效果。这就是下一代防火墙中针对 CSRF 攻击的防护功能。

图 2-40　CSRF 攻击防护配置页面

5. 网站扫描防护

网站扫描是指对 Web 站点进行扫描，网站扫描一般对 Web 服务器本身无害，其意义在于帮助 Web 服务器管理员检查服务器漏洞，以对服务器安全性能做出评估，并制定下一步工作计划。然而，网站扫描工具的强大功能，也为黑客获取服务器漏洞提供了方便。对网站的结构和漏洞进行扫描，一旦扫描出网站的结构和漏洞后，黑客即可采取下一步攻击措施对目标进行有目的的非法入侵。下一代防火墙支持对大量的扫描行为的识别，通过提取特征形成规则，然后根据正则表达式算法进行匹配，如果匹配上规则，则加入黑名单进行封锁处理，从而达到有效的防护。

目前常见的网站扫描工具，从实现的技术上来说，大部分都基于 URL 爬行提取 URL 及参数，对爬行出来的网站进行分析，产生分析报告。

图 2-41 所示是网站漏洞防扫描的功能配置内容，其中扫描行为特征是指针对扫描操作的检测，以判断和识别扫描行为。隐藏服务器信息的目的在于通过隐藏 HTTP 的头部中的某些字段，来限制攻击者识别服务器的相关信息。

图 2-41　网站扫描防护配置内容

下一代防火墙对网站扫描的防护主要基于 WAF 应用防护识别库实现，通过检测网站扫描工具来判断当前的扫描动作是哪种类型的扫描工具，并做出拒绝或记录操作。图 2-42 所示为针对不同扫描工具的识别库。

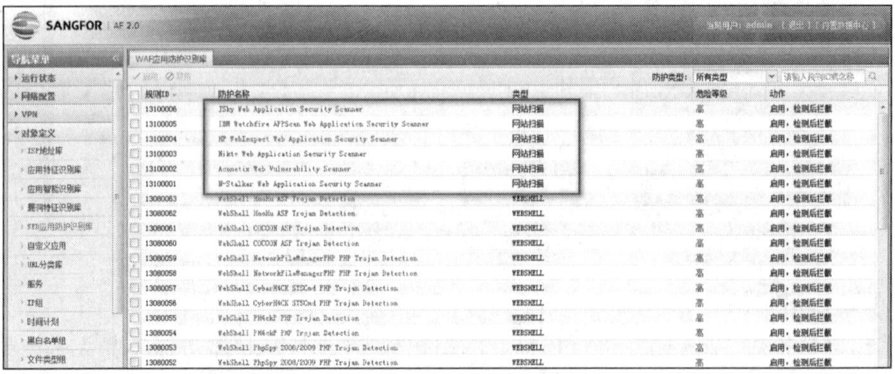

图 2-42　针对不同扫描工具的识别库

6. HTTPS 防护和主动防御

如今，很多 Web 网站都是用 HTTPS 来访问的。下一代防火墙能解析和解密 HTTPS 加密信息，对这些传输内容做深度安全检查，让通过 HTTPS 传输的攻击无所遁形。对于流经设备的 HTTPS 流量，通过预先在设备上导入 SSL 证书对流量进行解密，将解密出的明文内容送入深度内容检测引擎进行检测。

主动防御可以针对受保护主机接收的 URL 请求中带的参数变量类型以及变量长度，按照设定的阈值进行自动学习，学习完成后可以抵御各种变形攻击。另外，还可以通过自定义参数规则来更精确地匹配合法 URL 参数，提高攻击识别能力。

7. 应用信息隐藏

下一代防火墙对主要的服务器（Web 服务器、FTP 服务器、邮件服务器等）反馈信息进行了有效隐藏，防止黑客利用服务器反馈信息进行有针对性的攻击。比如 HTTP 出错页面隐藏，可以屏蔽 Web 服务器出错的页面，防止 Web 服务器版本信息泄露、数据库版本信息泄露、网站绝对路径泄露，应使用自定义页面返回；HTTP（S）响应报文头部隐藏，可以用于屏蔽 HTTP（S）响应报文头部中特定的字段信息；FTP 信息隐藏，可以用于隐藏通过正常 FTP 命令反馈的 FTP 服务器信息，防止黑客利用 FTP 软件版本信息采取有针对性的漏洞攻击。

HTTP 应用隐藏功能，用来隐藏 HTTP 服务器返回给客户端请求中一些特殊字段信息，有些字段是不能够被隐藏的，比如 host、content-length、content-type 等，如果隐藏会造成正常的 HTTP 访问出现问题。能够隐藏的字段中，常见的就是 server 和 x-powered-by 这两个字段。

HTTP 出错页面隐藏功能，主要针对当一些页面出现 500 错误时，不返回服务器的错误信息，而是直接返回一个自定义的错误页面。

FTP 应用隐藏功能，用于隐藏服务器返回给客户端的欢迎信息，避免攻击者通过服务端显示的版本信息来查找相应的系统漏洞。

图 2-43 所示是 HTTP 应用隐藏的具体配置。可以自定义过滤 HTTP 响应报文头部字段，同时可以进行出错页面的替换，以实现应用的隐藏。

图 2-43　HTTP 应用隐藏配置

8. 受限 URL 防护

Web 应用系统中通常会包含系统管理员的管理界面,以便管理员远程维护 Web 应用系统,但是这种便利很可能会被黑客利用从而入侵应用系统。通过下一代防火墙提供的受限 URL 防护功能,帮助用户选择特定 URL 的开放对象,防止过多的信息暴露于公网。

图 2-44 所示是受限 URL 防护功能的配置内容。可以设置整个网站访问的起始点,以及限制哪些路径不允许被外部访问。

图 2-44　受限 URL 防护配置内容

9. 弱口令防护

弱口令被视为众多认证类 Web 应用程序的普遍风险问题。下一代防火墙通过对弱口令的检查和制定弱口令检查规则,控制广泛存在于 Web 应用程序中的弱口令,同时通过时间锁定的设置防止黑客对 Web 系统口令的暴力破解。弱口令防护功能,主要针对 FTP 和 HTTP 应用。启用 FTP 弱口令检测后,当检测登录 FTP 的用户口令为弱口令时,则会记录并放行,不会做拦截。启用 Web 登录弱口令检测后,当检测到弱口令登录 Web 页面的时候,则会记录并放行。启用 Web 登录明文传输策略后,当检测到内网登录口令为明文传输的时候会有此条日志。当启用口令爆破防护后,可以设置 FTP 以及 HTTP 登录,允许一定时间内的登录次数。

图 2-45 所示是 Web 口令防护策略的配置内容,包括弱口令检测、明文传输检测以及爆破防护功能。

10. HTTP 异常检测

HTTP 异常检测功能通过对 HTTP 内容的单次解析,分析其内容字段中的异常。用户可以根据自身的 Web 业务系统来制定允许的 HTTP 头部请求方法等,有效过滤其他非法请求信息。其中包含多种防护措施。首先是方法过滤,一般来说需要放通的 HTTP 方法有 GET、POST、HEAD(减少误报),对于某些业务系统可能需要放通 LOCK 和 UNLOCK。通过方法过滤可以限制网页使用方法,从而有效地避免不安全方法带来的安全问题。其次是头部字段检测,避免黑客通过 HTTP 头部中的字段进行注入攻击等。

图 2-45　Web 口令防护配置内容

　　图 2-46 所示是 HTTP 异常检测的具体配置内容，应根据需要选择对应的过滤方法以及检测对应的 HTTP 头部字段。

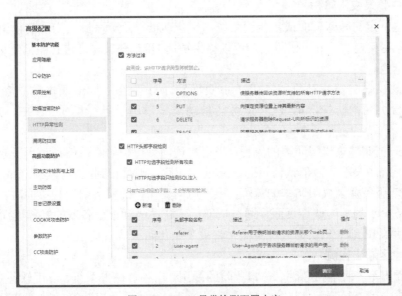

图 2-46　HTTP 异常检测配置内容

11. 文件上传过滤

　　由于 Web 应用系统在开发时并没有得到完善的安全控制，对上传至 Web 服务器的文件缺乏安全检查，从而导致 Web 服务器被植入病毒而成为黑客利用的工具。下一代防火墙通过严格控制上传文件类型，检查文件头的特征码，防止有安全隐患的文件上传至服务器，同时还能够结合病毒防护、插件过滤等功能检查上传文件的安全性，以达到保护 Web 服务器安全的目的。

　　如图 2-47 所示，在权限控制策略中，通过对文件上传类型的过滤，来限制可能存在风险

络安全设备原理与应用　◀◀◀

的文件。通过 URL 防护，确保特定 URL 不能被访问到，以实现对 URL 的保护。

图 2-47　权限控制

12. 用户登录权限防护

针对某些特定的敏感页面或者应用系统，如管理员登录页面等，为了防止黑客访问并不断地进行登录密码尝试，下一代防火墙可以提供访问 URL 登录时需进行短信认证的方式，提高访问的安全性。

用户登录权限防护的对象，包括 Web 页面和 TCP 服务。Web 页面防护功能一般用于网站管理后台页面的防护，而 TCP 服务防护功能一般用于远程桌面、SSH、Telnet、FTP 的防护。

针对 Web 页面登录权限防护的流程：当用户访问受保护的网站管理后台登录页面时，会先跳转到下一代防火墙的短信认证页面，通过认证后，则跳转到网站管理后台登录页面。

针对 TCP 服务登录权限防护的流程：用户访问受保护的服务器远程桌面时，必须先主动访问下一代防火墙的短信认证页面，通过认证后才能访问到该服务器的远程桌面。对于未通过短信认证的源 IP 地址，访问远程桌面时将被下一代防火墙直接拒绝。

13. 缓冲区溢出检测

缓冲区溢出是一种非常普遍、非常危险的漏洞，在各种操作系统、应用软件中广泛存在。缓冲区溢出攻击可以导致程序运行失败、系统宕机、系统重新启动等后果。更为严重的是，可以利用它执行非授权指令，甚至可以取得系统特权，进而进行各种非法操作。

缓冲区溢出攻击通过向程序的缓冲区写超出其长度的内容，造成缓冲区的溢出，从而破坏程序的堆栈，造成程序崩溃或使程序转而执行其他指令，以达到攻击的目的。造成缓冲区溢出的原因是程序中没有仔细检查用户输入的参数。

缓冲区溢出攻击占远程网络攻击的绝大多数，这种攻击可以使得一个匿名的网络用户有机会获得一台主机的部分或全部的控制权。如果能有效地消除缓冲区溢出漏洞，则很大一部分的安全威胁可以消除。

- 112 -

目前有 4 种基本的方法保护缓冲区免受溢出攻击的影响，分别是完整性检查、非执行的缓冲区、信号传递、GCC（编译器）的在线重用。而下一代防火墙通过对 URL 长度、POST 实体长度和 HTTP 头部内容长度检测来防御此类型的攻击。

14. CC 攻击防护

CC（挑战黑洞）攻击是 DDoS 攻击的一种，相比其他的 DDoS 攻击，CC 攻击似乎更有技术含量一些。这种攻击在发生时，看不到虚假 IP 地址，也看不到特别大的异常流量，却能造成服务器无法进行正常连接，一条 CC 攻击足以使一个高性能的 Web 服务器挂掉。

CC 攻击的原理就是攻击者控制某些主机不停地发大量数据报给目标服务器，造成服务器资源耗尽，直到宕机崩溃。CC 攻击主要是用来攻击页面的，有些人都有这样的体验：当一个网页访问的人数特别多的时候，打开网页就慢了。CC 攻击就是通过模拟多个用户（多少线程就是多少用户）不停地访问那些需要大量数据操作（即需要大量 CPU 运行）的页面，造成服务器资源的浪费，CPU 利用率长时间处于 100%，永远都有处理不完的连接直至网络拥塞，正常的访问被中止。

CC 攻击的种类有 3 种：直接攻击、僵尸网络攻击、代理攻击。直接攻击主要针对有重要缺陷的 Web 应用程序，一般来说是程序写得有问题的时候才会出现这种情况，比较少见。僵尸网络攻击有点类似 DDoS 攻击，从 Web 应用程序层面上已经无法防御。代理攻击则是指攻击者操作一批代理服务器对 Web 服务器进行攻击，比方说 100 个代理，然后每个代理同时发出 10 个请求，这样 Web 服务器同时收到 1000 个并发请求，并且在发出请求后，立刻断掉与代理的连接，避免代理返回的数据将本身的带宽堵死而不能再次发出请求，此时 Web 服务器将响应这些请求的进程排进队列（数据库服务器也如此），这样一来，正常请求将会被排在很靠后处理，导致访问端页面打开极其缓慢或者白屏。

下一代防火墙通过限制访问源请求的触发阈值，达到防范 CC 攻击的目的。图 2-48 所示是在下一代防火墙中 CC 攻击防护的配置内容，包括基于 Referer 和特定 URL 防护的触发阈值配置。

图 2-48　CC 攻击防护配置内容

15. 敏感信息防泄露

下一代防火墙提供可定义的敏感信息防泄露功能，根据存储的数据内容可清晰定义其特征，通过短信、邮件报警及连接请求阻断的方式防止大量的敏感信息被窃取。敏感信息防泄露功能可以用于自定义多种敏感信息内容（如用户信息、邮箱账号信息、MD5 加密密码、银行卡号、身份证号码、社保账号、信用卡号、手机号码等），进行有效识别、报警并阻断，防止大量敏感信息被非法泄露，如图 2-49 所示。

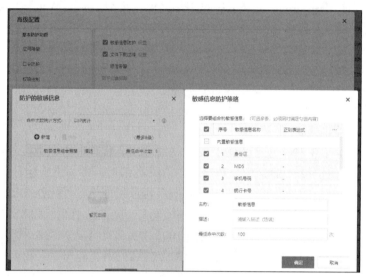

图 2-49　敏感信息防护策略

下一代防火墙不仅提供了强大的内置安全规则库以保护用户服务器的安全，同时提供了高度灵活的自定义安全策略的机制，以满足用户千变万化的安全需求，如数据泄密策略，用户可以根据自己的需求自定义正则表达式规则来防止数据泄密，还可以自定义 HTTP 头部字段来实现对 HTTP 的防护。

2.5　防火墙勒索病毒防护

勒索病毒是一种恶意软件，它通过加密用户的文件或整个系统，并要求用户支付赎金来解密数据，其目标是获取经济利益，当前已经成为整个网络中的一大难点问题。

2.5.1　勒索病毒防护概述

从 WannaCry 爆发开始，勒索病毒一直都是各企事业组织的主要安全威胁。随着勒索病毒产业化日益成熟，技术持续进化，勒索病毒对业务和数据的伤害几乎是无法恢复的，攻击范围也从 Windows 覆盖到全平台的各类设备，其攻击的主要目标也开始精细化定位企事业组织。勒索病毒将长期流行，威胁不容忽视。

勒索病毒从使用对称加密算法到使用非对称加密算法，解密恢复变得越来越困难。勒索赎金支付方式也开始结合各类数字货币，其获利风险大大降低。勒索病毒结合僵尸网络，分发控制更加方便和隐蔽。可定制的勒索病毒出现，勒索病毒已形成产业，只需花费少量的成本即可定制无法解密、极具传染性的新型勒索病毒，在制作、传播、代理等环节很轻易地就能在暗网上找到合作服务商。当前，勒索病毒与新技术结合，攻击持续进化，勒索病毒攻击的范围不止 Windows，开始蔓延至包括物联网设备、Linux 服务器在内的所有设备、所有平台。

从以往攻击企事业组织的勒索事件来看，61% 的勒索攻击通过 RDP 爆破进入扩散，21% 的勒索攻击利用"永恒之蓝"高危漏洞。勒索病毒一旦通过网络暴露面感染设备，在尝试横向扩散至周边设备的同时，将识别核心数据并寻找利益最大化的时间节点触发加密。勒索病毒爆发后，即使能清除勒索病毒，也无法还原被加密的数据。因此，需要站在勒索病毒的攻击视角建立全面的监测、防御、响应能力。

2.5.2 勒索病毒防护技术

各大安全厂商通过多种技术和策略来解决勒索病毒问题。以深信服下一代防火墙为例，通过复盘以往勒索病毒造成的安全事件，基于勒索病毒入侵途径提出事前、事中、事后全过程设计，并提供勒索病毒处置中心以全程跟踪勒索病毒对抗过程。如图 2-50 所示，事前进行边界和终端的风险评估，事中进行勒索病毒专属防御，事后进行全面全程的深度检测。

图 2-50　勒索病毒防护理念

在事前阶段，重点梳理边界和终端识别到的暴露面风险，如边界侧的设备服务、端口、高危漏洞、弱口令以及分布情况，终端侧的设备安全策略和相关配置检查、系统和应用上存在的高危漏洞，并参考合适的边界和终端安全基线封堵勒索病毒的入侵入口。图 2-51 所示为识别业务和用户的风险点，可以发现主机上的常用端口、漏洞以及是否存在弱口令等，这些都是勒索病毒常见的入侵点。

图 2-51　识别业务和用户的风险点

在事中阶段，由于热门勒索病毒目的性强，为了逃避各类安全设备防御检测，长期潜伏在网络中进行低频暴破、分布式暴破等，传统的安全设备很难通过统计频率和分布防御此类攻击。安全厂商针对长期潜伏的病毒慢速爆破问题，覆盖"7×24 小时"日志全计算，通过聚合、分治、生命周期等方法，建立历史行为画像、自适应划分群组，并针对群组设计画像模型，实现从安全数据到慢速暴破攻击识别，有效对抗长期潜伏类的勒索病毒。

在下一代防火墙上基于勒索病毒攻击链，提供勒索病毒防御配置向导，将勒索病毒安全策略转化为勒索病毒防御能力。图 2-52 所示是整个勒索病毒防护策略的配置流程，下一代防火墙会引导用户完成全流程的配置。

在事后阶段，通过对往来边界的流量进行深度检测，判别网络中存在问题的设备，同时在终端侧进行进程级文件检测和勒索诱捕，边界定位失陷主机和举证网络行为，终端进一步深度定位文件举证，云端提供丰富的人机共智检测功能及威胁情报，三位一体、全面全程举证分析定位真正的攻击源头。图 2-53 所示为最终举证的结果以及攻击源头的识别。

图 2-52　勒索病毒防护策略配置流程

图 2-53　举证结果和攻击源识别

在处置勒索病毒的过程中可跟踪每一个勒索病毒事件的全生命周期，并具备有效的处置手段，通过在深信服下一代防火墙上专属页面对勒索病毒进行全生命周期的管理，同时可一键下发边界和终端的处置动作，处置状态和结果清晰可视。图 2-54 所示是在生命周期不同阶段，对于勒索病毒防护的策略内容。

图 2-54　勒索病毒防护策略内容

2.6　引流蜜罐技术

引流蜜罐技术旨在诱使攻击者进入虚拟环境中的蜜罐，以便进行攻击行为的监测、分析和响应。蜜罐是特制的虚拟或物理计算机系统，看起来对攻击者具有吸引力，但实际上用于识别和跟踪威胁行为。通过使用引流蜜罐技术，安全团队可以主动扰乱攻击者，并获取对他们行为的实时监测，以保护网络安全和增强应对威胁的能力。

2.6.1　蜜罐功能概述

攻击者的攻击手法变得更加隐蔽，提高了攻击溯源的难度。传统的产品基于规则、引擎甚至云端威胁情报等防护识别方式，已很难完全识别拦截所有的攻击行为，所以，我们可通过云蜜罐诱捕功能，设置蜜罐服务，一方面可达到转移攻击者攻击目标的效果，另一方面可以实现诱捕攻击者攻击，从中了解攻击者所使用的工具与方法，推测攻击者的攻击意图和动机，也可通过窃听攻击者之间的联系，掌握他们的社交网络行为，从而让防御方清晰地了解其所面对的安全威胁，并通过技术和管理手段来增强真实业务系统的安全防护能力。

2.6.2　蜜罐技术原理

蜜罐技术利用安全漏洞和攻击者的行为特征，通过模拟真实系统、应用程序和服务等的漏洞和弱点，诱使攻击者攻击蜜罐系统，并在其中收集攻击者的行为信息、攻击方式及使用的工具，以便进行更深入的安全分析和研究。蜜罐系统通常由多个组件组成，包括蜜罐前端、蜜罐后端、攻击分析器等。其中，蜜罐前端是攻击者可接触到的虚拟系统界面，它与蜜罐后端相连，将攻击者的所有行为记录并发送给后端进行进一步分析。蜜罐后端则提供分析程序和数据存储，用于收集、处理和分析攻击数据，从而识别攻击者的行为、攻击手段以及攻击目的等。在实际应用中，通过精心设计和维护蜜罐系统，可以模拟真实系统、服务和应用程序，并在其上部署虚假弱点和漏洞，以吸引攻击者前来攻击。当攻击发生时，蜜罐系统可以记录并分析攻击者的所有行为，包括攻击流量、攻击方式、攻击目的，以便进行更深入的安全分析和研究。蜜罐技术的主要优点是较高的攻击检测率和真实性，它可以通过特别设计的蜜罐系统来诱骗攻击者，从而提高攻击检测能力。

2.7 安全运营功能

网络安全运营是指对企业、机构、组织的网络安全进行全面、持续、及时的监测、检查、分析、报告、预警、处置和修复等一系列操作，其主要目的是通过有效的安全策略、技术、流程和人员来确保网络和数据的保密性、完整性、可用性和可信度，以防止网络攻击、数据泄露、系统崩溃、违规操作和其他安全事件的发生。网络安全运营包含网络安全咨询、评估、规划、设计、建设、管理和优化等环节，需要专业的管理团队和安全工程师来共同完成。

如图 2-55 所示，安全运营功能用于展示设备整体安全状况，对整体安全状况进行监控和响应，提供日常维护，有效地管理运营安全服务，同时提供专项防护功能，并进行黑白名单的管理以及联动下一代安全体系。包括安全运营中心、物联网安全、业务安全、用户安全、专项防护、黑白名单和下一代安全体系等功能模块的安全运营可以用于评估整体的风险，包括设备、用户和业务的风险状况，并能提供事件的处置向导。在下一代防火墙中，安全运营中心包括风险评估、动态保护、监测与分析等功能模块。

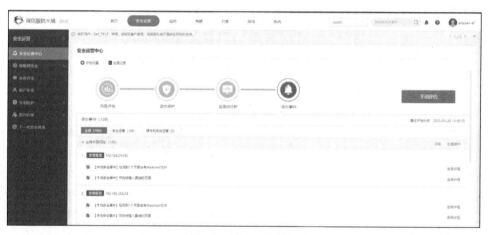

图 2-55　安全运营中心

风险评估主要分为自动评估和手动评估两种。自动评估是指下一代防火墙设备上架一段时间后，只要配置过漏洞攻击防护、Web 应用防护或者实时漏洞分析等，设备每小时会自动通过主动扫描，对用户网络状况进行风险评估。手动评估是为了更实时地分析评估用户的网络状况，也可以通过手动评估的方式，实时分析用户当前的网络风险状态。另外，在处理完安全事件后，也建议再次手动评估一次，查看网络安全状况是否符合安全检查的预期。

动态保护是下一代防火墙提供漏洞入侵防御、Web 应用入侵防御、僵尸网络入侵防御、恶意软件入侵防御、病毒入侵防御、邮件入侵防御的能力，并结合云端安全分析，进而针对业务安全状况和用户安全状况提供全方位的攻击防御能力。

监测与分析是下一代防火墙提供业务系统入侵状况、终端用户安全状况的实时监控能力，持续监视业务和用户的安全状况。

下一代防火墙提供集成的数据分析平台，综合异常访问行为、攻击事件、业务漏洞、业务和用户安全状况监控日志等进行深入分析，针对已发现的安全问题提供解决方案，持续保证业务和用户的安全。

本章小结

本章讲解的主要内容为下一代防火墙设备的常用功能以及实现的原理，包括设备的部署模式与场景、终端安全管理和服务器安全管理等安全功能。

通过对本章的学习，读者应该可以掌握和完成对下一代防火墙设备的基本部署，满足企业边界安全防护的基本需求。

本章习题

一、单项选择题

1. 下一代防火墙设备不包含的技术是（ ）。

A. 基线核查　　　　B. IPS　　　　　　C. WAF　　　　　D. 应用控制

2. 一个物理接口最多可以属于（ ）个区域。

A. 1　　　　　　　B. 2　　　　　　　C. 3　　　　　　　D. 无限制

3. 下列内容属于虚拟网线模式相比透明模式的优势的是（ ）。

A. 转发性能高　　　B. 部署简单　　　　C. 功能更全面　　D. 安全效果好

4. 下一代防火墙虚拟网线模式下，不支持的功能是（ ）。

A. NAT　　　　　　B. 应用控制　　　　C. 内容安全　　　D. 区域隔离

5. 下列防护功能中，（ ）不属于 Web 应用防护功能。

A. SQL 注入防护　　　　　　　　　　B. XSS 攻击防护

C. CSRF 攻击防护　　　　　　　　　　D. 操作系统漏洞防护

二、多项选择题

1. 下一代防火墙设备常见的部署模式包括（ ）。

A. 路由模式　　　　B. 旁路模式　　　　C. 透明模式　　　D. 虚拟网线模式

2. 下一代防火墙支持的链路聚合模式，包括（ ）。

A. 负载均衡-hash　B. 负载均衡-RR　　C. 主备模式　　　D. LACP

3. 下一代防火墙支持的策略路由选路策略有（ ）。

A. 轮询　　　　　　　　　　　　　　B. 带宽比例

C. 加权最小流量　　　　　　　　　　D. 优先使用前面线路

4. 下一代防火墙的内容安全策略中，包括（ ）。

A. URL 过滤　　　　B. 邮件杀毒　　　　C. 终端杀毒　　　D. 免代理杀毒

5．下一代防火墙设备中，在配置应用控制策略时，需要必须配置的内容有（　　）。

A．源区域　　　　　B．目的区域　　　　　C．源 MAC 地址　　　　　D．目的 MAC 地址

三、简答题

1．简述下一代防火墙设备的不同部署模式的使用场景以及不同部署模式的优缺点。

2．简述下一代防火墙策略路由的使用场景以及如何选择策略。

3．简述蜜罐引流功能。

第 3 章

数据传输安全

数据传输安全是指保护数据在传输过程中不被未授权的个人或机构获取、篡改、丢失或泄露。在现代社会中，数据的传输已成为日常生活和商业活动中不可或缺的一部分。然而，随着网络技术的发展，数据传输安全面临越来越多的威胁和风险，需要采取相应的安全措施来保护数据。在众多数据传输安全技术中，隧道 VPN 技术是最为常用的解决方案。

本章学习逻辑

本章主要介绍隧道 VPN 技术的原理和实现，包括 VPN 技术的产生和分类、IPSec VPN 技术、Sangfor VPN 技术及 SD-WAN 技术等。本章思维导图如图 3-1 所示。

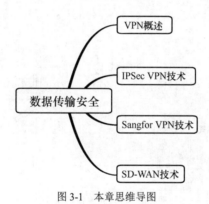

图 3-1　本章思维导图

本章学习任务

一、了解 VPN 技术的产生和分类。
二、了解 IPSec VPN 技术的原理和基本实现。
三、了解 Sangfor VPN 技术的原理和基本实现。
四、了解 SD-WAN 技术的原理和基本实现。

3.1　VPN 概述

VPN（Virtual Private Network，虚拟专用网络）是一种通过公共网络建立安全连接的网络数据安全技术。VPN 通过在用户计算机或者所在网络和目标网络之间建立加密通道，使用户能够安全地访问互联网上的资源。它可以提供匿名性、隐私保护和安全性，可以用来隐藏用户的真实 IP 地址、绕过地理限制等。VPN 还可以用于远程访问和连接公司内部的网络和服务，以及在跨国办公的场景下建立安全的连接。

3.1.1 VPN 技术产生的背景

随着业务规模的不断扩大，现代企业逐步将业务转移到网络平台来规范业务运作流程并提高效率。这对网络互联的安全要求越来越高。尽管 Internet 具有"网络之网"的本质特征，为各种网络互联应用需求提供了良好的基础，但是作为一个开放网络，它缺少严格的管理体制来规范网络中的应用，从而存在大量互不了解的用户和潜在的恶意系统。因此，实现整个网络的安全以规避安全风险（如身份认证单一、数据易受窃听、恶意访问无法追踪等）和实现高效互联的挑战（如访问速度慢、建设成本高、变更不灵活等）是企业发展中不可避免的关键问题。

在日常的工作中，经常会存在这样的一些场景需求：员工居家办公或出差，需要连入公司总部内网办公，或者分支机构需要和总部进行通信，企业数据比较敏感，直接在公网传输容易泄露商业机密。在这些场景下，对于数据的安全性要求都比较高，因此需要使用专用网，对敏感数据进行传输。图 3-2 所示是 VPN 技术使用场景，包括居家办公和分支办公。

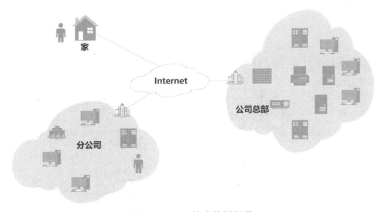

图 3-2　VPN 技术使用场景

为了满足上述需求，诞生了很多技术。比如通过企业专线实现公司总部和分公司的互通，通过远程桌面实现跳板机功能，实现内网应用访问。但是企业专线价格昂贵且灵活性差，远程桌面暴露在互联网上同样会使公司网络面临很大安全风险。在这些场景下，隧道 VPN 技术应运而生，它一方面解决了接入便利性的问题，另一方面也解决了安全问题。

3.1.2 VPN 的定义

VPN 是一种通过公用网络构建的、由特定组织或用户群体使用的专用通信网络。这种通信网络的建立不依赖于任何物理连接，而是通过 ISP（因特网服务提供商）提供的公用网络来实现。其主要目的是为用户提供更加安全、可靠的通信渠道，使得全球各地的用户可以更加高效地进行数据交流。值得注意的是，与一般的公用网络不同，VPN 的内部资源仅对 VPN 内部的用户开放，外界无法访问。因此，VPN 技术既能够保证用户通信的高速、便捷，又能够保障数据的安全，是一种应用广泛的通信技术。

当然，实现 VPN 需要多种技术的支撑，其中最主要的是隧道技术、加解密技术、密钥管理技术和身份认证技术。

隧道（Tunneling）技术是通过利用因特网基础设施在网络之间传递数据的一种方法。不同的协议可以通过隧道协议，重新封装数据报，在新报头的帮助下转发负载数据，这使得数据能够在因特网上传递。建立隧道的协议层可以用于不同的层次，包括数据链路层、网络层和传输层，这是 VPN 特有的技术。在实际应用中，隧道技术在安全性和保密性方面也有重要作用。利用安全的加密技术，隧道技术可以使数据信息在传输时得到更好的保护，确保数据信息的安全、可靠传输，从而更好地满足个人和企业的需求。

加解密（Encryption & Decryption）技术指的是在 VPN 中，集成了先进的加解密算法，这些算法能够有效保护用户的隐私信息免受黑客攻击、网站追踪和其他网络安全威胁。此外，VPN 还具有匿名性，可以在用户隐私得到保护的同时保护用户的身份信息。VPN 的加密技术不仅适用于公司内部通信，而且也适用于任何互联网访问。

密钥管理（Key Management）技术在建立隧道和保密通信的过程中扮演着至关重要的角色，其主要职责包括密钥的生成、分发、控制和跟踪，也包括验证密钥的真实性等。在保证数据交换的完整性和机密性的前提下，密钥管理技术可以进一步提高信息安全的防护效果。因此，密钥管理在信息安全中拥有非常重要的地位，并且在当前复杂多变的网络环境中尤为重要。随着信息技术的不断发展和应用场景的不断拓展，密钥管理技术也不断完善和发展。

身份认证（Authentication）技术是指加入 VPN 的用户或者设备之间都需要进行身份认证，以便确认其合法性及授权访问权限。为此，通常采用用户名和密码、智能卡等方式进行身份认证，以确保用户身份的真实性和有效性。在进行身份认证之前，系统会对用户提交的信息进行验证，以确保其符合安全标准，并且不存在风险威胁。一旦用户的身份得以确认，系统会为其授予相应的访问权限，从而允许其安全地连接到 VPN 并进行数据传输。因此，VPN 的身份认证机制是保障网络安全的重要一环，能够有效地降低受到网络攻击的风险，更好地保护用户的隐私和数据安全。

VPN 在两个网络实体之间建立了一种"受保护"连接，这两个实体可以通过点到点的链路直接相连，通常情况下它们会相隔较远的距离。VPN 的主要目标是建立一种灵活、低成本、可扩展的网络互联手段，以替代传统的长途专线和远程拨号连接。与传统的长途专线或者远程拨号连接相比，VPN 技术具备很大的优势，综合来说为表 3-1 所示的几个方面。

表 3-1　　　　　　　　　　　　　VPN 技术优势项

优势项	优势项说明
提高网络安全性	VPN 将数据加密并在网络上传输，确保用户信息不被黑客或间谍软件窃取
保护网络隐私	VPN 隐藏用户真实 IP 地址，保护用户的隐私，防止接入点和 ISP 跟踪用户的在线活动
访问受限网站	通过连接到位于其他国家的 VPN 服务器，用户可以访问在自己国家不可用的网站和服务，如美国 Netflix
解决地理限制	用户可以在国外旅行或工作时，通过连接到本地 VPN 服务器，解锁国内网站和服务
避免限制或监管	在某些国家和地区，政府或机构可能会限制或监管互联网使用。通过 VPN，用户可以访问被审查的和敏感的内容
提升速度和性能	VPN 可以优化网络连接，减少网络拥塞和消除数据报丢失，使网络连接更快和可靠
更高的工作效率	远程工作的人员可以通过 VPN 远程连接到公司的网络并访问数据和应用程序，提高工作效率

通过上述内容可以看到，VPN 技术具备多个方面的优势，整体上非常适用于企业分支组网和移动办公场景。在细分的领域上，VPN 通过不同的技术，实现不同的效果，以满足不同业务场景的需求。

3.1.3 VPN 的分类

在今天的商业环境中，许多公司使用 VPN 来加密和保护员工在公司网络中的通信，以便安全地共享敏感信息。然而，当提到 VPN 时，通常会想到点对点 VPN 或远程访问 VPN，这确实是非常常见的 VPN 连接类型。除此之外，还有一些其他的 VPN 类型，如专业化 VPN、网络扩展 VPN、传输 VPN 等。这些不同类型的 VPN 可以根据不同的需求和用例来配置和使用。但是无论哪种类型的 VPN，它们都旨在加强网络连接的安全性和可靠性，并提供更灵活和更高效的通信解决方案。

针对 VPN 技术的分类，可从多个维度进行。可以基于协议分类，可以基于应用类型分类，也可以基于使用方式分类等。在本书中，我们分别基于协议和应用进行分类。

1. 按 VPN 的协议分类

VPN 在 OSI 网络架构中，可以工作在多个层次上，在不同层中，使用的协议不同，最终实现的功能也不相同。图 3-3 所示是在不同的网络层次中的使用的不同 VPN 技术。可以看到 VPN 技术涵盖从网络接口层到应用层共 4 层，在每一层上都有与之对应的 VPN 技术。

图 3-3　VPN 技术所属网络层次

每一种 VPN 协议均由业界领先的厂商或者团体组织进行开发，并且将这些 VPN 技术应用在不同的场景下，具体的 VPN 协议情况如表 3-2 所示。

表 3-2　　　　　　　　　　　　　　VPN 基于协议分类

基于协议	说明
点到点隧道协议 （Point to Point Tunneling Protocol，PPTP）	是由微软公司开发的。PPTP 包含 PPP（点到点协议）和 MPPE（Microsoft Point-to-Point Encryption，微软点对点加密）两个协议，其中 PPP 用来封装数据，MPPE 用来加密数据
第二层隧道协议 （Layer 2 Tunneling Protocol，L2TP）	是由 Microsoft、Cisco、3Com 等厂商共同制定的，主要是为了解决兼容性的问题。PPTP 只有工作在纯 Windows 的网络环境中时才可以发挥所有的功能

基于协议	说明
通用路由封装协议 （Generic Routing Encapsulation，GRE）	是由 Cisco 公司开发的。GRE 不是一个完整的 VPN 协议，因为它不能完成数据的加密、身份认证、数据报文完整性校验等功能，在使用 GRE 技术的企业网中，经常会结合 IPSec 使用，以弥补其安全性方面的不足
IP 安全协议（IP Security，IPSec）	是现今企业使用最广泛的 VPN 协议，它工作在第三层。IPSec 是一个开放性的协议，各网络产品制造商都会对 IPSec 进行支持
安全套接层协议 （Secure Sockets Layer，SSL）	网景公司基于 Web 应用提出的一种安全通道协议，它具有保护传输数据积极识别通信机器的功能。SSL 主要采用公开密钥体系和 X509 数字证书，在 Internet 上提供服务器认证、客户认证、SSL 链路上的数据的保密性的安全性保证，被广泛用于 Web 浏览器与服务器之间的身份认证
多协议标签交换协议 （Multi-Protocol Label Switching，MPLS）	是一种用于快速数据报交换和路由的体系，它为网络数据流量提供了目标、路由、转发和交换等功能。更特殊的是，它具有管理各种不同形式通信流的机制

2. 按 VPN 的应用分类

按照 VPN 的不同使用场景和应用模式进行分类，可以将其分为 Client-LAN VPN 和 LAN-LAN VPN。Client-LAN VPN，即远程访问方式的 VPN，也被称为 Access VPN。它提供了一种安全的远程访问手段，例如，出差在外的员工、有远程办公需要的分支机构，都可以利用这种类型的 VPN，实现对企业内部网络资源进行安全的远程访问。

图 3-4 所示为 Client-LAN VPN，使用基于 Internet 远程访问的 VPN，远程访问的终端首先通过拨号网络连接到当地的 ISP，利用 ISP 提供的服务通过 Internet 连接到企业的远程访问服务器。在采用 VPN 隧道协议的情况下，企业的远程访问服务器会和远程访问终端建立一个安全的 VPN 连接，远程访问终端就可以安全地使用企业内部各种授权的网络资源了。过去基于 Internet 远程访问的 VPN 通常采用 PPTP、L2F、L2TF 等隧道协议。这些协议都是第二层隧道技术，第二层隧道协议具有简单易行的优点，但是它们的可扩展性都有所欠缺。更重要的是，它们在默认情况下都没有提供内在的安全机制，不能满足支持企业和企业的外部客户以及供应商之间会话的保密性需求，因此它们不支持用来连接企业内部网和企业的外部客户及供应商的企业外联网。外联网需要对隧道进行加密并需要相应的密钥管理机制。在 SSL 技术发展成熟后，逐步使用 SSL 技术代替二层技术，相比二层协议，SSL 在网络层次中更高，因此灵活性更强。

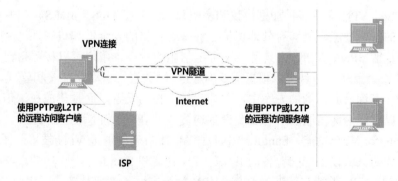

图 3-4　Client-LAN VPN

为了在不同局域网络之间建立安全的数据传输通道，例如在企业内部各分支机构之间或

者企业与其合作者之间的网络进行互联，则可以采用 LAN-LAN 类型的 VPN，图 3-5 所示为
LAN-LAN VPN。

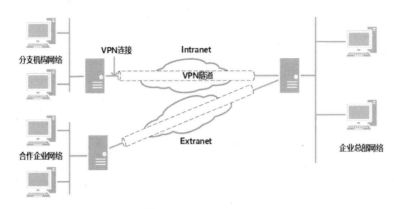

图 3-5　LAN-LAN VPN

　　对于物理距离较远的企业与分公司、分支机构和合作企业间的网络连接，为了安全性，
一般租用专线，但网络结构复杂，费用昂贵。而采用 LAN-LAN 类型的 VPN，可以利用基本
的 Internet 和 Intranet 建立起全球范围内物理的连接，再利用 VPN 的隧道协议实现安全保密
需要，就可以满足公司总部与分支机构以及合作企业间的安全网络连接。这种类型的 VPN 通
常采用 IPSec 建立加密传输数据隧道。

　　LAN-LAN VPN 包括两种类型，分别是 Intranet VPN 和 Extranet VPN。Intranet VPN 用来
构建内联网，一般用于企业内部各个网络的互联，例如子公司和总公司互联场景。Extranet
VPN 用于企业和合作企业进行网络互联，比如公司和公司的合作伙伴。两者的主要区别在于
访问公司总部网络资源的权限不同。

3.1.4　深信服 IPSec VPN

　　深信服 IPSec VPN 是深信服推出的一种基于标准 IPSec 的 VPN 解决方案。该解决方案可
以提供高效、安全和灵活的远程访问服务，满足企业用户对于远程办公、数据传输、应用访
问等方面的需求。

　　深信服 IPSec VPN 支持多种加密协议和密码算法，包括 DES、3DES、AES 等。该解决
方案具备强大的安全性能，能够有效地保护企业敏感数据的安全性和机密性。

　　此外，深信服 IPSec VPN 还具备高度可定制化的特点。用户可以按照自己的需求配置
VPN 连接以及安全策略，并且可以根据需要对 VPN 网关进行自动化部署和管理。

　　IPSec VPN 在深信服厂商的方案中，并非一种单独的设备，而是集成在深信服的众多安
全设备中，可以理解为深信服的所有安全设备均置备了 IPSec VPN 功能。此外，深信服的安
全设备还有 Sangfor VPN 功能，Sangfor VPN 是深信服自研的隧道 VPN 技术。图 3-6 所示是
在深信服下一代防火墙设备中的置备的 IPSec VPN 功能和 Sangfor VPN 功能。

　　深信服 IPSec VPN 支持与标准的 IPSec VPN 第三方设备进行对接，而使用 Sangfor VPN
技术时，只支持与深信服自研的设备进行对接。

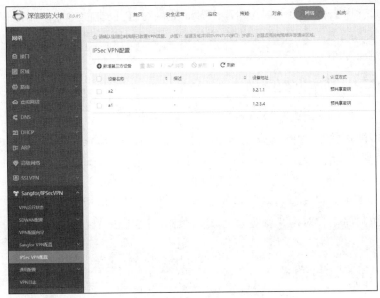

图 3-6 深信服设备 VPN 功能

3.2 IPSec VPN 技术

在前文中我们已经对 VPN 技术进行了简单的介绍,下面开始详细介绍 IPSec VPN 技术。IPSec 是一种用于实现安全的 Internet 通信的协议,在 VPN 中得到广泛应用。

3.2.1 IPSec VPN 概述

IPSec(Internet Protocol Security,IP 安全协议),是一种由因特网工程任务组(Internet Engineering Task Force)定义的安全标准框架。它主要用于在公网上为两个私有网络提供安全通信通道,实现数据传输的加密和身份认证等多种安全功能。通过 IPSec 技术,可以为两个公共网关提供私密数据封包服务,避免因为数据泄露和网络攻击等安全威胁而导致的信息泄露和损失。

基于 IPSec 的安全通信方式,可以帮助企业提升数据传输的安全性和效率,保证企业敏感数据的安全和机密性。同时,IPSec 技术也被广泛应用于各种网络场景中,包括远程办公、云计算、物联网等,因为它可以有效地保障网络传输的安全性,并提高网络的稳定性和可靠性。

RFC 2401 最初描述了如何在 IP 数据报文中添加字段,以确保 IP 报文具有完整性、私密性和真实性,并介绍了通过一系列安全开放标准加密数据报文的方法。

IPSec 作为一种网络层安全机制,可为通信节点提供一个或多个安全通信路径。该机制允许系统选择所需的安全协议、算法和相应的密钥配置,以确保服务安全。它提供通过隧道实现访问控制、数据保密、完整性校验、数据源验证和拒绝重放报文等安全机制,能够为上层的 TCP、UDP 及其他相关应用层协议提供安全保护。并且 IPSec 的体系是可扩展的,因此不受任何特定算法的限制。该体系包含多种开放的验证算法、加密算法和密钥管理机制,可供选择和采用。

在功能实现层面,IPSec 支持在主机、路由器或防火墙上实现,这些设备被称为安全网

络安全设备原理与应用 ◀◀◀

关。通过 IPSec 隧道来构建第三层 VPN，IPSec 提供对 IP 报文的验证、加密和封装能力，从而创建安全可靠的隧道，实现 IP 数据报的传输。因此，使用 IPSec 隧道作为基础来实现的 VPN 被称为 IPSec VPN。

3.2.2 IPSec VPN 基本框架结构

IPSec 的主要作用是对数据源进行认证，确保数据完整性、数据私密性以及抵御数据重放攻击。但值得注意的是，IPSec 本身并非一种协议，而是一个框架，其类似 OSI 参考模型。因此，IPSec 框架内部涵盖多个协议，以实现其安全目标。

IPSec 框架内部分为 3 种协议，包括互联网密钥交换（IKE）、封装安全负载（ESP）和鉴别头（AH）。这 3 种协议各自有其特定的作用。例如，IKE 负责密钥的传输、交换和存储等安全性相关操作，而不会对用户数据进行实际操作，ESP 和 AH 则主要用于对用户数据进行加密操作。

3.2.3 IPSec VPN 运行模式

IPSec 只能工作在网络层，要求载荷协议和承载协议都必须是 IP，在 IP 的基础上通过 AH 和 ESP 两种安全协议来进行封装。同时 IPSec 支持两种工作模式，分别是传输模式和隧道模式。

1. IPSec 的安全协议

IPSec 使用 AH 和 ESP 两种安全协议来提供通信安全服务。AH 和 ESP 不但可以单独使用，还可以同时使用，从而提供额外的安全性。

AH 是 IPSec 的一部分。AH 协议提供数据的完整性和身份验证保证，可以抵抗来自恶意攻击者的数据篡改和伪装攻击。AH 协议的基本原理是，在 IP 数据报的头部添加一个 AH 头部扩展，其中包含一组认证字段，用于验证数据的完整性和源主机的身份。这个字段是通过应用指定的一种认证算法生成的，通常使用消息摘要算法，如 MD5 或 SHA-1。

当发送方的 IPSec 设备收到要发送的数据报时，它会计算出一个消息摘要，并将其存储在 AH 扩展字段中。接收方的 IPSec 设备在接收数据报时，会使用相同的算法计算消息摘要，并与接收到的 AH 扩展字段的值进行比较。如果比较结果一致，则说明数据的完整性没有遭到破坏，可以继续处理数据。如果比较结果不一致，则说明数据可能已被篡改，接收方会拒绝处理该数据报。

另外，AH 协议还提供源主机的身份验证功能。在 AH 扩展字段中，还包含加密的身份认证数据。接收方可以使用相同的密钥对这些数据进行解密，并验证发送方的身份。如果验证成功，则表示数据来自合法的发送方。如果验证失败，则表示可能存在伪装攻击，接收方会丢弃该数据报。

AH 协议可用于验证数据源地址，并保证数据报的完整性和防止重复发送相同数据报，但无法保证数据机密性。AH 协议作为 IP 之一，与 TCP 和 UDP 相似，可通过 IP 头部中的协议字段进行识别，其协议号为 51。AH 的头部如图 3-7 所示。

IP头部		
0 7 8 15 16 31		
下一头部	载荷长度	保留
SPI		
序列号		
验证数据（变长）		

上层数据		

图 3-7　AH 头部

AH 头部字段描述如表 3-3 所示。

表 3-3   **AH 头部字段描述**

字段名称	字段长度及作用
下一头部（Next Header）	8 位，标识被传送数据所属的协议
载荷长度（Payload Length）	8 位，其值以 32 位（4 字节）为单位，认证报头的大小
保留（Reserved）	16 位，为将来的应用保留（目前都置为 0）
安全参数索引（Security Parameter Index，SPI）	32 位，与 IP 地址一同用来标识安全参数
序列号（Sequence Number）	32 位，单调递增的数值，用来防止重放攻击
验证数据（Authentication Data）	可变长部分，包含认证当前数据报所必需的数据

ESP（Encapsulating Security Payload）是一种用于保护 IP 数据报的安全协议。ESP 协议具备加密数据和身份验证的功能，可以确保数据在 Internet 上的安全传输。ESP 协议使用加密算法来加密 IP 数据报的内容，从而保护数据的机密性。通过在每个 IP 数据报的头部添加一个封装尾部，将原始 IP 数据报封装在 ESP 报文中。封装尾部包含 ESP 报文的安全信息，如加密算法、身份验证相关的信息等。封装机制还可以防止数据在传输过程中被恶意截取或篡改。

与 AH 协议相比，ESP 提供了 AH 的全部功能，同时还可以确保数据机密性和提供有限的保密性。ESP 的数据验证范围较小。虽然公钥加密被用于 ESP 的加密算法，但是选择加密或认证是必须的，无法同时使用 NULL。协议号为 50。ESP 协议结构如图 3-8 所示。

图 3-8   ESP 协议结构

ESP 协议字段描述如表 3-4 所示。

表 3-4   **ESP 协议字段描述**

字段名称	字段长度及作用
SPI	32 位，与 IP 地址一同用来标识安全参数
序列号（Sequence Number）	32 位，单调递增的数值，用来防止重放攻击
载荷数据（Payload Data）	变长，实际要传输的数据
填充（Padding）	某些块加密算法用此将数据填充至块的长度
填充长度（Pad Length）	8 位，以位为单位的填充数据的长度
下一头部（Next Header）	8 位，标识被传送数据所属的协议
验证数据（Authentication Data）	可选，包含认证当前数据报所必需的数据

通过前文的描述，在这里我们对 AH 和 ESP 在数据安全方面功能进行比较，具体的对比情况如表 3-5 所示。

表 3-5 AH 和 ESP 比较

比较项目	AH	ESP
数据源认证	√	√
完整性验证	√	√
反重传	√	√
加密	×	√
流量认证	×	√

在实际的 IPSec VPN 部署中，很少采用 AH 协议，更常使用 ESP 协议。首先，AH 协议不提供加密服务，因此不利于数据的保密。其次，现在主要使用 IPv4 网络，NAT 的使用也非常频繁。使用 AH 封装的数据报文经过 NAT，其地址将会改变，导致在到达目的地后无法通过验证。

2. IPSec 的工作模式

IPSec 使用 AH 或 ESP 对报文进行保护时，可以使用传输模式（Transport Mode）和隧道模式（Tunnel Mode）两种工作模式。

传输模式旨在直接保障端到端通信的安全性，仅建议在此种需求下使用。该模式下，端系统自行执行所有加密、解密和协商操作，网络设备不涉及任何 IPSec 过程，不对此类过程或协议进行插入。传输模式包含 AH 和 ESP，主要用于保护传输层协议，两个需要通信的终端计算机直接执行 IPSec。网络设备只负责正常的路由转发，对此过程或协议不关注，也不进行任何干扰，传输模式的封装结构如图 3-9 所示。

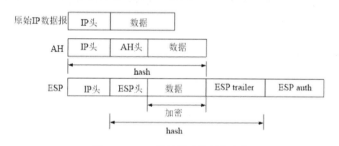

图 3-9 IPSec 传输模式的封装结构

隧道模式的主要目的是建立一个安全的站点到站点的通道，以保护全部或特定的数据传输。对于端系统的 IPSec 功能来说，这种模式没有特别要求，因为安全网关会保护从端系统发送的数据。安全网关负责所有的加密、解密和协商操作，而对于端系统来说是无感知的。整个 IP 数据报被用于计算 AH 或 ESP 头，并进行加密，AH 或 ESP 头和加密的用户数据被封装在一个新的 IP 数据报中，隧道模式的封装结构如图 3-10 所示。

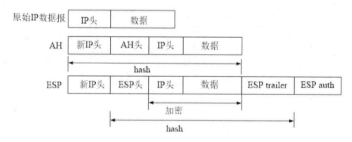

图 3-10 IPSec 隧道模式的封装结构

3.2.4 IPSec VPN 工作原理

IPSec 框架是构建 VPN 重要的基础之一，它由 4 个关键部分组成，包括数据加密、报文摘要、密钥交换以及安全协议。这 4 个部分需要采用不同的算法实现，以保障 VPN 的安全性。安全网关设备是建立 VPN 的重要组成部分，它必须使用与对端相同的加密算法、散列算法以及安全协议。然而，IPSec 并没有精细描述双方应如何协商这些参数，因此就造成了一些困扰。此外，IPSec 也没有给出通信双方应如何进行身份验证，安全网关有可能会与假冒的对端建立 VPN，从而带来潜在的风险。因此，出于安全考虑，在这种情况下，加密算法、散列算法、加密密钥、验证密钥、AH/ESP 等关键要素被包含在安全关联（Security Association，SA）中。

1. SA 概述

SA 是一种关键的安全机制，能够提供更高效、更安全的 VPN 服务，并保障网络信息不受干扰或泄露。IPSec VPN 在对安全性有高要求的网络通信中发挥着重要的作用，利用 SA 机制能够有效促进 VPN 部署工作的顺利开展。

SA 适用于在两个 IPSec 实体之间建立协定，这些实体可以是主机或安全网关。此协定包括采用的安全协议（AH 或 ESP）、运行模式（传输模式或隧道模式）、验证算法、加密算法、加密密钥、密钥生存期、抗重放窗口和计数器等，以决定保护什么、如何保护以及由谁来保护。简而言之，SA 是构成 IPSec 的基础。

SA 是单向的，其中入方向 SA 处理接收到的数据报，而出方向 SA 处理将要发送的数据报。为此，每个通信方必须拥有两个 SA，即一个入方向 SA 和一个出方向 SA，这两个 SA 集合构成了一个 SA 束（SA Bundle），如图 3-11 所示。

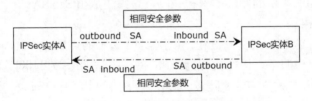

图 3-11 IPSec 通信实体间的 SA

IPSec 可以使用两种方法来生成 SA，分别是手动配置和 IKE 自动管理。手动配置是指管理员可以手动指定及维护 SA 的内容。但是手动配置会面临出错的风险，因为手动建立的 SA 没有生命周期的限制，除非手动删除，否则永不失效。在实际工程项目中几乎不会采用该方式，因为安全隐患巨大。

IKE 自动管理是指 SA 的建立、维护和删除依靠 IKE 来完成，并且它们都是有限的。当安全策略要求建立安全且私密的连接，而相应的 SA 不存在时，IPSec 将启动 IKE 以协商建立 SA。

2. IKE 概述

IPSec VPN 需事先协商加密协议、散列函数、安全协议、运行模式，协商过程中使用 IKE 协议，协商完成后形成 SA。

（1）IKE 主要完成以下 3 个方面的任务。

① 协商协议参数，如加密协议、散列函数、安全协议和运行模式。

② 通过密钥交换，产生用于加密和 HMAC（散列运算消息认证码）用的随机密钥。

③ 对建立 IPSec VPN 的双方进行认证（需要预先协商认证方式）。

（2）IKE 协议的组成。

IKE 是一种混合型协议，基于 ISAKMP（互联网安全关联和密钥管理协议）框架，结合了 Oakley 和 SKEME（安全密钥交换机制）两种密钥管理协议，同时定义了两种自有的密钥交换方式。

① SKEME：决定 IKE 的密钥交换方式，IKE 使用 DH 来实现密钥交换。

② Oakley：决定 IPSec 的框架设计，让 IPSec 支持更多的协议。

③ ISAKMP：是 IKE 的本质协议，决定 IKE 的封装格式、协商过程和模式的切换。

IKE 和 ISAKMP 常被人们混为一谈，例如，经常将 IKE SA 称作 ISAKMP SA。在 IPSec VPN 的配置过程中，主要涉及的是 ISAKMP，而 SKEME 和 Oakley 则没有相关配置内容。这种情况下，常常会认为 IKE 和 ISAKMP 是相同的。然而，实际上，IKE 和 ISAKMP 是存在差异的。由于 SKEME 的存在，IKE 能够决定密钥交换的方式。而 ISAKMP 则仅仅为密钥交换数据报提供支持，并无权决定密钥交换实现方式。

（3）IKE 协商阶段，包括以下两个阶段。

① IKE 协商第一阶段。

IKE 第一阶段协商可使用 6 个报文交换的主模式或 3 个报文交换的野蛮模式完成。主模式需更多数据报文以提高安全性，而野蛮模式只需少量数据报文但安全性低。第一阶段协商的目的是认证建立 IPSec 的双方，确保对等体合法、建立 IPSec VPN。

② IKE 协商第二阶段。

在第二阶段，我们使用 3 个报文交换的快速模式来实现。该模式的主要目的是针对需要加密的流量（感兴趣流）协商相应的保护策略，最终生成 IPSec SA。

3. IKE 协商过程

通过具体实例讨论 IKE 的协商过程，以图 3-12 所示的点到点 VPN 环境为例。每个对等体在私网上为客户提供服务，因此被称为 VPN 网关。这两个 VPN 网关将成为对方的 IPSec 对等体，并通过 Internet 建立 IPSec 隧道。假设两台 VPN 网关已正确配置，包括指向 Internet 的默认路由，同时它们也刚刚加电。

图 3-12　IKE 协商过程拓扑结构

左边的 VPN 网关 1 需提供加密和保护，对来自 11.11.11.0 网络发往 22.22.22.0 网络的流量进行处理。当客户 A 在 11.11.11.0 网络发送数据报文给服务器 B 在 22.22.22.0 网络时，VPN 网关 1 需等待流量出现并对其进行加密和保护。然而，如果尚未与右边的 VPN 网关 2 建立 VPN 隧道，VPN 网关 1 将通过与 VPN 网关 2 进行协商来与其建立连接。在这种情况下，VPN 网关 1 扮演 VPN 的发起方（Initiator），VPN 网关 2 则是响应方（Responder）。

（1）IKE 协商第一阶段过程分析（主模式）

主模式要交换 6 个 ISAKMP 数据报文，可以分为 1-2、3-4 和 5-6 这 3 次报文交换。

① 1-2 ISAKMP 报文交换。

1-2 报文交换主要完成两个任务，分别是通过核对收到 ISAKMP 数据报文的源 IP 地址，确认收到的 ISAKMP 数据报文是否源自合法的对等体和协商 IKE 策略。

假设 VPN 网关 1 的公网 IP 地址为 61.1.1.1，VPN 网关 2 的公网 IP 地址为 62.1.1.1。当 VPN 网关 2 接收到第一个 ISAKMP 数据报文时，会检查这个数据报文的源 IP 地址。只有当源 IP 地址是 61.1.1.1 时，VPN 网关 2 才会继续接收此数据报文并继续协商过程，否则会中止整个协商过程。

然后是在 1-2 报文交换中完成 IKE 策略协商。这些策略包括加密方法、散列函数、DH 组、认证方式以及密钥有效期等方面。在第一个 ISAKMP 数据报文内，发起方会将本地配置的所有策略发送给响应方，响应方会从中选出一个可以接受的策略。如果响应方存在多条匹配的策略，那么会选择序号最小的策略。一旦响应方找到了相匹配的策略，就会通过第二个 ISAKMP 数据报文将被选中的策略发送回发起方。

② 3-4 ISAKMP 报文交换。

在完成 1-2 ISAKMP 报文交换后，已确定 IKE 策略，可惜还缺失一个至关重要的部分——密钥。为了使用加密策略和散列函数保护 IKE 数据，我们需要密钥，而这个密钥需要从进行 3-4 ISAKMP 报文的 DH 交换中产生，因为加密和 HMAC 都需要密钥。

③ 5-6 ISAKMP 报文交换。

ISAKMP 报文交换过程中的 1-2 和 3-4 只是为 5-6 ISAKMP 报文的认证做准备。前两个 ISAKMP 报文为认证策略做铺垫，后两个 ISAKMP 报文则为保障 5-6 ISAKMP 报文的加密算法提供了必要的密钥资源。预共享密钥认证和 RSA 数字签名认证均是 IPSec VPN 可以使用的认证方式。

如果采用预共享密钥认证，收发双方需预先配置相同的共享密钥。然后，利用 K 值与协商的散列函数，生成一个密钥 K2，并利用其加密 K3。K2 的生成过程包含预共享密钥，因此只有当双方掌握相同的预共享密钥时，才会得到相等的散列值。当响应方收到第 5 条 ISAKMP 报文后，会首先验证并解密报文，然后使用发起方发送的身份载荷和本地存储的信息一起进行 HMAC 计算，得到一个散列值，再与发起方发送的散列值进行比较。如果不相等，则会中断协商过程。响应方验证发起方合法后，会发送本地信息以供发起方验证。发起方同样使用此方法判断响应方是否掌握相同密钥。若发起方判断响应方也合法，则协商第一阶段过程结束。

（2）IKE 协商第二阶段过程分析（快速模式）

协商第一阶段完成后，所建立的隧道只起到管理作用，确保 VPN 网关之间通信的安全性，无法加密和保护用户数据。为此，必须在两个 VPN 网关之间建立第二条隧道（IPSec 隧道），以实现最终目标即加密用户数据。

① IKE 协商过程建立 2 个隧道的原因。

为了保证对话的安全性，IKE 协商第二阶段的过程必须在一个安全的媒介中进行。在 IKE 协商第一阶段建立了管理隧道之后，VPN 网关开始建立 IKE 协商第二阶段隧道。这个过程将具体协商数据加密算法、散列算法、运行模式等，而这一过程的模式被称为快速模式。

② 转换集（Transform Set）。

尽管 ESP 和 AH 都能实现数据的封装，但确定采用哪些算法进行数据封装则需要一种策略。转换集是一组算法的集合，用于定义数据所需的保护级别，其中包含定义加密数据算法的算法。

③ 第 1 个 ISAKMP 报文。

第 1 个 ISAKMP 报文包含发起方所配置的 IPSec 保护策略，此策略描述使用何种模式和加密算法加密 IP 数据，以及使用何种算法验证 IP 数据、保护哪些数据流以及发送目标等。该过程在 VPN 网关设置中被称为 Crypto Map。

④ 第 2 个 ISAKMP 报文。

当响应方收到发起方发出的第二阶段第 1 个 ISAKMP 报文时，它会首先验证报文并进行解密，然后查看在 SA 载荷中是否有与本地相匹配的策略。接着，响应方会使用相同的方法来计算散列值，并将计算结果与收到的散列载荷进行比较。如果相同，响应方会发出第 2 条 ISAKMP 消息，其包含的载荷与发起方发出的一致。

⑤ 第 3 个 ISAKMP 报文。

在收到响应方发出的第二阶段第 2 个 ISAKMP 报文后，发起方会先验证并解密报文。然后，发起方会检查 SA 载荷中的策略是否与本地匹配，并计算散列值来与收到的散列载荷进行比较。如果它们匹配，发起方将发出第 3 个 ISAKMP 消息，仅包含散列载荷。此消息表示第二阶段 IPSec SA 协商完成，因此可以使用 IPSec SA 来保护 IP 数据。

4. IPSec 之后的流量

在图 3-12 中，将 VPN 网关 1 和 VPN 网关 2 设置为对等体，通知它们需要对 11.11.11.0/24 和 22.22.22.0/24 这两个网络之间的数据流进行 IPSec 保护。这将促使 VPN 网关 1 和 VPN 网关 2 协商并建立自己的 VPN 隧道，从而对经过网络的所有数据报文进行保护。这样，发送至远端的数据报文无论来自哪个网络，都能够得到安全保障。

当客户 A 向服务器 B 发送数据报文时，VPN 网关 1 也能观察到该数据报文。因为数据报文的源 IP 地址是 11.11.11.0/24，所以 VPN 网关 1 使用第二阶段建立的 IKE 隧道对该数据报文进行加密，然后将加密后的数据报文用新的 IP 头进行封装。在新的 IP 头中，源 IP 地址是 VPN 网关 1 与 Internet 相连的公网 IP 地址，目的 IP 地址是 VPN 网关 2 与 Internet 相连的公网 IP 地址。这样，从 VPN 网关 1 发送到 VPN 网关 2 的原始数据报文都是加密的。

5. IKE 与 IPSec 之间的关系

VPN 网关会使用主动模式或野蛮模式协商 IKE 第一阶段隧道，并通过快速模式建立 IKE 第二阶段隧道。在此过程中，IKE 第二阶段会自动创建两条单向隧道，使用加密技术对用户发送的数据报文进行保护。用户无须关注此操作的任何细节，只需要知道一条 IKE 第一阶段双向隧道管理两个 VPN 网关，而两条 IKE 第二阶段单向隧道被用来加密和解密数据。

3.2.5 IPSec VPN 技术实现

为了进一步让大家理解 IPSec VPN 技术，以下将通过具体实例来说明其配置过程。假设一个组织的总部和分支机构之间通过 IPSec VPN 实现广域网互联，如图 3-13 所示，VPN 网关 1 为总部的 Internet 出口设备，VPN 网关 2 为分支机构的 Internet 出口设备，11.11.11.0/24 和 22.22.22.0/24 网段之间通信的数据要受到 IPSec 保护，采用预共享密钥验证方式、ESP 封装、隧道模式，并使用静态路由实现总部和分支机构网络互通。

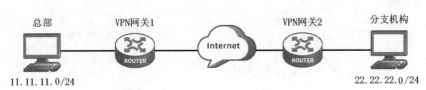

图 3-13　IPSec VPN 配置拓扑结构

IP 地址规划如图 3-13 所示。其中，11.11.11.0/24 和 22.22.22.0/24 属于私网 IP 地址空间，202.11.3.1/24 和 202.11.3.2/24 属于公网 IP 地址空间，按照此规划，进行网络的配置。

按照拓扑图以及既定的 IP 地址规划，为 VPN 网关的物理接口配置 IP 地址。为总部和分支机构的 PC 配置 IP 地址、子网掩码和默认网关。该步骤完成后，确保在网络中任何一台设备上能够 Ping 通对端设备接口的 IP 地址。在本书中以深信服防火墙设备作为 VPN 网关 1 和 VPN 网关 2，进行对接配置。

首先需要进行设备的网络配置，确保最终两个网关设备可以互通，如图 3-14 所示，配置 VPN 网关 1 的内网接口 IP 地址为 11.11.11.1/24。

图 3-14　VPN 网关 1 内网接口配置

如图 3-15 所示，配置 VPN 网关 1 的外网接口 IP 地址为 202.11.3.1/24，默认网关地址为 202.11.3.2，实际上网关地址在此处是可选的，因为深信服防火墙设备的接口，即使配置了网关地址，也无法生成默认路由，在后续的配置过程中，还需要完成路由相关的配置。

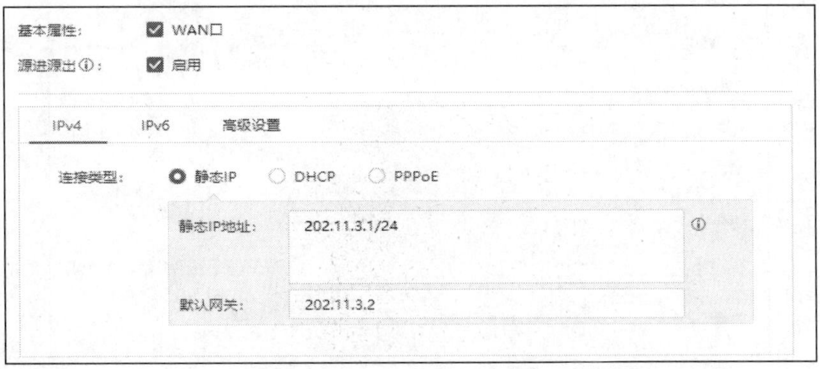

图 3-15　VPN 网关 1 外网接口配置

按照与配置 VPN 网关 1 一样的流程，对 VPN 网关 2 进行配置，图 3-16 所示为 VPN 网关 2 的内网接口以及外网接口的接口配置，在这里内网接口使用的网段为 22.22.22.0/24 网段，接口 IP 地址为 22.22.22.1/24。而外网接口的接口 IP 地址为 202.11.3.2/24。

图 3-16　VPN 网关 2 内外网接口配置

要使 IPSec VPN 正常工作，前提是公网必须连通。图 3-13 中 VPN 网关 1 和 VPN 网关 2 的外网接口都连接到 Internet，ISP 必须保证 VPN 网关 1 和 VPN 网关 2 能够各自访问到对方的接口所配置的公网 IP 地址。

在两端网络已经连通后，即可以开始进行 IPSec VPN 的基础配置。如图 3-17 所示，在 VPN 网关 1 上，进行 IPSec VPN 的基本配置，填写对端 VPN 网关的公网 IP 地址为 202.11.3.2 和认证方式为预共享密钥。如图 3-18 所示，加密数据流填写本端地址 11.11.11.0/24，对端地址填写分部内网 22.22.22.0/24。这里的网段也被称为感兴趣数据流，代表需要进入加密隧道的流量。预共享密钥在两端的网关设备上，需要配置一致，才可以完成对接。

图 3-17　配置对端地址和预共享密钥

在完成基础配置后，还需要进行 IKE 配置，IKE 有两个版本可以选择，无论选择哪一个，都需要确保两端一致。如图 3-19 所示，选择 IKEv1，本地身份类型选择 IP 地址，也就是说使用 IP 地址来代表自己的身份和对端设备的身份，因此本端身份 ID 填写 202.11.3.1，对端身份 ID 填写 202.11.3.2，IKE SA 超时时间配置为 3600，用于实现当一端设备失效后，另一端会在超时后自动断开。

图 3-18　配置加密数据流

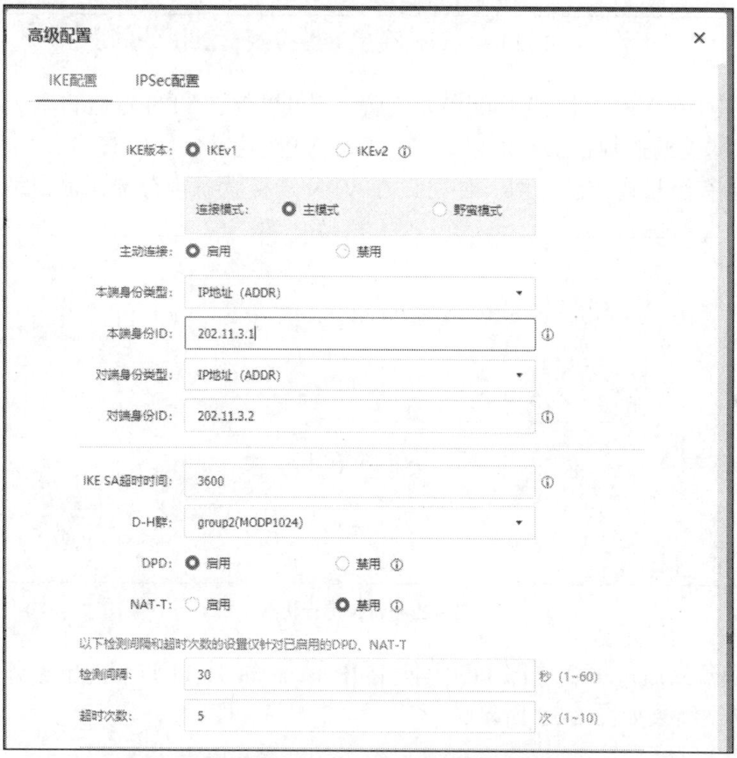

图 3-19　IKE 配置

在 IKE 协商第一阶段的安全提议部分，加密算法和认证算法有多种可选，两端设备需要协商并一致。如图 3-20 所示，选择加密算法为 AES，选择的认证算法为 SHA1。如果配置多个安全提议，则会在协商过程中，逐个选择，确认是否有匹配的，如果有则会以匹配的安全协议为最终结果，如果没有则两端协商失败，无法完成 IKE 协商第一阶段。

前述的内容全部是在 VPN 网关 1 设备上进行的，而后需要在 VPN 网关 2 设备上完成同样的配置内容，需要注意的是加密算法、认证算法以及版本信息等需要配置一致，但是关于身份的相关信息，需要互为匹配。图 3-21 所示为在 VPN 网关 2 上配置的最终结果。

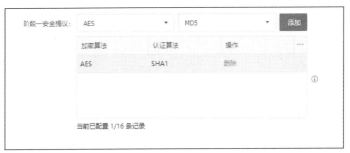

图 3-20　IKE 算法配置

图 3-21　VPN 网关 2 IPSec VPN 配置

在 VPN 网关 1 和 VPN 网关 2 均配置完成后，便可以查看 VPN 隧道的建立情况，如图 3-22 所示，在 VPN 网关的控制台上，可以看到 IPSec VPN 连接成功，在运行状态部分能够查看到连接状态。当有流量通过隧道时，便可以在 VPN 连接状态部分显示流量情况。

图 3-22　VPN 运行状态

在隧道成功建立后，可在总部 PC 上使用 IP 地址 11.11.11.11 去 Ping 分支端的 IP 地址 22.22.22.22，测试结果如图 3-23 所示。

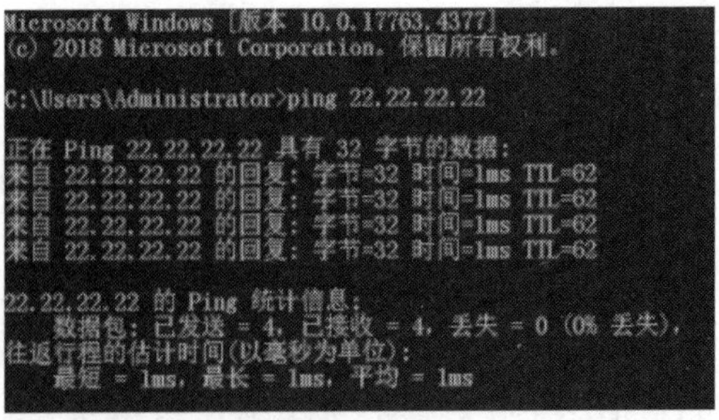

图 3-23　VPN 连通性测试

3.3 Sangfor VPN 技术

Sangfor VPN 是深信服自主研发的一种 IPSec VPN 技术方案，通过该方案，用户可以在提高远程访问和连接互联网的效率的同时，保障相关数据安全。这一技术方案旨在为用户提供高效、安全的远程接入和连接网络的能力，以便能够更好地跨越公共互联网访问远程网络和资源，并确保数据的完整性和保密性。

3.3.1 Sangfor VPN 概述

Sangfor VPN 提供多种安全功能，以确保用户数据的隐私和完整性能得到保障。身份认证是 Sangfor VPN 的一个严格环节，以确保只有经过授权的用户才能访问网络资源。访问控制功能能够有效地限制用户访问网络资源的权利，从而防止恶意攻击和病毒感染。在数据传输方面，Sangfor VPN 采用强大的加密技术，保护用户的数据不受攻击和窃取。此外，该解决方案还支持跨平台，并提供与深信服多种网关设备灵活组网的功能，为用户提供良好的使用体验。

Sangfor VPN 适用于许多不同的场景。可以为用户提供多种有用的功能和工具，以便用户可以更加便捷地访问和共享资源，同时还可以有效地提升工作效率。在远程办公场景中，Sangfor VPN 的作用尤为明显，可以使用户在不同的地点和时间访问公司内部网络，实现远程工作、协作和沟通。在数据中心和云服务方面，它可以加强安全防护，有效避免数据泄露和恶意攻击。在校园网络中，Sangfor VPN 也能够为学生、教师等提供较佳的远程连接体验，便于学习、工作和协作。

3.3.2 Sangfor VPN 工作原理

Sangfor VPN 通过在 Internet 上建立安全可信的隧道，使各实体之间的数据都通过安全隧道传递。Sangfor VPN 默认使用 AES 128 位加密算法，该加密算法遵循国际加密标准。Sangfor VPN 也可以进一步通过配置修改加密算法的形式进行扩展，支持包括 DES、3DES、MD5、AES-128、AES-256、Sangfor_DES 等算法。

Sangfor VPN 协议是改进版本的 IPSec，这体现在多个方面。首先，Sangfor VPN 提供压缩的 IP 头算法，以此提升网络利用率。普通的 IPSec 网络利用率在 70%左右，而 Sangfor VPN 可以达到 90%。其次，Sangfor VPN 提供自适应网络穿透技术，传统 VPN 采用的是 UDP 交互和 ESP 封装，而 Sangfor VPN 支持 TCP、UDP、ESP 等多种封装头以适应复杂的互联网环境，提高对网络的适应能力。另外，Sangfor VPN 还有一些创新性的技术，比如 VPN 接入鉴权和硬件特征码认证技术、内网权限控制技术、组播透传技术，以及隧道内 NAT 技术。

VPN 接入鉴权和硬件特征码认证技术是指 Sangfor VPN 接入认证模块支持本地用户名/密码认证、证书认证（本地证书或者第三方证书均支持）和外部第三方 RADIUS 认证，完成对接入分支身份认证。RADIUS 认证过程采用挑战—应答模式，在这种认证模式下，认证信息不在网络上传递，而且挑战不同的分支或移动答复也不同，保证认证信息不会被窃听。

传统的用户名和密码或者 CA 证书认证方式都存在证书或密码被盗用的问题。为避免传统方案的泄密缺陷，Sangfor VPN 使用基于 PC 硬件特征的证书认证系统（HARDCA）来实现认证。该认证原理是将用户账号与其所在计算机硬件信息（如 CPU、硬盘、网卡等）进行绑定，即便用户账号意外泄露，由于非法用户无法使用与此账号事先绑定的那台计算机，也不会造成非法用户接入。

此项功能实现的具体过程是，由分支模式或移动用户运行鉴权程序，该程序收集计算机的硬件信息，产生同分支或移动对应的唯一的 ID 文件（HARDID），由总部模式管理员将此 HARDID 输入总部模式的鉴权管理库（IDBASE）里。总部在同分支建立数据隧道前，先要在命令通道进行 HARDCA 认证，经过命令通道 HARDID 认证的分支或移动，才允许建立数据隧道。认证的流程遵循 RADIUS 认证过程。

Sangfor VPN 内网权限控制技术的产生，是因为在 VPN 中还存在一些潜在的安全隐患，比如分支的用户可以接入总部访问所有资源；黑客可以入侵分支，然后通过 VPN 入侵总部，非法获得商业机密；病毒可以通过 VPN 隧道在企业的各个网络传播。这些都是 VPN 中可能存在的种种安全风险。如果能够有效限制每个 VPN 用户在 VPN 内的访问范围和访问权限，就能在很大程度上降低这种风险。Sangfor VPN 采用 VPN 权限粒度分析技术，可以简单灵活地指定每个 VPN 用户或者设备的具体权限，可以细致到端口级别的权限。这项技术可以使得指定的资源只有授权的用户或者设备才能访问。

Sangfor VPN 组播透传技术的产生背景是传统 VPN 技术无法解决组播数据穿透 VPN 隧道的问题，很多基于组播的应用，如一些视频会议应用、动态路由协议等都无法与 VPN 兼容，严重影响了用户的感受及体验效果。为此，深信服科技创新性地在 VPN 隧道中兼容组播数据报，使其能通过 VPN 隧道进行"一对多"传播，完美地解决基于组播的应用在 VPN 上的传输问题，使用户获得更好的体验与感受，同时得到更高的安全性。

Sangfor VPN 隧道内 NAT 技术的产生背景是，传统 VPN 设备在构建 VPN 时，需要对各分支内网 IP 地址做统一规划，错开重复的网段，避免因分支内网 IP 地址重叠而无法进行正常的 VPN 互联，不仅改变了用户原有网络结构，且如果用户网络规模较大或用户的计算机水平较低，会带来相当大的工作量，严重降低产品的易用品质。深信服科技为此独创了隧道内的 NAT 技术，通过对传输的数据进行源地址转换，来屏蔽冲突分支的内网 IP 地址，使得具有相同内网 IP 网段的分支都能同时接入总部，从而为用户提供一个简单、高效、易用的 VPN。

3.3.3　IPSec VPN 与 Sangfor VPN 差异

IPSec VPN 和 Sangfor VPN 这两种常见的 VPN 技术解决方案，都提供了安全的点对点连接，但在很多方面存在差异。IPSec VPN 主要采用 IPSec 来保护数据传输，通常用于远程访问和分支机构连接等场景。相比之下，Sangfor VPN 则提供了更多的功能和管理工具，如远程访问、多线路负载均衡、带宽管理和应用加速等。

在设备和操作系统方面，IPSec VPN 可以应用于多种设备和操作系统，如路由器、交换机、防火墙、PC 和笔记本计算机等。Sangfor VPN 则为不同操作系统和设备提供特定的客户端，用户可以根据自己的需求进行选择。

虽然 IPSec VPN 的开销相对较低，但它需要手动进行配置，配置的复杂度较高，且管理不太方便。Sangfor VPN 则提供可视化的管理界面和多种配置选项，使管理变得更加容易和高效。

另外，在连接方式方面，IPSec VPN 可以基于 TCP 和 UDP，但 TCP 的连接数比较有限。相比之下，Sangfor VPN 可以动态调整连接方式，根据业务负载和网络状况来选择最佳的连接方式，这个特性使得 Sangfor VPN 更加智能化和适应性强。

3.3.4　Sangfor VPN 特性技术

随着国内互联网线路传输质量变得越来越好，互联网 VPN 已经可以满足客户业务需求。由于专线组网成本一直居高不下，越来越多的客户开始从专线承载主业务、互联网线路作为备份逐渐转向互联网线路承载主业务，由此促使用户对互联网线路的传输质量愈发重视。Sangfor VPN 技术的一系列特性，可解决互联网线路质量的问题。

1.　自适应协议切换技术

根据安全行业多年的 VPN 应用实践经验，运营商针对 VPN 封堵导致的 VPN 不稳定的问题时有发生。其中主要的运营商封堵包括长连接封堵、端口封堵以及协议封堵等。对于此类问题 VPN 用户的直观感受就是 VPN 产生异常，而就算最后认可运营商封堵导致的问题，每次出现 VPN 业务访问卡、慢问题都需要手动调整传输参数或者重启设备、重连 VPN 解决，最终导致 VPN 用户的直观体验不佳。用户在此背景下希望 VPN 在存在运营商封堵时能智能地根据实际网络状况自动进行切换连接和传输协议来自动对抗运营商此类的封堵。

Sangfor VPN 自适应协议模块包含 3 个核心特性。首先，VPN 定期协商 VPN 隧道传输端口，默认 8 个小时为一个周期。VPN 程序自动创建新的 VPN 隧道，然后把业务平滑地从旧隧道切换到新隧道。其次，VPN 自监测切换 VPN 传输协议，VPN 定期检测当前的 VPN 隧道的传输质量，如果 VPN 传输质量劣于所设定的阈值则自动切换到其他目前所支持的传输协议中传输质量最优的协议。最后，隧道预创建，上述的端口切换和协议切换功能均采用隧道预创建的逻辑，保障端口切换和协议切换可以做到 0 丢包的无缝切换。

2.　预创建多协议隧道

VPN 隧道在连接的时候创建不同协议类型的冗余连接（UDP、FAKE_TCP、FAKE_ESP），并指定其中一条为主连接。通过第一阶段 TCP 协商成功后，Adapt 仅通过主连接协议发起第二阶段线路认证，待主连接协议线路认证通过后，标识整条隧道为已建立状态，同步触发 Echo 保活机制。3 条子连接共用一个线路认证状态。

3.　质量探测与自适应切换

质量探测结果依赖于线路 SLA（服务等级协定）指标的探测结果，这些指标包括上行时延和上下行丢包。其中主连接支持探测双向的线路 SLA。备连接探测双向丢包指标，单向时延（分支→总部方向）。

线路 SLA 的质量探测同时使用被动和主动监控方法，当存在用户流量时，VPN 在其业务包的隧道头部信息封装额外信息，包括序列号和时间戳等，识别已发送和丢失的数据报，并计算出相应的丢包、时延和抖动信息。当没有用户流量时，VPN 隧道则依据特定的频率（主连接 200 ms 一次，备连接 3000 ms 一次）主动发送探测包探测线路 SLA 指标信息。

VPN 自适应切换共支持两种切换模式，分别为端口定期切换和协议自适应切换。两种切换方式可以同步进行，互不干扰。图 3-24 所示为 VPN 连接自动避障设置，其中包括 VPN 端口定期切换和 VPN 协议自适应切换。

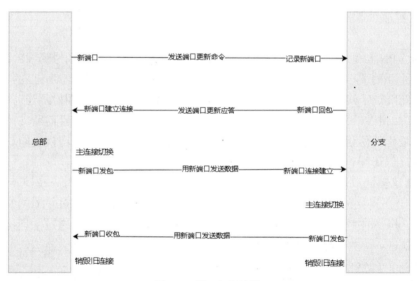

图 3-24　VPN 连接自动避障设置

端口定期切换的原理是分支端为每连接维护一个端口池或 SPI 池，端口定期切换功能只针对已建立的连接生效，定期从端口池、SPI 池中选择下一个端口、SPI，并切换分支总部的端口号、SPI。各子连接无差别定期切换，切换周期默认为 8 小时。端口切换后，对运营商来说整个 VPN 的连接发生了变化（会话五元组已发生变化），这样就可以有效避免运营商对 VPN 长连接的封堵丢包。图 3-25 所示是端口切换的过程。

图 3-25　端口切换过程

协议自适应是指 VPN 模块定期检测当前的 VPN 隧道的传输质量，如果 VPN 传输质量劣于所设定的阈值则自动切换到其他协议。协议自适应可根据连接状态做不同的选路策略。

第一个是在连接建立中按顺序选路，连接建立过程中，存在部分协议封堵导致的主子连接无法建立的情况，此时按照 UDP、FAKE_TCP、FAKE_ESP 的顺序，按每 6.2 s 一次的频率进行循环切换，直至隧道建立成功。

第二个是连接已建立按质量选路，在连接已建立场景，使用"按质量最优协议"的切换模式。此时 VPN 模块会以每 12.6 s 一次的频率检查连接质量，根据主协议的实时质量状况（丢包、时延），更新超阈值次数，当累计连续 3 次超阈值时，会选择最优的协议切换为主连接。

根据实时的线路质量状况，可以把不同的质量状况做一个转换，转换成同一标准，此时就可以选择最优的协议（权值越小，质量越优）。

针对主、子连接数据不通的场景（主、子连接将在超过 1 s 持续收不到任何数据报），主、子连接将变为 DAD 状态，会在下一次自适应的检查时刻（不需要累计超阈值次数），立即选择一条最优的连接作为主、子连接。为了避免各协议质量均不佳，导致连接频繁切换的问题，限制每条连接在 5 min 之内不能回切。

4. BEST 智能选路引擎介绍

如今，用户的线路资源越来越多，既有专线线路，又有互联网线路，形成一种混合 WAN 的使用模式，因此针对不同 WAN 线路质量部署不同类型的应用是当前用户的核心诉求。

BEST 智能选路引擎（后文简称 BEST 引擎）以应用体验为核心，引入智能选路功能。通过实时感知应用流量行为特征和不同 WAN 线路的 SLA 状态，实现不同类型、不同优先级的应用实时匹配不同的线路。若线路状态发生改变，如发生线路拥塞、劣化或者中断，BEST 引擎可以自适应完成故障避免，为应用重新选择合适的线路，实现线路资源的最大化使用和应用体验的高质量保障。图 3-26 所示是 BEST 引擎选路机制的流程，BEST 引擎结合 DPI 和 DFI 两种技术进行应用行为探测，根据应用行为分为三大类，即交互类应用、实时类应用、传输类应用。此外，用户还可以根据五元组信息添加自定义应用。

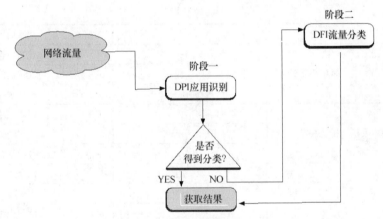

图 3-26 BEST 引擎选路机制的流程

DPI 通过检测应用五元组以及应用层载荷信息等内容进行应用的匹配，可以具体识别出应用名称，包括 HTTP_GET、Polycom、FTP 下载等多种协议及应用。目前可识别 1500 多类应用，同时应用识别库支持在线更新。

DFI 面向分析数据报的统计特征，包括双向数据报大小平均值、最小值、最大值、包数量、包达到时间等多个因素。

不同应用类型具备不同的特点，表 3-6 所示是不同应用分类及应用特点。

表 3-6	不同应用分类及应用特点
应用分类	应用特点
传输类应用	该类应用往往传输数据量较高，如 FTP 下载、文件同步等。该类应用对线路带宽需求高
实时类应用	该类应用特指语音视频会议。该类应用对线路丢包性能要求高，并且需要保证一定带宽需求
交互类应用	需要用户实时确认反馈的应用程序。该类应用传输数据量小，对时延敏感度高

BEST 引擎依赖于线路 SLA 指标的探测结果，这些指标包括时延、丢包和抖动。因此 Hub 站点和 Spoke 站点之间都要对上述 SLA 指标执行连续、双向的测量。

BEST 引擎线路质量探测同时使用被动和主动监控方法。当存在用户流量时，Overlay 隧道利用隧道封装技术在其业务包的隧道头部信息封装额外信息，包括序列号和时间戳等，识别已发送和丢失的数据报，并计算出相应的丢包、时延和抖动信息。当没有用户流量时，VPN 隧道则依据 200 ms 一次的频率主动发送探测包探测线路 SLA 指标信息。

BEST 引擎当前共支持 4 种选路模式，分别是 AutoGo 智能负载选路、指定顺序选路、优先使用质量最优选路、按剩余带宽比例负载选路。用户可以通过配置应用、应用类型、源/目的 IP 地址，源/目端口号进行线路的匹配，不同的选路策略有不同的选路算法和切换标准。

AutoGo 智能负载选路可根据应用特点进行自适应优质线路选择和负载，智能化保证业务的优良体验。设备针对业务的具体特征进行识别，并根据识别的结果进行分类，分别是对丢包抖动敏感的实时语音视频会议、对时延敏感的交互业务、消耗大带宽的传输型业务。

SD-WAN 设备动态探测多线路质量并按照不同业务的 SLA 标准来进行线路分档，如实时型业务重点在丢包和抖动，将线路分成优质线路、次优线路和普通线路，不同类型的业务分档具有不同的 SLA 指标，具体的线路分档如表 3-7 所示。

表 3-7　　　　　　　　　　　　　　　　线路分档

应用类型	分档	档次内容
交互类（主要由丢包、时延决定）	第一档	优质线路
	第二档	次优线路
	其他	普通线路
实时类（主要由丢包、抖动决定）	第一档	优质线路
	第二档	次优线路
	其他	普通线路
传输类（主要由可用带宽决定）	第一档	优质线路
	第二档	次优线路
	其他	普通线路
总体降档	优质→普通	线路可用带宽不足 10 Mbit/s

根据业务特性及将线路探测结果动态匹配，将业务智能负载至优质线路传输，当优质线路带宽不足或者出现质量下降时，再选到次优线路上，保障业务最优传输。如果整个 Overlay 隧道中相同档次的隧道存在多条，则业务按照剩余带宽比例负载的方式进行业务调度。

当用户期望自身的业务仅在指定的线路上运行（例如对体验性要求高的视频会议默认"跑"在 MPLS 线路上），不被其他业务干扰或者干扰其他业务的时候，便可以采用指定线路选路。因此指定线路功能就是指定应用（服务）优先转发的分支线路，同时能调整指定线路的优先级顺序。在进行数据转发时，优先使用排序靠前的线路进行转发，当前面线路发生故障时，切换到下一顺位的线路转发数据。

当选定的线路都发生故障或者线路质量劣于设定的 SLA 阈值时，根据用户线路顺序切换到下一条正常的线路上。SLA 阈值的设定提供 2 种模式，一种是自定义 SLA，用户有自己的 SLA 设置值则用户可以采用自定义的 SLA 值，图 3-27 所示为用户自定义的 SLA 要求。

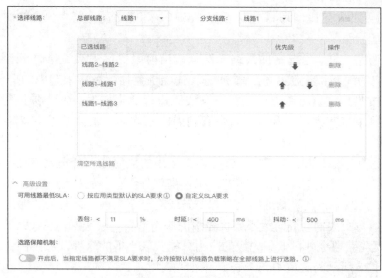

图 3-27 自定义 SLA 要求

另外一种是系统本身基于应用类型提供的默认 SLA 阈值，具体数值如下。

① 交互类应用要求：丢包<5%，时延<300 ms，抖动<400 ms。

② 实时类应用要求：丢包<5%，时延<300 ms，抖动<400 ms。

③ 传输类应用要求：丢包<5%，时延<400 ms，抖动<500 ms。

此外，指定线路选路支持线路中断不切换高级属性，该属性默认不开启，用户按照实际情况按需开启即可。该功能一般适用于存在按流量收费的线路的场景，如 4G/5G 线路。对一些非核心的应用，如文件类应用，需要指定走有线线路，有线线路中断也不允许应用进行业务切换，否则一旦大应用流量切换到按流量收费的线路上，则会导致用户的无线线路的话费大幅度增加。

在多线路负载场景，用户还可以选择"优先使用质量最优线路"的选路模式，此时进行数据报转发时，会根据各个线路的实时质量状况（丢包、时延、抖动），选择最优的可转发线路进行数据转发。根据实时的线路质量状况，可以对不同的质量状况做一个转换，转换成同一标准，此时就可以对不同线路进行质量排序。

"优先使用质量最优线路"选路策略除了考虑线路权值之外，还将线路对当前服务优先级的剩余带宽作为选路依据，当线路无法承载当前优先级的应用时，该线路不会被选中。因此高质量选路会选择对当前服务优先级有可用带宽且权值最小的线路作为转发线路。另外，当选定线路都无法承载当前服务优先级的数据时，会从未选中的运营商和跨运营商线路中选择质量最优线路对数据进行转发。通过多重选择来保证被选中的传输线路稳定可靠。

按剩余带宽比例负载选路策略可以更公平地使用所有外网线路。当连接被建立时，获取所有选定线路对于当前应用的可用带宽大小，再生成一个小于总可用带宽大小的随机数，判断该随机数落在哪条线路区间，确定从哪条线路进行发包。

例如，线路 1 剩余 3 Mbit/s 带宽，线路 2 剩余 2 Mbit/s 带宽，线路 3 剩余 1 Mbit/s 带宽，此时生成一个 6 Mbit/s 以内的随机数，如果随机数小于 3 Mbit/s，此时选择线路 1 进行发包，如果随机数大于 3 Mbit/s 但小于 5 Mbit/s，此时从线路 2 进行发包，其他的选择线路 3 进行发包，通过随机分配的发包比例为测试最优值。AutoGo 智能负载选路中包含的剩余带宽负载的机制与上述原理一致。

同高质量选路一样，当选定的线路无法承载当前服务优先级流量时，该线路不会被选中。当所有选定的线路都无法承载当前服务优先级流量时，将从未选中的运营商线路和跨运营商线路中按照高质量选路方法选择一条线路进行数据转发。通过以上逻辑，每次选路都会根据当前剩余带宽来计算和分配，带宽利用比例均衡，还会考虑带宽质量，线路稳定可靠。

在带宽不足的情况下 BEST 引擎中通过定义应用的优先级，分别为核心、重要、普通、一般，高优先级的应用优先使用线路带宽，确保高优先级业务的稳定传输。BEST 引擎基于令牌桶算法，根据线路带宽限制桶的大小。每条线路一个大桶，同时为了保证低优先级的应用不会"饿死"，每个大桶会同时为不同优先级的应用准备一个小桶。当线路繁忙时，高优先级的应用数据优先获取令牌，低优先级的应用只能获取小桶的令牌，从而保证高优先级应用优先传输。图 3-28 所示为隧道 QoS 技术。

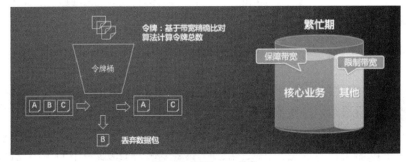

图 3-28 隧道 QoS 技术

在正常情况下，当线路资源充足的时候，隧道 QoS 不启用，业务会按照用户设定的智能选路策略进行线路调度，此时会进行正常选路。

当线路拥塞时，低优先级业务会主动避让高优先级业务，当已有高优先级业务流量，低优先级业务若所需带宽超过目前线路的可用带宽，其将优先选择其他可用线路，不与高优先级业务发生资源抢占。

当高优先级业务进行选路的时候，隧道 QoS 会优先将带宽分配给高优先级业务，已有的低优先级业务就会发生带宽资源被抢占，当达到一定阈值的时候，便会触发重新选路，将线路资源全部交由高优先级业务使用。

5. SOFAST 链路优化引擎

SOFAST 链路优化引擎（后文简称 SOFAST 优化）旨在降低应用丢包率，提升应用访问体验，保障应用在网络质量（特指线路存在丢包情况）较差的情况下依然具有良好的体验效果，如在线路丢包率高达 20%的情况下，经过 SOFAST 优化，音视频会议之类的实时类应用仍然可以流畅进行，画面依然清晰、不卡顿。邮件、Web 之类的交互类应用响应时间可减少50%以上。文件传输之类的应用，传输速度可提升 10 倍以上。SOFAST 优化内置前向纠错（Forward Error Correction，FEC）技术功能模块，通过 FEC 产生冗余包的方式来降低应用丢包率。

FEC 是一种差错控制方式，它是指信号在被送入传输信道之前预先按一定的算法进行编码处理，加入带有信号本身特征的冗码，在接收端按照相应算法对接收到的信号进行解码，从而找出在传输过程中产生的错误码并将其纠正。在网络传输过程中，发送端通过 FEC 对发送数据报进行冗余编码，发送一定比例的冗余数据报，当网络传输过程中出现丢包时，接收端可从冗余包中重组丢掉的数据报，从而降低应用丢包率，提升应用访问体验。

SOFAST 优化结合实际使用场景，对原 FEC 技术进行优化，结合应用识别，根据应用类型和实际网络质量条件，动态调整数据报冗余比，使得在保障应用体验效果的同时尽量降低带宽冗余。

SOFAST 优化相较于通用 FEC 技术的优势在于根据业务中的多个条件动态调整数据报冗余比，比如可以结合应用识别技术，根据应用类型动态调整数据报冗余比；根据实际网络质量条件，动态调整数据报冗余比；在其他异常条件下，动态调整数据报冗余比。

结合应用识别技术，根据应用类型动态调整数据报冗余比，指的是不同类型应用对丢包时延的要求不同，带宽占用大小也不同，所需要的数据报冗余比也不同。SOFAST 优化可识别出应用的类型，如实时类应用、交互类应用、传输类应用，并为不同应用匹配最适合的数据报冗余比。

根据实际网络质量条件，动态调整数据报冗余比，是指在不同的网络质量（丢包、时延）条件下，为保障应用访问体验，要求的冗余比不同，SOFAST 优化可根据探测出的网络质量条件，自动调整冗余比。

在其他异常条件下，动态调整数据报冗余比，是指在线路带宽占用超过一定比例或设备性能不足等异常场景下，SOFAST 优化会自动开启或关闭 FEC，动态调整数据报冗余比，以避免造成更大影响。

除此之外，用户在使用 SOFAST 优化时，也可自定义设置 FEC 开启的条件，可给不同的应用类型设置 FEC 开启的最低丢包率条件，一旦传输线路丢包率超过开启条件的丢包率值，则会对该应用类型进行 FEC 优化，保障应用访问体验。

3.3.5 Sangfor VPN 技术实现

与 IPSec VPN 一样，在本书中，我们通过一个配置过程来讲解 Sangfor VPN 技术的实现过程。整体的拓扑结构如图 3-29 所示，与前文的 IPSec VPN 案例的拓扑结构以及 IP 地址规划完全一致。整个配置过程通过深信服下一代防火墙设备来进行。

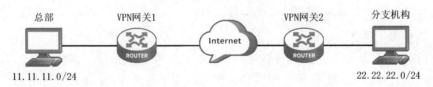

图 3-29　Sangfor VPN 配置拓扑结构

由于环境与前文的是一致的，因此基础网络配置过程是完全一样的，这里不赘述。在此处仅展示 Sangfor VPN 配置中的差异部分。

Sangfor VPN 的配置过程有连接发起方和被连接方的概念，我们称发起方为分支端，被连接方为总部端，在配置过程中，总部端和分支端配置存在差异。但是在隧道建立完成后，

在传输的过程总部端和分支端是没有任何区别的，具有对等的关系。

启用 Sangfor VPN，需要先在总部端设备上完成基本配置，也就是在 VPN 网关 1 上完成图 3-30 所示的配置内容，分别是主/备接入地址、密钥以及本地网段信息。接入地址用于分支端设备接入，默认端口为 4009，总部端密钥与分支端密钥需要一致，本地网段即 IPSec VPN 中的感兴趣数据流，即需要进入隧道的数据流。

图 3-30　接入地址和密钥配置

为了保证能正常建立 VPN，需要选择 VPN 内网接口或者配置本端需要与对端通信的本地子网，用于发布 VPN 路由。本地子网配置如图 3-31 所示。

图 3-31　本地子网配置

由于分支端设备需要与总部端设备进行对接，为了保证安全性，需要在总部端创建用于接入的安全账号，如图 3-32 所示，配置接入账号，用于管理 VPN 接入账号信息，设置允许接入 VPN 的用户账号、密码，设置账号使用的配置模板，设置是否启用硬件证书捆绑鉴定、隧道内 NAT、多线路选路策略等。

上述的配置即总部端所需要完成的所有配置内容，其他配置内容则需要在分支设备上进行。为了保证能正常建立 VPN，在 VPN 网关 2 上，需要选择 VPN 内网接口或者配置本端需要与对端通信的本地子网，用于发布 VPN 路由。如图 3-33 所示，选择 VPN 的内网接口后，在 VPN 接口部分，勾选"自动分配"。

图 3-32　接入账号配置

图 3-33　本地子网配置

而后需要完成分支设备与总部设备对接部分的配置，如图 3-34 所示，创建一个连接管理，根据总部设备的 IP 地址以及配置内容，完成此部分的对接配置。共享密钥和用户信息必须是一致的，否则无法完成隧道的建立。

在上述的配置完成后，登录总部或者分支设备，可以看到 VPN 隧道已成功建立，结果如图 3-35 所示。如果有流量通过隧道，则流量状态会在设备界面中的隧道部分体现出来。

在隧道建立完成后，可以在终端的 PC 上进行 VPN 连通性验证，如图 3-36 所示，使用总部设备 ping 测试分支设备，网络已经联通。

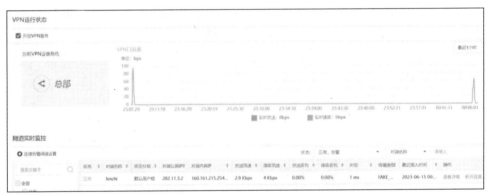

图 3-34　Sangfor VPN 连接配置

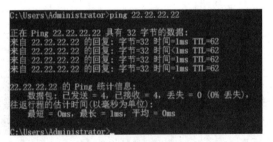

图 3-35　VPN 隧道建立结果

图 3-36　VPN 连通性测试

3.4　SD-WAN 技术

SD-WAN 技术是一种新型的网络架构技术，通过集中控制、智能的软件，将企业分支机构的多个网络连接（如 MPLS、互联网、LTE 等）虚拟化为一个统一的网络，以提供更高效、稳定和安全的连接。

3.4.1 SD-WAN 技术产生背景

近些年来，随着数字化转型进程的不断深入，各行业业务种类、业务架构、使用方式发生了比较明显的变化。

首先，WAN 流量急剧增加。随着人工智能、虚拟现实、大数据和物联网等新兴技术的广泛应用，各种新型业务应运而生，使得 WAN 流量年均增长 30%～50%。

其次，业务普遍云化。随着云计算技术的不断发展，业务架构也面临显著的变化。数据表明，在 2020 年，有近 50% 的中国企业采用了云服务。

再次，分支快速扩张。越来越多的企业采取"走出去"的发展战略，快速扩大分支机构，业务覆盖全国乃至全球。

此外，随着数字化转型的加速，WAN 的安全防护变得愈发重要。传统 WAN 架构常常忽略分支端的安全防护，这就可能导致分支端成为"攻击跳板"，危及整个 WAN 的安全。而依照密码法新规、网络安全法和等级保护 2.0 规范的要求，WAN 建设更加侧重于安全合规，例如使用商业密码算法实现关键信息基础设施的数据加密传输，以及集成 L2—L7 安全特性的分支网络设备等。

3.4.2 SD-WAN 概述

软件定义广域网络（Software-Defined Wide Area Network，SD-WAN）是一系列技术的集合，主要概念是将软件定义网络（SDN）的技术应用在管理 WAN。SDN 技术使用虚拟化技术，简化资料中心的管理及运维的工作。延伸这个概念，将相关技术应用于 WAN 中，可以简化企业级用户对 WAN 的管控。

SD-WAN 解决方案相较于传统的 WAN 或者 IPSec VPN 方案具备很多突出的特性，比如支持多种链路连接并动态选路，可以进行快速、灵活部署，还可通过统一的管理端进行网络集中管理，还有更为先进的支持软件定义安全技术等。

多种链路连接并动态选路的产生背景是为了保障良好的网络访问体验，若采用传统方法，客户需要购置 MPLS 等专线，带宽成本高，实施周期可能需要数周到数月。随着互联网宽带质量的不断提升，使用互联网宽带全部取代或部分取代专线已是大势所趋。SD-WAN 将底层物理网络资源（如专线、互联网宽带、4G/5G LTE 等）充分结合，使之虚拟成一个资源池，并在此基础上构建 Overlay 传输隧道。同时为了实现负载均衡或资源弹性，SD-WAN 可根据现网情况和网络需求动态选择最佳路径。

快速、灵活部署体现了 SD-WAN 易部署的特性，传统网络设备的部署一般需要专业 IT 人员到现场支持，不仅成本高，而且实施周期长。SD-WAN 支持设备即插即用，即不需要 IT 人员现场部署，只需部署边缘设备，接入通信链路，接入电源，设备即可通过集中管理设备自动下载指定配置和策略，实现快速、灵活部署。

网络集中管理是指当 WAN 分支规模较大时，网络的管理和故障排查就变得较为复杂，SD-WAN 通常会提供集中管理系统，用于网络多设备配置、WAN 连接管理、应用流量设置及网络资源利用率监控等，以此达到简化网络管理和故障排查的目的。

软件定义安全技术的产生是 SD-WAN 引入互联网宽带，虽然降低了链路成本，但互联网出口容易被攻击，SD-WAN 在 WAN 连接的基础上，提供更多的、开放的和基于软件的技术，支持集成防火墙、防入侵安全产品等的能力。

3.4.3　深信服 SD-WAN 架构

深信服 SD-WAN 涵盖了深信服安全和云计算领域两方面的技术，在提供本地安全防护的同时，还支持灵活订阅 SASE 云端的安全能力，保护分支终端安全及业务安全。支持同时接入互联网、专线、4G/5G 等混合网络，为企业提供应用智能选路及线路优化，保障企业业务的连续性和可靠性。再加上全网设备的统一管理和可视化运维，帮助企业建设更安全、媲美专线访问、建设和运维成本更低的 WAN。深信服安全 SD-WAN 可以连接广阔地理范围的企业分支、数据中心、公有云、SaaS 云服务，实现分支组网、云网互联等，更好地支持用户的数字化转型。

SD-WAN 整体架构从物理组件上看由集中控制台 BBC（分支业务中心）及 SD-WAN 设备组成，从逻辑框架上看自上而下可以划分成管理层、控制层、数据层，如图 3-37 所示。

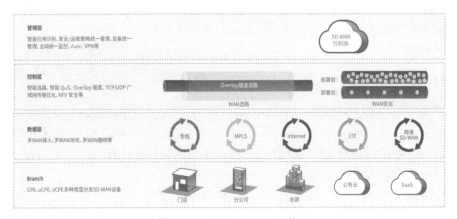

图 3-37　深信服 SD-WAN 架构

SD-WAN 解决方案中的管理层包含配置管理层和业务编排层两部分。集中管理平台即深信服 BBC 产品，提供硬件设备部署和软件部署两种部署形态。软件部署支撑虚拟化环境部署和公有云部署，虚拟化环境支持 OVA 形态部署，支持深信服 HCI、华为超融合、VMware 等主流超融合产品内部署。公有云当前支持 AWS、阿里云、深信服 XYCloud 三大公有云部署。

BBC 通过配置管理层实现统一对全网的配置进行集中管理和配置快速变更，包含全网分支设备配置管理、策略模板管理、Auto VPN、SD-WAN 智能选路模板管理、分支设备批量升级等模块。

BBC 通过业务编排层实现对全网质量监控状态数据的展示。管理平台同步提供定制化 API 实现 BBC 存储数据与第三方网关平台的同步。可同步数据报包含设备告警数据、全网链路质量数据和全网设备健康状态数据。

集中管理平台全网质量监控模块包含 Underlay 监控中心、Overlay 监控中心和故障告警中心三大核心模块。Underlay 监控包含针对分支的硬件使用状态展示与部署位置分布通过地图大屏进行状态展示。Overlay 监控包含隧道的质量监控状态,通过 VPN 拓扑大屏的形式动态展示 SD-WAN 隧道的连通性状态和 QoE 状态(丢包、延迟、抖动)。同时 BBC 管理平台可对分支站点设备进行设备状态和 VPN 隧道状态的告警设置,当分支出现故障异常时,分支通过管理隧道主动上报告警信息到 BBC,BBC 告警支持邮件告警,及时通知运维管理员。

SD-WAN 的控制层核心模块包含管理隧道、配置下发、状态上报三大模块。分支 CPE 要接受管理平台的集中管控,首先需要在自己和 BBC 管理平台之间创建管理隧道。CPE 和 BBC 之间创建完管理隧道后,BBC 即可向全网的分支进行配置下发。分支 CPE 也可利用管理隧道定期上报 CPE 状态信息和 CPE 告警信息给 BBC 做业务数据编排。

在数据层,深信服 SD-WAN 没有采用 SDN 架构,控制层与数据层不分离,集成在本地 CPE,管理平台下发好选路策略后,在本地实时测量各个 Overlay 隧道的 QoE,然后在本地决策通过哪个 Overlay 隧道来做数据转发。Underlay 的数据通过 VPN 路由导入 Overlay 隧道。

物理网络即 SD-WAN 的 Underlay 网络,它由物理设备和物理链路组成。常见的物理设备有交换机、路由器、防火墙、负载均衡设备、入侵检测设备、行为管理设备等,这些设备通过特定的链路连接起来形成一个传统的物理网络,称为 Underlay 网络。Underlay 网络可以是 Internet,也可以是 MPLS 等专线网络。如果 Underlay 网络为 Internet,只需 IP 地址可达即可。如果 Underlay 网络为 MPLS 网络,业务可以由一个 MPLS VPN 或者多个 MPLS VPN 承载。Underlay 网络是整个 SD-WAN 解决方案的基础,只有 Underlay 网络连通后,才可以在上面构建 Overlay 网络。

Underlay 网络为 SD-WAN 提供基础承载通道。深信服 SD-WAN 解决方案 Underlay 网络支持包括所有 IP 地址三层可达的物理网络,包含 MPLS VPN、MSTP 专线、Internet、LTE 等类型的网络或者混合网络。SD-WAN 控制层通常部署在客户总部或者数据中心,SD-WAN CPE 支持以路由模式或者旁路模式部署在客户原有的网络当中,Overlay 隧道的构建要求 Underlay 提供三层可达的环境,如果两个 SD-WAN CPE 之间路由不可达,则无法创建 Overlay 隧道。

SD-WAN 组网中的典型 Underlay 环境主要包括纯互联网环境、纯专线内网环境、专线+互联网混合组网环境。

纯互联网环境如图 3-38 所示,组网环境中分支和总部(或者数据中心)的连接走的全部是互联网链路,互联网线路有一条或者多条,线路类型支持有线或者 4G 无线等。

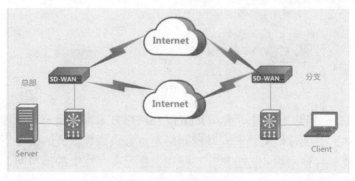

图 3-38 纯互联网环境

双 MSTP 专线场景如图 3-39 所示,是纯专线内网环境,典型场景如银行的生产网。

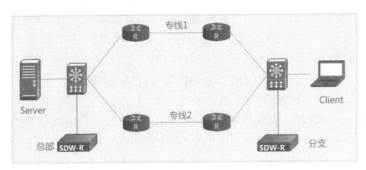

图 3-39 双 MSTP 专线场景

图 3-40 所示的双 MPLS 专线场景也是纯专线内网环境，典型场景如保险企业办公分支。

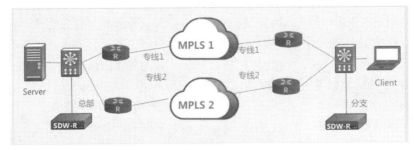

图 3-40 双 MPLS 专线场景

在图 3-41 所示的专线+互联网混合场景中，网络架构中存在 2 种线路组成混合组网，专线承载核心业务，互联网承载非核心业务或者做专线的灾备线路。

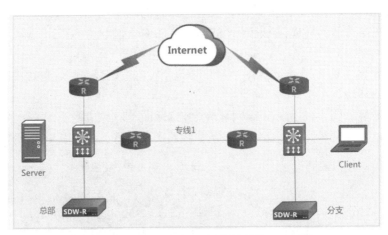

图 3-41 专线+互联网混合场景

SD-WAN Overlay 网络为虚拟网络，Overlay 在网络技术领域是一种物理网络架构上叠加的虚拟化技术模式，其大体框架是在对基础网络不进行大规模修改的条件下，实现应用在网络上的承载，并能与其他网络业务分离。它是建立在已有网络上的虚拟网，用逻辑节点和逻辑链路构成 Overlay 网络。Overlay 网络具有独立的控制和转发平面，对于连接在 Overlay 边缘设备之外的终端系统来说，物理网络是透明的。Overlay 网络也是一个网络，不过是建立在

Underlay 网络之上的逻辑网络，是在连通的 Underlay 网络的基础上，通过 IPSec 技术自动创建的逻辑网络。

深信服 SD-WAN 通过采用 IPSec VPN+私有隧道封装协议（即 Sangfor VPN）来构建 Overlay 隧道，隧道封装协议采用深信服私有的 SD-WAN 封装协议，加密算法支持 RFC 国际标准加密算法，支持的加密算法有 DES、3DES、AES-128、AES-256 等。Overlay 隧道支持采用网络编辑技术 Auto VPN 实现隧道的自动化构建。Overlay 隧道构建的前提条件是两个 SD-WAN 设备之间的 Underlay 网络是路由可达的。

深信服 SD-WAN 隧道默认采用全互联的形式进行隧道互联，如图 3-42 所示，分支和总部通过 2 条互联网线路创建 SD-WAN 隧道，则默认情况下会产生 4 条 Overlay 隧道，分别是总部电信—分支电信，总部电信—分支联通，总部联通—分支电信，总部联通—分支联通。

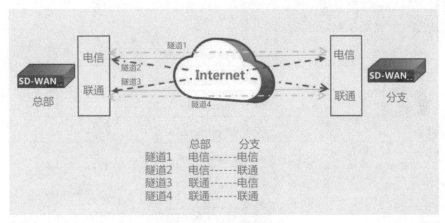

图 3-42　交叉互联隧道建立

为了适配类似互联网+专线的混合网环境，深信服 SD-WAN 的 Overlay 隧道构建支持基于按需进行 Overlay 隧道编排。如图 3-43 所示，分支和总部通过一条专线和一条互联网线路进行互联。因为专线和互联网属于两种网络，本身并不互联互通，这个时候进行全互联的交叉隧道（互联网和专线之间进行隧道互联）是不合理的。为此深信服 SD-WAN 解决方案通过 Overlay 隧道编排技术实现指定的隧道互联，比如通过配置即可让其不发生交叉互联，Overlay 构建结果为 2 条隧道，隧道 1 为总部互联网—分支互联网，隧道 2 为总部专线—分支专线。

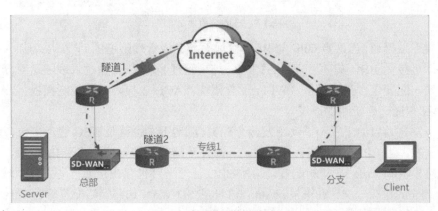

图 3-43　指定线路互联隧道建立

3.4.4 深信服 SD-WAN 工作原理

在深信服 SD-WAN 解决方案中，包括控制平面和数据平面两个平面。控制平面包含集中管理 BBC 的服务端控制面和 CPE 端的集中控制 Agent 两部分。整个控制平面由管理隧道、配置下发、状态上报三大模块组成。

在管理隧道模块，当 BBC 管理平台部署完成后，平台自动默认监控 TCP5000 端口（支持手动修改监听端口）用于分支站点 CPE 和管理平台的管理隧道。分支 CPE 通过 ZTP 开局自动加入 BBC 或者手动在分支端 CPE 输入 BBC 集中管理地址和该分支的管理账号、密码、预共享密钥后跟设备以及中心端 BBC 进行管理隧道的创建。

管理隧道创建后 BBC 可对分支 CPE 配置集中管理，此外 CPE 本身运行状态数据的上报也通过此管理隧道进行交互通信。整个管理隧道的通信传输采用的是 AES 加密的方式。整个管理隧道建立过程如图 3-44 所示。

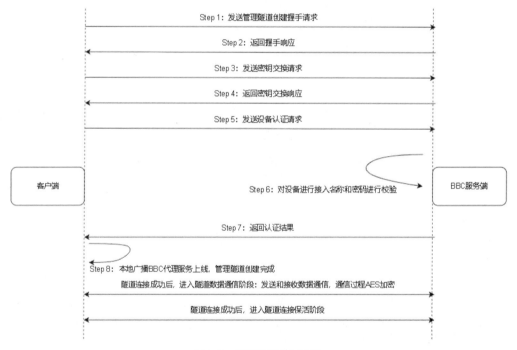

图 3-44　管理隧道建立过程

在配置下发模块，当站点 CPE 与 BBC 管理平台完成管理隧道的创建，成功加入 BBC 后，分支站点即可接受 BBC 集中管理平台的统一控制管理。BBC 可通过管理隧道对分支设备进行配置下发，配置包含策略模板（Wi-Fi 配置模块，ACL 模板，应用控制模板）、Auto VPN 和 SD-WAN 智能选路策略的下发。

配置下发分为自动下发和手动下发两个逻辑。自动下发也就是 BBC 管理平台自动向 CPE 进行配置下发。当 CPE 通过 ZTP 开局方式（邮件开局或云端开局）接入 BBC 后，会立即自动下发策略模板和 Auto VPN 的配置。此外 BBC 管理平台也存在定期自动下发逻辑，策略模板配置每 10 min 进行一次自动下发，Auto VPN 和 SD-WAN 选路策略配置每 30 min 进行一次自动下发。自动下发逻辑主要是为了解决在某些情况下（比如当网络故障时），主动下发失败的问题。当网络恢复正常时，定时下发自动将未下发的配置下发。当然如果是已经下发过配置的分支，BBC 不会自动向分支设备进行配置下发，自动配置下发仅仅针对当前 CPE 上的策略跟 BBC 集中管理平台的策略不一致的情况。

手动下发是指当 BBC 管理员在 BBC 上变更配置后，通过手动单击配置下发按钮进行配置的立即下发。手动下发可以针对单个设备进行配置下发，也可以针对整个策略模板所关联的全部分支的集中下发。

在状态上报模块，当分支 CPE 加入 BBC 集中管理后，会定期通过管理隧道进行设备本身的状态的信息上报，包含设备健康状态信息和 Overlay 隧道的状态信息，上报频率为每分钟上报一次，具体逻辑如图 3-45 所示。

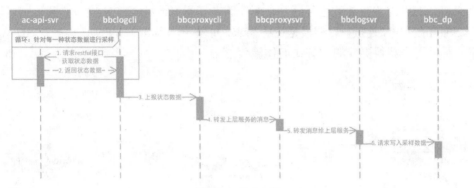

图 3-45　状态上报

当 Overlay 完成隧道构建之后，就开始使用数据平面，两边的业务如果需要实现 SD-WAN 智能选路，则需要把两边的路由宣告进 Overlay 平面，对于 Overlay 的路由学习方式，深信服支持手动配置和动态路由的方式。对于简单的场景，比如零售连锁、末端办公分支接入等，可以基于深信服特有的本地子网和隧道间路由的方式实现路由互通。两端只要建立 Overlay 隧道，两端各自配置自己的本地网段即可实现互相学习，无须配置复杂的路由交换协议。对于复杂的场景，比如银行、保险、证券、制造业生产分支，可以在 Overlay 网络内部运行动态路由协议（BGP/OSPF）实现控制层互通。

当 Overlay 完成隧道建立和路由学习后，整个数据平面按照如下逻辑进行数据运转，下面以分支访问总部的业务数据来说明 SD-WAN 的数据平台控制逻辑。

（1）SD-WAN 设备的 LAN 侧接口跟内网互联并且通过静态路由、动态路由或策略路由等多种方式把业务引流到 SD-WAN 设备。

（2）SD-WAN 设备接收到分支访问总部的数据之后，会校验访问数据的目标 IP 是否属于 Overlay 宣告网段，如果该数据的目标 IP 地址在查询路由后属于 Overlay 隧道路由，则 SD-WAN 设备会把该数据导入相对应的 Overlay 隧道。

（3）数据进入 Overlay 数据平面后，会先识别该数据的五元组和 DPI 信息，看该业务数据属于哪一种类型。

（4）确认业务数据的业务类型后，SD-WAN 设备会查询本地的 SD-WAN 策略是否对该业务下发了智能选路策略，如果配置了相对应的 SD-WAN 智能选路策略，则按照对应的选路策略选中一条合适的隧道进行数据传输，如果没有对该业务配置选路策略，则该业务数据默认选择兜底的 AutoGo 智能选路策略，在符合质量要求的隧道内按照负载逻辑选择一条隧道进行数据分发。

（5）当业务数据被匹配中某条具体的隧道调度后，SD-WAN 设备会对原始的数据报进行加密和隧道封装，传输包头改成相对应隧道的 WAN IP 传输给总部设备。总部设备接收到对应的数据报将其解封装后通过总部设备 LAN 侧接口发给总部内网进行业务访问。

（6）总部端回来的数据按照相同的逻辑进行处理，最终通过静态路由、动态路由等方式，将数据报分发至分支设备，完成数据的交互。

3.4.5 深信服 SD-WAN 技术实现

为了进一步让大家理解 SD-WAN 技术，本书将通过具体实例来说明其配置内容和实现过程。假设一个组织的总部和分支机构之间通过 SD-WAN 实现广域网互联，如图 3-46 所示，当前总部和分支机构各有 2 条运营商互联网线路，基于 Sangfor VPN 隧道协商机制可以同时创建 2×2 即 4 条 VPN 连接。后续根据业务需求，可基于当前 4 条 VPN 连接配置 SD-WAN 智能选路，帮助用户获得更佳的业务访问体验。

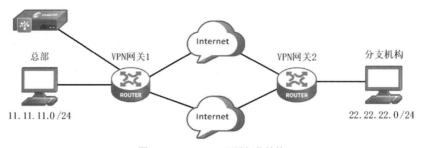

图 3-46　SD-WAN 配置拓扑结构

在图 3-47、图 3-48 中，11.11.11.0/24 和 22.22.22.0/24 属于私网 IP 地址空间，202.11.3.1/24 和 202.11.3.2/24 属于公网联通 IP 地址空间，114.11.3.1/24 和 114.11.3.2/24 属于公网电信 IP 地址空间。

图 3-47　配置 VPN 网关 1 的接口 IP 地址

图 3-48　配置 VPN 网关 2 的接口 IP 地址

　　按照拓扑图中的 IP 地址规划，为 VPN 网关的物理接口配置 IP 地址。为总部和分支机构的 PC 配置 IP 地址、子网掩码和默认网关。该步骤完成后，确保在网络中任何一台设备上能够 Ping 通对端设备接口的 IP 地址。VPN 网关 1 的外网口接口 IP 地址配置如图 3-47 所示。

　　VPN 网关 2 的外网口接口 IP 地址配置如图 3-48 所示。

　　IPSec VPN 正常工作的前提是必须与公网连通。图 3-47、图 3-48 中 VPN 网关 1 和 VPN 网关 2 的接口都连接到 Internet，必须保证 VPN 网关 1 和 VPN 网关 2 能够各自访问到对方的接口所配置的公网 IP 地址。具体路由的配置，在此部分不进行展开描述。在网络连通之后，即可开始进行 BBC 集中管理设备（即控制端设备）的配置。如图 3-49 所示，配置集中管理平台接口 IP 地址，集中管理设备的 IP 地址需要与 VPN 网关设备的 IP 地址互通。

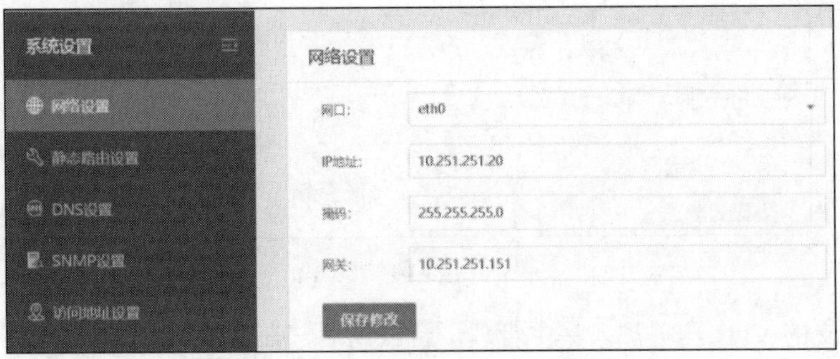

图 3-49　集中管理平台接口 IP 地址

　　通过集中管理设备对 VPN 网关设备进行统一管理，需要在集中管理平台为总部和分支设备创建接入账号和密码，实现分支设备加入 BBC 设备的安全保障。如图 3-50 所示，创建总部 VPN 网关 1 设备的接入账号信息，按照同样的方式创建 VPN 网关 2 设备的接入账号信息，用于设备接入。

图 3-50　创建设备接入账号

　　将网关设备加入控制端，需要登录 VPN 网关控制台，填写总部 BBC 管理员提供的访问地址、端口和分支点的密码、网点名称，即可成功接入 BBC。如图 3-51 所示，配置中心端接入地址为 10.251.251.20，端口号为 5000，并配置接入设备的名称以及接入密码，即可完成对接集中管理的配置。两台 VPN 网关均按照同样的步骤，使用不同的接入账号进行配置。

图 3-51　加入集中管理

　　总部和分支的 VPN 网关加入集中管理平台成功后，在 BBC 设备上进行显示，显示两个分支已经加入 BBC 集中管理中。后续的配置内容全部通过 BBC 设备来完成。

　　如果需要完成 BBC 的配置下发，需要在 BBC 端创建 VPN 拓扑，配置 VPN 总部设备的基础信息，选择对应的分支设备，其他信息由 BBC 自动生成，下发对应的 VPN 配置，自动实现 VPN 互联，简化总部设备的配置。如图 3-52 所示，在"VPN 总部"设备部分，选择 VPN 网关 1 设备，"认证方式"配置为账号密码认证接入，在"主 Webagent"部分，填写 VPN

网关 1 的两个公网地址，形式为 202.11.3.1;114.11.3.1:4009，并配置好本地子网信息。

图 3-52　基本信息填写

在接下来的一步中需要选择分支设备，如图 3-53 所示，在"VPN 分支端设备"部分，选择 VPN 网关 2 设备，单击"确定"按钮，即可完成所有配置。

图 3-53　VPN 配置

而后只需要将 VPN 的配置进行下发即可，选择新增的 VPN 拓扑下发 VPN 配置，立即下发配置至受控端网点即可，如图 3-54 所示，完成下发操作。

配置下发成功后，即可登录总部 VPN 网关设备，单击"VPN 运行状态"按钮，查看 VPN 隧道是否已成功建立，如图 3-55 所示，显示隧道已经建立成功。

图 3-54　下发 VPN 配置

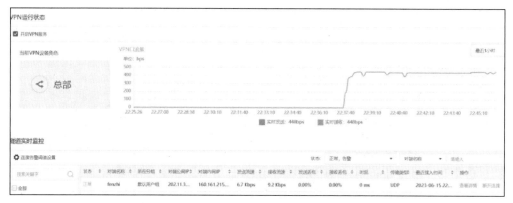

图 3-55　VPN 运行状态

单击"查看详情"可以看到 4 条 VPN 隧道已成功建立，如图 3-56 所示。

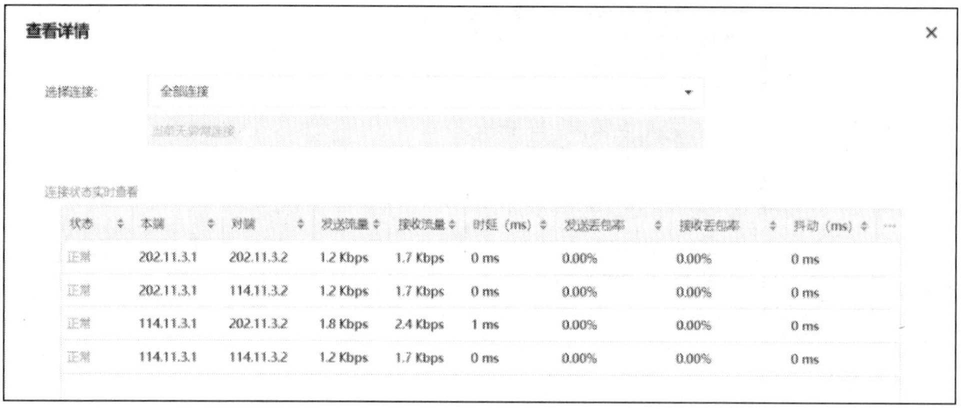

状态	本端	对端	发送流量	接收流量	时延 (ms)	发送丢包率	接收丢包率	抖动 (ms)
正常	202.11.3.1	202.11.3.2	1.2 Kbps	1.7 Kbps	0 ms	0.00%	0.00%	0 ms
正常	202.11.3.1	114.11.3.2	1.2 Kbps	1.7 Kbps	0 ms	0.00%	0.00%	0 ms
正常	114.11.3.1	202.11.3.2	1.8 Kbps	2.4 Kbps	1 ms	0.00%	0.00%	0 ms
正常	114.11.3.1	114.11.3.2	1.2 Kbps	1.7 Kbps	0 ms	0.00%	0.00%	0 ms

图 3-56　VPN 隧道状态

本章小结

本章讲解的内容为隧道 VPN 技术的原理和实现，包括 VPN 技术的产生和分类、IPSec VPN 技术、Sangfor VPN 技术以及 SD-WAN 技术等。

通过对本章的学习，读者应该可以掌握 IPSec VPN 和 Sangfor VPN 的基本配置，能够通过集中管理控制端，完成 SD-WAN 的简单部署。

本章习题

一、单项选择题

1. 下列 VPN 技术中，位于应用层的是（ ）。

A. SSL VPN　　　　　B. Sangfor VPN　　　　　C. IPSec VPN　　　　　D. PPTP

2. Sangfor VPN 使用的默认端口为（ ）。

A. 4500　　　　　B. 500　　　　　C. 4009　　　　　D. 5000

3. 分支和总部各有 3 个互联网出口，使用 SD-WAN 组网最多可以创建（ ）条隧道。

A. 1　　　　　B. 3　　　　　C. 6　　　　　D. 9

4. Intranet VPN 技术在应用分类上属于（ ）。

A. Client-LAN VPN　　B. LAN-LAN VPN　　　C. GRE VPN　　　　D. SSL VPN

5. 下列协议中，不属于 IPSec 框架内部的是（ ）。

A. 因特网密钥交换（IKE）　　　　　　B. 封装安全载荷（ESP）

C. 认证头（AH）　　　　　　　　　　D. RADIUS

二、多项选择题

1. VPN 的实现，需要很多技术的支持，以下（ ）是数据 VPN 的支撑技术。

A. 隧道技术　　　　　　　　　　　　B. 加解密技术

C. 密钥管理技术　　　　　　　　　　D. 身份认证技术

2. IPSec VPN 建立使用的两种安全协议分别是（ ）。

A. AH　　　　　B. ESP　　　　　C. RC4　　　　　D. SM3

3. IPSec VPN 建立的两种模式分别是（ ）。

A. 隧道模式　　　　B. 传输模式　　　　C. 加密模式　　　　D. 透明模式

4. 下列内容中，属于 Sangfor VPN 技术特性的是（ ）。

A. 自适应协议切换技术　　　　　　　B. 预创建多协议隧道

C. 质量探测与自适应切换　　　　　　D. 安全加密技术

5. SD-WAN 组网中典型的 Underlay 环境包括（ ）。

A. 互联网环境　　　　　　　　　　　B. 纯专线内网环境

C. 专线+互联网混合组网环境　　　　　D. 单专线线路环境

三、简答题

1. 简述 IPSec VPN 和 Sangfor VPN 的差异。

2. 简述什么是 SD-WAN 概念。

3. 简述 SD-WAN 技术的使用场景。

▶▶▶ 第 4 章

终 端 安 全

近年来，以勒索病毒为首的终端安全问题频发，给企业和组织的网络安全带来了很大的挑战。迫切需要通过一些终端安全技术和产品，来解决这些问题。终端安全是指保护计算机终端或者服务器设备免受各种威胁和攻击。终端设备包括计算机以及其他连接到网络的设备（如物联网设备）。终端安全的目标是防止未经授权的访问、数据泄露、恶意软件感染等安全事件的发生，并保护用户的个人隐私和机密信息。终端安全技术涉及多个方面，如身份验证、访问控制、加密通信、恶意软件检测与防护等。

本章学习逻辑

本章主要进行终端安全概述，介绍深信服终端安全产品 EDR 的基本部署和客户端使用、终端运维管理技术、终端安全防护技术以及微隔离与联动技术，本章思维导图如图 4-1 所示。

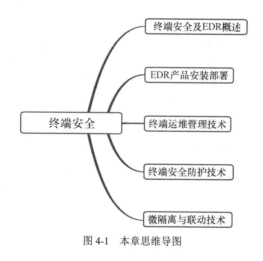

图 4-1　本章思维导图

本章学习任务

一、了解终端安全的现状及安全挑战。

二、了解终端安全产品的形态和基本功能。

三、了解终端安全服务端以及客户端的基本部署。

四、掌握使用终端安全管理平台，实现终端运维和管理的功能。

五、掌握使用终端安全管理平台，实现对终端进行基本的安全防护的功能。

六、掌握使用终端安全管理平台，实现防病毒以及防勒索的功能。

七、了解微隔离以及联动技术。

4.1 终端安全及 EDR 概述

终端检测与响应（Endpoint Detection and Response，EDR）是一种终端安全解决方案，旨在帮助组织发现、调查和响应对终端设备的威胁。EDR 通过监控终端设备上的活动，收集威胁相关信息，并提供分析工具和响应功能来帮助组织对威胁做出反应。

4.1.1 终端安全问题背景

近年来，传统的病毒木马攻击方式还未落幕，层出不穷的高级攻击事件不断上演，勒索病毒、挖矿木马等安全事件频发，如 WannaCry 爆发造成全球 150 多个国家和地区的 30 多万用户受到影响，经济损失达 80 亿美元。而 GlobeImposter 病毒的传播，导致国内医疗、金融与教育等行业深受其害，严峻的安全形势给企业造成了严重的经济损失和社会影响。

从外部威胁和事件影响角度来看，随着攻防新技术的发展和应用、APT 与未知威胁的增多、0day 漏洞频繁爆发等造成网络安全威胁和风险日益突出，网络安全事件的影响力和破坏力正在加大，并向政治、经济、文化、社会、国防等多领域传导渗透，对网络空间安全建设提出了更多的挑战与要求。

新时代下企业级终端安全面临严峻挑战，相较于个人终端而言，企业终端、数据等资产价值更高，由终端、服务器等不同软硬件所组成办公局域网，带来更为复杂的病毒来源、感染、传播途径，因此，企业用户面临更为严峻的终端安全挑战。

首先，人工运维成本增长。传统终端安全产品以策略、特征为基础，辅以组织规定以及人员操作制度驱动威胁防御，高级威胁一旦产生，将会不可控地传播，势必带来人工成本的几何级增长，且对企业运维人员专业性要求极高，有效应对威胁难度大。

其次，基于特征匹配的病毒检测方式无法有效抵御新的威胁。基于病毒特征库方式进行杀毒，在高级威胁持续产生的大环境下，呈现被动、后知后觉等检测特点，无法及时有效防御新威胁。另外，网络攻击手法不断进化，人参与的攻击行为增多。传统的基于特征库、静态文件的检测已对此类复杂攻击失效，而 APT 攻击则可轻松绕过传统杀毒软件、传统终端安全的防护机制。

再次，病毒特征库数量的增长加重主机运算负载。本地病毒特征库数量日益增多，消耗终端存储、运算资源，防御威胁过程已严重影响用户日常办公。

最后，网络和终端两侧安全产品无协同机制，造成安全事件难闭环、易反复。网络侧安全产品基于流量、域名进行检测，终端侧安全产品则基于文件、进程、行为等进行检测。检测机制不同则对威胁的检出结果不同，网络和终端两侧无协同则无法查到威胁的根因（终端侧的风险进程、文件等）。

4.1.2 终端安全概述

在当前的安全形势下，传统杀毒解决方案无法做到高效拦截病毒和恶意入侵，特别是在 APT 攻击下，用户甚至长期感知不到安全威胁的存在，EDR 技术和产品正是为解决这种问题而产生的。

EDR 技术的兴起，使得全球涌现出一批新的终端安全厂商，而传统的终端安全厂商也在融合这类技术。具体来说，下一代终端安全公司提供基于机器学习算法的产品，用以封堵传统及新兴的威胁。传统终端检测和响应厂商，则重在监视 PC 行为，查找异常活动。

传统杀毒软件"见招拆招"式的响应已经对新威胁、高级威胁失效。基于静态文件的检测方式只能在病毒母体文件落地后才介入查杀，而对于威胁是怎么进入内网的、进入后对终端做了哪些操作、危害面有多大，以及是否还有潜伏的攻击行为等都无法判断。IT 运营人员做重复式查杀，无法了解威胁、攻击发生的根本原因。攻击者可利用脆弱面再次发起攻击，或者利用潜伏在内网的残留威胁，等待合适时机卷土重来。新网络环境下的攻击手法日渐高级、人参与的攻击行为增多，终端安全防护功能需要"知其然，也知其所以然"，了解攻击者的行为和意图，知道终端脆弱面，从而进行针对性加固，从源头保护终端安全。

4.1.3　深信服 EDR 介绍

在本书中，以安全厂商深信服的终端产品为例，讲解 EDR 的功能和原理。EDR 软件支持防病毒、入侵防御、防火墙隔离、数据信息采集上报、安全事件的一键处置、安全联动等功能。

深信服 EDR 由管理平台与客户端组成。通过管理平台进行统一的终端资产管理、终端安全体检、终端合规检查，全面采集终端侧系统层、应用层行为数据形成日志，然后将相关日志以及信息上报至平台做关联分析，对攻击事件进行精准研判，最终以可视化的攻击进程链展示攻击过程。EDR 内置威胁狩猎功能，可基于全面采集到的数据，细粒度地对全网终端做狩猎查杀，猎捕残余攻击。微隔离的访问控制策略和统一管理，实现安全事件的一键隔离处置。同时深信服的 EDR 产品也可以与自家网络侧安全产品（如 NGAF、AC、SIP（安全感知平台），以及 XDR 平台）进行深度联动，打通网络与终端数据，让网络与终端安全产品协同，促进安全事件闭环，形成新一代的联动防护体系。

EDR 产品的防护体系以预防、防御、检测与响应这 4 个维度的能力来提供事前、事中与事后的服务。聚焦新威胁的有效检出与调查举证，更早发现威胁，更快响应。实现威胁驻留时间最小化的目标，即 EDR 的安全理念。

在事前防御阶段，为用户提供对终端的全网清点、风险梳理、漏洞补丁管理、安全基线核查、可信加固、微 USB 设备管控等防御功能，提前梳理安全风险，尽可能减少这些脆弱点可能在未来带来的安全问题。

在事中检测阶段，使用漏斗式检测、AI SAVE 人工智能检测引擎、勒索病毒专项防护、高级威胁行为检测、微隔离一键封堵隔离终端等能力，最大限度保障终端安全。

在事后闭环阶段，结合网络侧安全产品，XDR 平台云端等为用户提供联动闭环、全网威胁定位、威胁事件溯源针对性加固、威胁狩猎等功能。

图 4-2 所示为 EDR 安全系统的数据处理流程，在整个流程中，包含终端 Agent、EDR 管理平台、云端安全云脑三大部分。终端 Agent 包括内核态及用户态部分，通过实时收集系统动态行为，对行为对象进行实时检测，实时发现威胁并根据安全策略进行相应处置。EDR 管理平台负责云端的威胁查询及缓存管理，为终端提供快速的查询服务。云端安全云脑用于分析终端 Agent 在客户端侧采集到的海量数据，经过有效聚合后上传至平台。借助云端算力对

用户真实环境数据做上下文关联，最终精准分析出攻击行为。此高级威胁检测机制能有效减少误报，提升对新威胁的研判精准度。此外，云端安全云脑也为全网在线安全设备提供文件沙箱服务，以及文件、DNS、IP 等威胁情报服务，为已知或未知威胁检测提供有力支持。

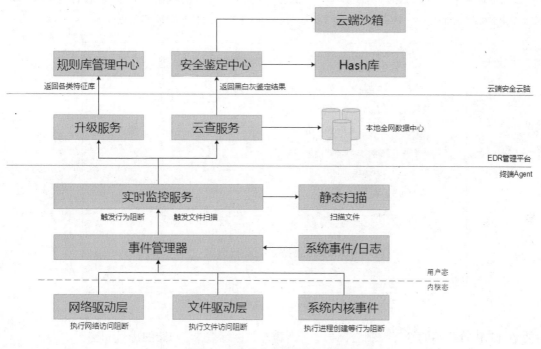

图 4-2　EDR 安全系统的数据处理流程

4.2　EDR 产品安装部署

终端安全管理系统方案一般由轻量级端点安全软件 Agent 和管理端组成。通常 EDR 管理端有软件和硬件两种形态，软件管理端部署在 Linux 服务器上，是目前最主流的交付方式；硬件管理端旁路接入企业网络，负责集中管理所有 Agent。Agent 安装在每台终端上。EDR 管理端通过公网与云端安全云脑联动，内网每台终端 Agent 与 EDR 管理系统联动，实现为本地终端用户提供准确的安全情报。

EDR 软件管理端支持在物理服务器环境以及虚拟化环境进行部署。在真实的物理环境中，会使用 ISO 镜像的方式进行系统安装。利用虚拟化环境方式，通过导入管理端的镜像模板，即可完成部署。在完成管理端的部署后，仅需要在终端上部署 Agent。Agent 支持安装在 Windows PC、Windows Server、Linux 及 macOS 等操作系统中。为确保 EDR 各项功能正常使用以及各类库的更新，通常需要保障 Agent 到管理端的连通性、管理端到云端服务器的连通性。

4.2.1　管理端虚拟化部署

在进行 EDR 管理端虚拟化部署时，首先需要获取虚拟化的镜像包，镜像包可以从深信服社区下载。在社区中，选择格式为 OVA 的虚拟化安装包，该类型的安装包适用于 VMware、HCI 等虚拟化场景。

在获取镜像包之后，通过虚拟化环境导入的方式，创建 EDR 管理端主机，如图 4-3 所示，导入过程配置保持默认即可，在"网卡"部分选择需要桥接的网卡。需要注意的是，管理端第一块网卡默认地址为 10.251.251.251/24，需要确保管理端可以与之互通。

图 4-3　EDR 管理端虚拟化环境导入

在 EDR 管理端的管理控制台，通过浏览器方式进行登录，初始的账号和密码均为 admin，在登录控制台后，通常需要完成管理地址的配置、静态路由的配置以及 DNS 的配置，确保设备可以正常访问互联网，并且可以进行域名解析，管理端更新病毒库等需要能够解析域名。在很多业务场景下，管理端不具备接入互联网的条件，此时需要进行更多手动操作，从而需要投入更多的人工成本。因此，在此类产品交付应用的时候，建议至少保障管理端可以访问互联网。

4.2.2　管理端镜像部署

考虑到一些组织中未使用虚拟化技术，对于 EDR 的管理端，也可以选择使用镜像部署的方式。ISO 镜像部署基于 CentOS 系统镜像，其内嵌 MGR（MySQL 组复制）安装包，即安装该 ISO 镜像后，便自动部署 MGR，并且在安装完 ISO 镜像对应的操作系统后，EDR 管理端会一并安装并启动。ISO 镜像的安装支持物理服务器环境和虚拟化环境，按照正常操作系统安装的步骤进行安装即可。安装完成后的操作与虚拟化环境导入后的操作是一致的，需要使用 Web 界面，进行访问与管理。

安全厂商对于该 ISO 镜像会进行深度的测试和安全问题处理，在发布前会进行多种渗透扫描，安装最新系统补丁，可以消除客户因使用存在漏洞的第三方系统（较为老旧、没有维护的 Linux 系统）引入的安全问题。

除了软件部署方式外，安全厂商也会直接提供硬件的安全设备供用户使用，使用硬件设备的方式，可以省去设备安装系统的时间。但是需要将设备进行上架部署，灵活性不及软件部署方式。但无论是硬件设备部署还是 ISO 镜像部署，最终的效果是一致的。

4.2.3 客户端部署与卸载

EDR 要求在用户终端上安装 Agent，用于执行 EDR 的各类策略。针对 Agent，常见的部署方式有 5 种，分别是安装包部署、网页推广部署、设备联动部署、虚拟机模板部署、域控部署。Agent 部署，重点需要考虑兼容性问题，有时同一个终端上可能会存在多个厂商的 Agent，其具体兼容性需要咨询相关厂商。

1. 安装包部署

安装包部署是最普通和标准的部署方式，需要管理员下载 Agent 安装包，通过 U 盘等移动介质或者通过网络传输的方式，将其导入或者传输到终端，然后进行安装部署。在传输过程中，需要注意不要对程序的名称进行修改，一般情况下，客户端的名称会与服务端的 IP 地址绑定，在安装过程中，会基于名称中的 IP 地址进行服务端连接。

如图 4-4 所示，安装包部署方式，支持下载器部署和静默包部署。下载器部署方式，会引导终端用户完成安装部署过程，如进行安装路径选择等。在静默包部署开始安装后，用户只需进行等待，后续所有的过程全部由程序自动完成。

图 4-4　EDR 安装包部署

由于使用安装包部署的方式，管理员需要人为地进行软件的分发，因此不适合进行大批量用户的部署，如果使用的终端数较少或者组织规模较小，可以使用此种方式进行部署。在使用下载器部署的方式时，需要按照普通程序的安装过程进行操作。如图 4-5 所示，用户在安装 Agent 时，需要进行免责声明的选择和安装路径的选择等配置。

真实的 Agent 安装过程，与我们常见的软件安装流程基本无异，需要注意的是，当本地的终端环境中存在其他安全程序的时候，可能会存在安装拦截的问题。通常终端安全类的程序代码都会注入驱动层，而终端安全程序会对这类操作进行严格的检测和控制。为避免此类问题，可以在安装前临时退出已有的终端安全程序。

2. 网页推广部署

安装包部署方式，存在大量分发困难的问题，因此基于对分发软件效率的考虑，有其他方式可以选择。Agent 网页推广部署是较为常用的自动分发方式，管理员发布部署通知的 Web

页面，将发布页链接通过邮件、OA 等方式发送至终端，终端用户自行下载 Agent 安装包进行安装部署。这种分发方式更多依靠客户现有的发布平台和工具，如果客户内部不存在类似平台或者工具，则无法进行分发。图 4-6 所示为 EDR 网页推广部署。

图 4-5　EDR 客户端安装

图 4-6　EDR 网页推广部署

终端用户在获取下载链接后，通过浏览器直接打开下载链接，就可以看到不同操作系统对应的 Agent。下载完成后，按照标准的步骤进行客户端程序的安装即可。这种推送下载链接的方式仅支持具备图形界面的操作系统，如果终端环境为命令行系统，则需要使用其他方式进行安装包获取。

3. 设备联动部署

除了使用组织内部的应用平台外，还可以使用类似行为管理设备的产品，将 EDR 与全网行为管理设备进行联动，通过准入规则对终端环境进行检查，如检查终端未安装 Agent，当用户打开网页时，被全网行为管理设备重定向至 EDR 的准入设备联动部署页面。如图 4-7 所示，此界面包含 Agent 的下载链接。

用户上网时，会自动打开此界面，要求用户下载 Agent。下载完成后，引导用户进行安装，直至终端成功安装 Agent，终端才能通过全网行为管理的准入检测，正常访问网络。设备联动部署方式与网页推广部署方式类似，但是设备联动部署方式，具备检测的功能，强制要求客户端程序的安装，具备更强制的推广性。

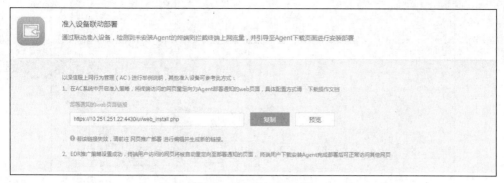

图 4-7　EDR 设备联动部署

图 4-8 所示为联动时全网行为管理设备的配置内容，在违规处置的策略中，选择"定期重定向至指定网址修复"，并在重定向网址中，填写由 EDR 管理平台生成的下载链接，设置好重定向间隔时间，定期进行重定向操作，终端在未安装 Agent 的情况下，会自动触发周期性的 Web 页面重定向。

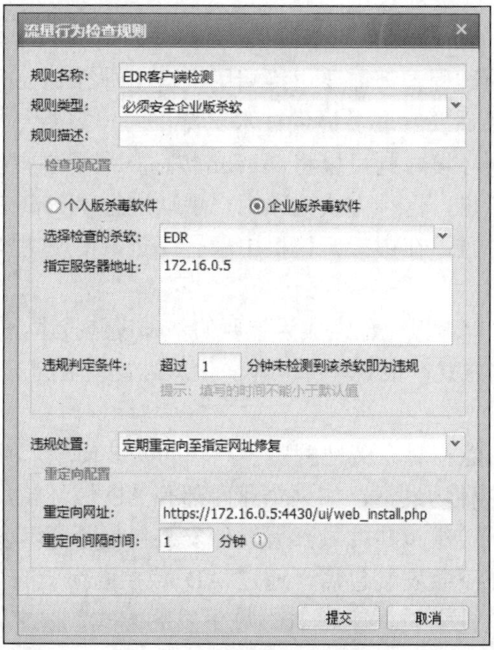

图 4-8　EDR 设备联动部署配置

图 4-9 所示为终端触发重定向策略后，显示的 Agent 下载的界面，而此界面的链接，就是重定向的网址链接。在此界面中，可以根据操作系统的类型，选择对应的客户端进行下载，按照正常的软件安装步骤进行安装即可。

如果组织的网络设备环境条件满足，推荐使用设备联动部署方式进行 EDR 的推广和安装，可以有效地确保终端安装的完整性，避免遗漏。在企业中，网络运维人员经常会遇到的问题就是，管理要求和策略下发了，但是用户执行不足，而造成各种安全问题。此时，通过技术手段解决问题是管理策略落地的强力支撑。

图 4-9 EDR 设备联动部署效果

4. 虚拟机模板部署

上述几种终端部署的过程，都需要由终端用户自主进行 Agent 的下载和安装，对于软件安装不熟悉的用户，还需要管理员提供技术支持，同样需要一些人工维护的成本。如果用户的环境存在虚拟化的环境，则可以将 Agent 提前部署于虚拟机的模板中，根据需要进行派生，创建用户的虚拟机，这种方式无须用户手动进行 Agent 的安装，可大大减少管理员与终端用户的交互。并且，在虚拟机模板中部署 Agent 的过程与在物理终端中部署是一致的。

在当今的企业组织中，虚拟化已经成为重要的基础设施技术，大部分企业都配备了虚拟化的环境，借助虚拟化的方式在很大程度上能简化运维管理员的工作。

5. 域控部署

虚拟化的方式，虽然能相对完美地解决客户端的安装问题，但是目前有一些企业组织，还在使用物理终端，在这种场景下，如果企业内部有 AD 域环境，终端受 Windows AD 域控统一管理，可以通过域控组策略批量部署软件安装包进行静默安装。图 4-10 所示为 AD 域环境下推送安装包，在下载安装包后，通过 AD 域控的组策略，进行软件的下发，通过静默安装的方式，实现软件安装。针对 AD 域下发的方式，要求管理员对微软域控有一定的技术储备。

图 4-10 AD 域批量部署

除了上述较为通用的安装方式外,还具备其他的安装方式,如通过桌面管理系统安装等方式,具体需要看组织具备的条件。另外,在分发和安装过程,不同操作系统可能会存在差异,Linux 和 macOS 等操作系统无法与 AD 域直接结合。所以针对具体的操作系统情况,需要根据实际的场景环境,进行部署方式的确定。

6. 客户端 Agent 卸载

Agent 在安装完成后,如果与本地某些程序存在兼容性问题,则需要进行退出或者卸载,退出或者卸载支持在本地直接执行操作,也支持在 EDR 的管理端,由管理员进行指定终端的客户端卸载。由管理端卸载,对于终端用户来说是无感知的,可以批量进行操作。

但是从安全角度考虑,Agent 在终端正常运行过程中,是不应该被退出或者被卸载的,因此 EDR 一般会内置防卸载或者防退出的功能,以确保终端环境处于实时的被保护状态。实现这一功能的方式是,终端卸载或者退出 Agent 时,需要先获取防卸载密码或者防退出密码(防卸载密码由管理员在管理平台设置)。Linux 终端是无图形化界面的,所以从 Linux 终端卸载或从 MGR 管理平台卸载均无须防卸载密码。图 4-11 所示为程序退出时,提示需输入防护密码。

图 4-11　EDR 客户端防退出和防卸载控制

程序防退出与防卸载的功能,是各类企业级终端安全程序所必备的功能。在过去,经常会出现用户私自卸载终端安全程序的问题,一旦程序被卸载或者退出,终端将会处于无保护状态。此时若有恶意病毒传播,则会对内部企业网络带来很大的影响。因此,设置防退出密码与防卸载密码,极为重要。

4.3　终端运维管理技术

终端运维管理是指对企业或组织的终端设备进行运维管理的技术方法和工具。终端运维管理技术的目标是确保终端设备的正常运行和高效利用,提高工作效率和安全性。终端安全 EDR 设备,具备完善的终端运维管理功能。

4.3.1 终端发现技术

企业内网计算机数量多，不同部门计算机系统版本不一样，不同终端类型需要配置的安全策略也不一样，管理员缺少一种对全网计算机进行管理的方式，这给运维带来不便。基于对终端的管理需求，EDR 支持对终端设备进行分组管理，EDR 终端分组采用树形组织结构，能根据客户不同需求对终端进行灵活分组，如按业务部门、按终端类型（客户端和服务器）等进行分组，并且可以以分组为单位配置个性化的安全策略，从而做到对内网众多计算机进行分类管理，方便运维。分组不多的情况下可以使用手动新增分组的方式进行分组创建。当分组较多时，可以使用表格制作好分组信息，然后导入 EDR，提高配置的效率。EDR 分组也可以根据客户端 IP 地址，自动匹配分组，从而减少管理员工作量。

在终端计算机数量很多的情况下，管理员很难知道哪些终端未安装 Agent 进行防护，从而带来潜在的安全风险。终端发现功能可以帮助管理员发现内网没有安装 Agent 的计算机，及时做好安全防护，降低风险暴露面。EDR 系统集成了 Nmap 扫描工具实现终端发现功能。管理员触发内网扫描对内网终端进行活跃探测，扫描返回结果中的 IP 地址说明主机是活跃的，EDR 系统将活跃的主机 IP 地址和 EDR 管理平台中在线的终端 IP 地址进行比较，得出 EDR 管理平台中不存在的活跃主机即未安装 Agent 的终端。

如图 4-12 所示，发起扫描设备可以选择 EDR 管理平台或者已经安装了 Agent 的 Linux 终端（不能是 Windows 终端）。如果扫描范围大，为了加快扫描速度，建议设置由多个已经安装了 EDR 客户端的 Linux 终端发起扫描。在图 4-12 中，扫描网段为 172.16.0.0/24 和 192.168.0.0/24 两个网段，网段的范围和数量越大，扫描的总时间会越长。

图 4-12 终端发现扫描

完成扫描操作后，会显示所有的未安装 Agent 的终端，如图 4-13 所示，在 172.16.0.0/24 网段存在多个未安装 Agent 的主机，这个时候需要通过管理员进行人工判断，如果 IP 地址对应的机器，需要安装 Agent，则需要通过前述的方式进行安装。如果 IP 地址对应的机器为特殊类型的设备，如工控设备等，或者是一些操作系统类型不支持的设备，则可以选择忽略操作。

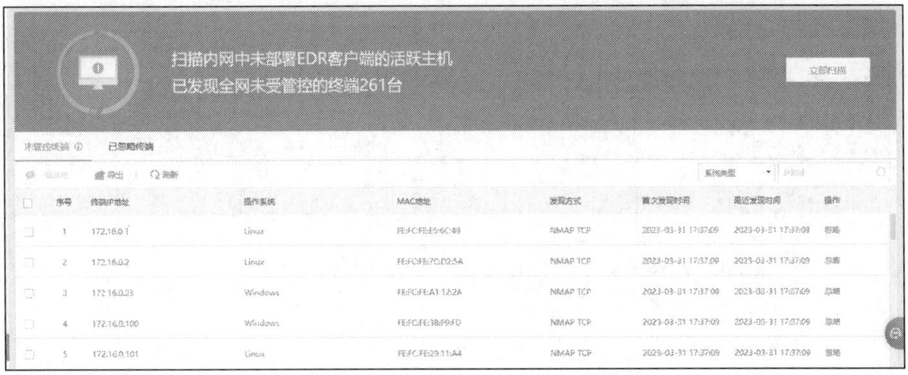

图 4-13　终端发现扫描结果

　　对全网终端进行一键检测、扫描，快速发现和筛选未部署 Agent 的终端，并下发安装部署通知，可以帮助客户提前预知未受安全保护的终端，降低风险。因此，即使已经在全网终端上进行了 Agent 的安装，为避免有遗漏，也同样建议执行终端发现扫描的操作。

4.3.2　终端清点技术

　　随着互联网的飞速发展，组织业务与架构也越来越复杂，终端种类繁多，包括 PC、服务器、云桌面等众多资产，需要对所有资产进行统一、全面的管控。对资产"看得清、理得清"已成为 IT 系统日常安全建设的重要内容。通过 EDR，用户无须额外采购资产管理的软件，即可实现看清、理清终端信息。终端清点功能能够帮助管理员看清全网主机资产全貌，理清全网主机风险暴露面，从而削减全网主机攻击面。

　　终端清点是指由客户端 Agent 读取终端操作系统信息、已安装的应用软件信息、开放的监听端口信息、终端的系统账号信息和终端硬件信息，上报给 EDR 管理平台进行集中展示和分析，方便管理员可以从终端视角，也可以从资产视角进行资产管理。

　　终端清点可以展示终端操作系统、CPU 和内存占用情况，以及终端基本信息、运行信息、应用软件和监听端口信息等，管理员可以通过应用软件清点了解全网主机所安装的软件是否都符合组织授权要求。可以根据软件类型、软件厂商搜索组织内部哪些主机安装了组织禁止使用的软件。

　　管理员可以查看所有安装了这款软件的主机详情，可以通知主机进行整改。管理员可以通过终端账号功能，全面了解企业内网主机的账号风险情况（如是否存在隐藏账号、弱密码账号、可疑 root 权限账号、长期未使用账号等）并可以将存在风险账号的主机信息导出为 Excel 表格，并通过邮件或其他方式通知相关责任人进行自查和整改（或配合 EDR 的主机隔离功能，对未能在规定时间内整改完成的主机进行断网隔离）。通过监听端口功能，可以对管理终端所监听的端口进行统计并展示，同时针对风险端口有特殊的展示效果。图 4-14 所示是在终端清点中终端的各类信息的情况。

　　终端清点可以让管理员以全局视角管理信息资产，自动梳理终端内部操作系统、软件、账号、端口等多类型资产，并汇总统计，进行可视化的展示，使终端资产一目了然。并且在通常的情况下，终端清点功能支持跨平台的统一管控，支持市面上各种主流操作系统（RedHat、CentOS、SUSE、Ubuntu、Windows 等），支持云环境、虚拟化环境、本地环境等各种混合环境。

图 4-14　终端清点

4.3.3　终端基线检查技术

　　网络安全等级保护标准已经成为国内企业信息安全建设的标准。国家规定，关键信息基础设施行业（如金融、教育、能源、交通等）的信息安全建设必须通过等级保护测评。而网络安全等级保护从物理安全、网络安全、主机安全、应用安全、数据安全、安全管理等方面对信息安全建设提出了相应的规范要求。

　　如果需要对用户的业务系统进行等级保护测评，那么业务系统当前安全状态与等级保护安全要求之间的差距在哪里，需要由用户梳理出来，进行整改。EDR 的基线检查功能可根据三级等级保护合规性要求对 Windows 和 Linux 系统进行合规性检查，帮助用户发现内网不合规终端及其他不合规项，并提供加固整改建议。

　　图 4-15 所示是基线检查功能对于 Windows 操作系统和 Linux 操作系统的检查内容。身份鉴别合规项检测，主要包括用户登录身份标识鉴别策略、登录失败处理策略和远程管理策略，用于确定用户访问身份是否安全。访问控制合规项检测，用于对操作系统默认用户进行检测，如对管理员的默认用户名或者默认密码进行检测，确保操作系统不使用默认的用户名以及密码进行登录，降低安全风险。安全审计合规项检测，包括安全审计策略和审计日志功能，主要目的是对操作系统内部的日志配置情况进行检测，确保需要记录的日志已被记录。入侵防范合规项检测，用于检测非必需的系统服务、共享以及开放的端口等，尽可能减少非必要端口的开放，尽可能关闭不使用的服务，尽可能缩小系统的暴露面，是规避网络攻击的有效手段。恶意代码防范合规项检测是针对操作系统内部病毒防护功能的检测，确保操作系统内部的文件处于安全状态，避免受到病毒的损害。剩余信息保护合规项检测，用于保护内存中数据的安全，如关机清除内存数据等。

　　对于 Windows 和 Linux 系统中的每项安全策略，检查到具体内容不符合安全性要求时，以红色和感叹号图标显示，如图 4-16 所示。针对不合规的内容，EDR 将提供调整建议，管理员可以根据提示，进行终端环境的安全加固配置，确保满足合规要求。

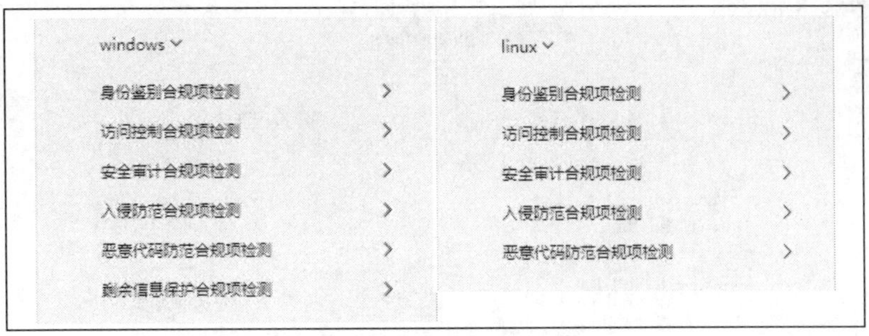

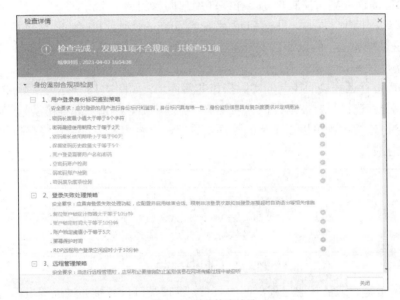

图 4-15　基线检查内容

图 4-16　基线检查结果

4.3.4　终端管理功能

除了在前文中描述的功能外，在终端管理方面，终端安全 EDR 产品具备其他更加丰富的功能，如远程桌面控制、广告弹窗拦截、流氓软件防护、针对外设（USB 硬件）的管控和违规外联检测等。

1. 远程桌面控制

在企业中，管理员经常需要对用户的终端进行维护，很多时候需要到用户现场去解决终端的软件或者设置问题，但是在单位中，终端会位于不同的位置、不同的楼层，这就导致管理员花费了大量的时间在寻找用户和终端位置上，而无法投入更多的精力去处理终端的问题。此时使用远程桌面控制功能可以提高工作效率。被 EDR 管控的终端，可以直接被管理员远程控制，并且这种方式相比传统的远程方式，更加方便和安全。EDR 远程控制的方便之处在于终端用户无须进行各类信息（如密码和 IP 地址）的反馈，管理员可以直接发起并建立远程连接，安全之处在于在管理员远程连接过程中，可以根据需要选择性地设置连接校验过程。

其原理如图 4-17 所示，Agent 默认附带 Ultra VNC 服务端程序，管理员通过在 EDR 管理平台发起远程连接，自动下载运行 Ultra VNC 客户端程序，实现远程控制。

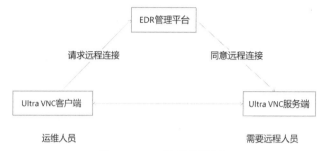

图 4-17　EDR 远程桌面原理

使用 EDR 的远程桌面控制功能，在终端用户同意的情况下，1～2 分钟内可快速建立远程连接，实现远程控制。同时，只有 EDR 系统的 admin 管理员和安全管理员具有远程控制权限，整个通信过程加密，所以非常安全。在建立远程连接后，基于 VNC 的连接方式，应用软件运行流畅度较高。

通过 EDR 进行远程桌面控制的实际操作非常简单，如图 4-18 所示，在 EDR 的管理平台的终端管理部分，选择需要被远程控制的终端，在选中后，单击"远程协助"，即可触发对终端的远程连接。连接过程可以由平台的管理员设置，是否需要经过被控终端机器确认后才能进行远程桌面控制。

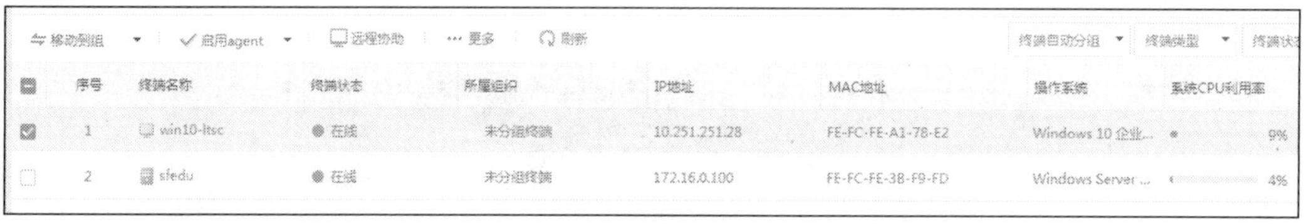

	序号	终端名称	终端状态	所属组织	IP地址	MAC地址	操作系统	系统CPU利用率
☑	1	win10-ltsc	在线	未分组终端	10.251.251.28	FE-FC-FE-A1-78-E2	Windows 10 企业...	9%
☐	2	sfedu	在线	未分组终端	172.16.0.100	FE-FC-FE-3B-F9-FD	Windows Server ...	4%

图 4-18　EDR 远程桌面过程

图 4-19 所示是管理员获取远程桌面的效果，管理员可以直接通过远程桌面进行操作，效果与在本地终端的效果无差异。

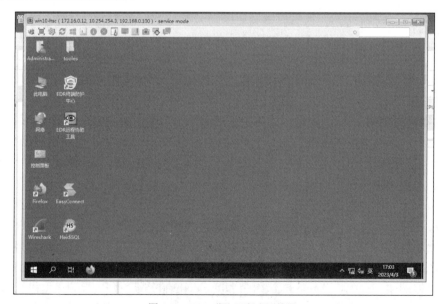

图 4-19　EDR 获取远程桌面效果

2. 广告弹窗拦截

在我们日常使用计算机终端的过程中，经常会出现一种情况，那就是广告弹窗。广告弹窗在多数情况下由用户安装的捆绑软件而来，这些软件自带广告弹窗功能，给用户的办公带来很大的干扰，严重影响工作效率。特别是教育、政府行业，希望能够对终端进行一键弹窗拦截，减少垃圾信息的干扰，为用户提供一个纯净的工作环境。目前，很多安全程序具备弹窗拦截的功能，在 EDR 中同样如此。图 4-20 所示为终端上的广告弹窗，它覆盖屏幕后，将影响办公体验。

图 4-20 终端广告弹窗

EDR 广告弹窗拦截功能的原理，是对桌面的所有窗口进行扫描，匹配本地的弹窗拦截规则，若匹配成功则进行拦截，并记录拦截日志。整个拦截过程主要由管理平台和客户端两部分实现，通过管理平台实现广告弹窗策略的下发，以及规则库的及时更新，来保障拦截效果，Agent 则负责弹窗拦截的执行并记录，最终有效地实现对广告弹窗的拦截。

图 4-21 所示为广告弹窗拦截流程，在开启弹窗拦截后，在任意程序的窗口打开时，Agent 都会进行遍历检查，将弹窗程序与规则库进行对比，一旦发现匹配，则会直接"杀死"弹窗进程，如果未发现匹配情况，则允许该程序窗口运行。

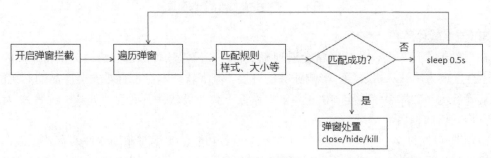

图 4-21 广告弹窗拦截流程

EDR 广告弹窗拦截功能依赖规则库的覆盖面，规则库越全面，拦截效果会越好。此外，还可以依靠用户自定义来添加拦截，对于未被成功拦截的广告弹窗可自行添加拦截，即时生效。针对终端广告，可以进行智能拦截，即通过对全网广告智能监测分析，对广告来源进行分类，在终端自动识别弹窗并全面过滤终端广告弹窗、恶意程序广告弹窗，并进行一键拦截。并且终端用户可以在客户端自主查看详细的拦截信息，包括拦截次数、内容等。在终端可以上网的情况下，支持在线更新规则，快速迭代发布，提升广告拦截面和准确度。

图 4-22 所示为广告弹窗拦截配置，在 EDR 管理端，只需要勾选"开启广告弹窗拦截"，在客户端上则会自动生效，无须管理员进行其他的操作。

图 4-22　广告弹窗拦截配置

如果在客户端侧进行操作，需要进入客户端的系统工具中进行开启广告弹窗拦截，如图 4-23 所示，进入广告弹窗拦截菜单，然后选择启用即可。

图 4-23　广告弹窗拦截客户端配置

3. 流氓软件防护

在日常工作过程中，我们经常会遇到流氓软件，流氓软件除了会给办公网带来风险入口外，还会严重占用计算机资源，影响业务的开展。流氓软件本身带有对安全产品的对抗能力，也有病毒行为（破坏系统稳定、占用资源、偷偷下载各类软件、篡改浏览器引流等），有的甚至会在内网横向传播。

EDR 可以通过 AI 引擎结合流氓软件专项拦截功能，实现对流氓软件的有效拦截，也可自定义添加流氓软件，以应对不同场景。针对已经安装成功的流氓软件，可以实现一键强制卸载，还原清爽的桌面环境，并且操作过程简单易懂、上手容易。

流氓软件拦截防护的原理有两类，一类是 AI 引擎检测拦截，另一类是专项拦截功能。AI 引擎检测到有恶意行为（证书无效、可疑 URL 外链）的进程或文件时，会及时地阻断流氓软件的安装过程。

专项拦截功能是指通过及时更新的规则库，扩大覆盖面，提升拦截效果，帮助用户获取最新的拦截功能。此外，对于未被成功拦截的小众软件可由用户自行添加拦截，即时生效。

软件安装防护配置如图 4-24 所示，在 EDR 的管理端，只需要勾选"开启问题软件安装防护"，防护功能即可在客户端上自动生效。

图 4-24　软件安装防护配置

4. USB 设备管控

未经授权的移动存储介质接入内网终端，可能会导致原本封闭的内网环境面临病毒、木马、非授权访问、数据泄密篡改等多种安全威胁。因此对移动存储介质进行管控，极为必要。

通过平台配置安全管控策略，实现对终端接入 USB 存储设备的行为进行检测、上报和处置。当终端检测到有存储设备接入时，会及时根据配置的安全策略进行禁用或放通，同时终端会记录和上报安全日志，并可设置终端弹窗告警提示用户。图 4-25 所示为 USB 存储设备的管控防护。EDR 支持对 U 盘、移动硬盘、便携设备等多种移动设备进行管控。如果某些 USB 设备是企业必须使用的，则可以通过 USB 白名单方式进行策略放通，放通过程需要提交设备的硬件 ID 信息给平台，收集 ID 信息需要通过对应的 ID 获取工具进行操作，在平台上提供了 ID 获取工具的下载链接供用户使用。

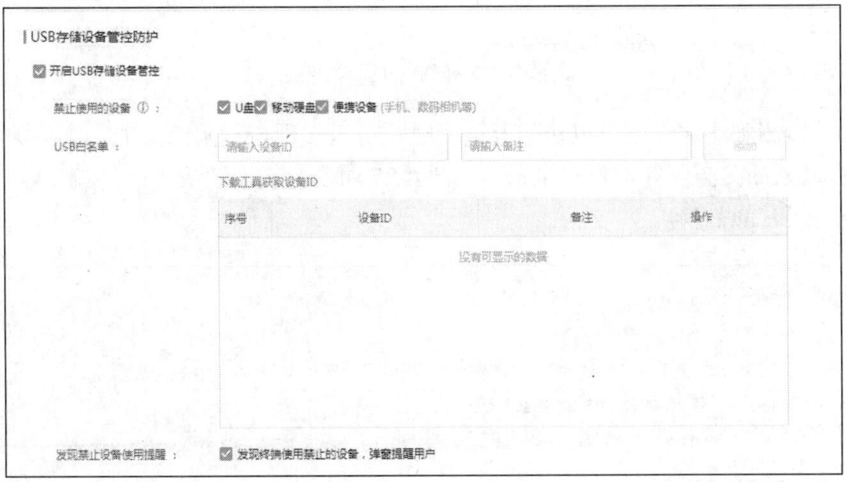

图 4-25　USB 存储设备管控防护

5. 违规外联检测

内网计算机、专网设备直接或间接通过其他网络访问互联网，均为违规外联行为，这使得黑客能够绕过防火墙、网关等防护屏障，侵入违规外联的计算机从而进一步渗透重要服务器，导致内网面临重大的安全风险。在企业网络中，管理员经常会通过一些网络设备，限制终端访问互联网，但是很多用户考虑到互联网访问和工作的便利性，会私接一些 Wi-Fi 网络，通过这种方式，终端访问互联网的流量不需要通过企业的安全设备，由于缺乏网络安全设备的管控，这种方式会造成极大的安全隐患。EDR 的违规外联检测正是应对此类安全隐患的解决方案。

通过 EDR 平台配置安全策略，针对终端可能存在的违规外联行为进行检测、上报和处置，并可设置终端弹窗告警和定期邮件告警提示终端用户和管理员及时处理。EDR 违规外联的探测方式有两种，一种是 Ping 探测地址方式，另一种是域名解析方式。

Ping 探测地址方式，会向预设的探测地址发送 ICMP 数据报，如果目的地址有回包则表示探测到违规外联，如果等待超时则表示不存在违规外联。当预设的地址是一个域名的时候，会对域名进行解析以获取目标 IP 地址，因此，该探测方式支持目的地址是 IP 地址或域名的格式。

域名解析方式，会先获取终端可用的 DNS 地址列表，并将预设的探测域名发送到 DNS 请求域名解析，如果解析成功，则表示探测到违规外联，否则不存在违规外联。

如图 4-26 所示，在违规外联检测的配置中，可以填写域名或 IP 地址，这里填写的地址为 124.126.100.2，探测间隔时间为 300 秒，时间间隔可以根据需要进行调整。

图 4-26　违规外联探测配置

当 EDR 检测到终端环境可以访问互联网时，可以实现自动阻断功能。支持关机、断网、禁用网卡自动阻断处置，并上报安全日志。图 4-27 所示为发现违规外联终端后，具体可以选择的处置动作和提醒内容。

图 4-27　违规外联行为处置

如果选择提醒功能，在发现外联行为时，会自动触发弹窗提醒，提醒的内容即自定义配置的提示内容。图 4-28 所示为违规外联行为发生后的提醒弹窗。

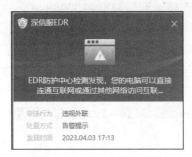

图 4-28 违规外联行为提醒

4.4 终端安全防护技术

EDR 给终端提供一套完整的安全解决方案，保护内网服务器和 PC 的安全。EDR 还提供基本策略、病毒查杀、实时防护、安全加固、信任名单和漏洞修复等安全策略帮助组织保护内网主机安全。

4.4.1 终端漏洞检测与修复技术

漏洞利用是攻击者常用的攻击手段，如著名的 WannaCry 勒索病毒就是利用了微软公司的 MS17-010 漏洞（永恒之蓝）实施入侵。同时，内网终端面临漏洞数量多、修复过程复杂、修复周期长等问题。正因如此，急需一种能够在预防阶段集中、批量、方便地检测终端系统漏洞，并进行修复的技术，防止攻击者通过漏洞入侵。EDR 通过以下 2 种常用方式进行终端漏洞检测与修复。

1. 规则匹配的补丁更新技术

EDR 通过管理平台集中管理内网所有终端，能够批量检测内网 Windows 系统漏洞，并进行批量修复。通过集中管理、批量检测与修复，使漏洞修复工作更简单、周期更短。常规的操作系统漏洞修复过程包括两个阶段：漏洞检测和漏洞修复。

漏洞检测是指 EDR 管理平台下发漏洞扫描检测指令到 Agent，Agent 收到漏洞检测任务后，开始检测（根据漏洞规则库与计算机漏洞进行匹配），并将检测结果上报给管理平台。漏洞检测的前提是 EDR 管理平台具备漏洞规则库。

EDR 漏洞规则库更新过程如下，首先云端服务器定期更新微软公司当前发布的漏洞补丁信息，然后 EDR 获取对应漏洞的检测规则并发布到 CDN，其次 EDR 管理平台从 CDN 更新漏洞规则库，最后 Agent 从管理平台更新漏洞规则库。

漏洞修复是指管理平台下发漏洞修复指令到 Agent，Agent 收到漏洞修复任务后，从漏洞补丁服务器（CDN、微软补丁服务器、EDR 管理平台、客户自建补丁服务器）下载漏洞补丁进行修复，修复结果上报管理平台。

以下从系统漏洞检测、漏洞补丁下载、漏洞修复 3 个方面介绍 EDR 的系统漏洞管理功能。首先是系统漏洞检测，MGR 联网更新系统漏洞规则库或离线导入（EDR 管理平台无法上网场景），客户端从 EDR 管理平台更新漏洞规则库。当 EDR 管理平台下发漏洞检测指令时，终端将当前已安装的系统漏洞补丁与漏洞规则库进行比对,得出未修复的补丁并上报到管理端。这里需要注意的是,更新的内容仅为漏洞规则库,而非真正的漏洞补丁。其次是漏洞补丁下载,当 EDR 管理平台下发修复漏洞指令时,终端从漏洞补丁服务器下载系统漏洞补丁(终端能上网则直接从互联网下载漏洞补丁进行修复;如果终端无法上网,则使用隔离场景方案),进行更新。最后是漏洞修复,当终端下载漏洞补丁后,开始静默安装,并将修复结果上报至 EDR 管理平台。

图 4-29 所示为终端漏洞补丁更新过程,终端可以进行联网更新,也可以进行离线更新。EDR 管理平台可以充当升级代理,在线更新漏洞规则库,也可以通过手动导入漏洞规则库的方式,进行离线更新。

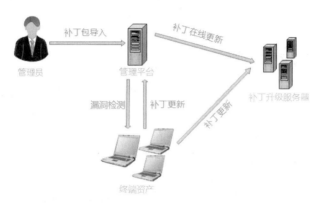

图 4-29　终端漏洞补丁更新过程

EDR 的使用,根据终端或者管理端是否可以访问互联网,产生了多种漏洞补丁修复的方案场景,主要包括联网场景和隔离场景,具体场景分类信息如表 4-1 所示。

表 4-1　　　　　　　　　　　　　EDR 联网场景和隔离场景

终端是否可以上网	EDR 是否可以上网	漏洞规则库更新方式	漏洞补丁下载推荐方案
是	是	联网更新	联网下载
是	否	离线导入	联网下载
否	是	联网更新	MGR 代理下载漏洞补丁
否	否	离线导入	MGR 作为漏洞补丁服务器

联网场景指 EDR 管理平台和 Agent 计算机都可以上网的场景,管理端可以自动在互联网进行漏洞补丁的更新下载,并且存储在本地设备,用于更新终端。同时终端也可以访问互联网,在互联网的漏洞补丁服务器上,进行漏洞补丁下载。图 4-30 所示为终端补丁包获取的服务器地址。这些地址包括控制器本身的地址,也就是说,使用管理端充当更新代理服务器,终端向管理端获取漏洞更新补丁。其次是微软公司官方提供的漏洞补丁更新服务器,这是普通终端更新漏洞补丁最常用的地址。最后一个是深信服提供的深信服官方补丁更新服务器,这个服务器中的漏洞补丁,最终来源也是微软公司官方库。除了上述的更新服务器外,平台还支持手动增加漏洞补丁更新服务器,这里增加的服务器,可以是由企业自行搭建的内网服务器。在更新的时候,终端会按照从上向下的顺序进行尝试,当前一个更新服务器无法提供漏洞补丁包或者访问异常时,才会使用下一个服务器进行更新。

图 4-30　终端补丁包获取服务器地址

联网更新为终端的漏洞补丁修复提供了最为全面的方式，终端可以使用多个服务器地址进行更新，这也是目前在企业中，最为常见的场景。

隔离场景是另一类场景的汇总，包括多个细分场景，最常见的就是终端无法上网的场景，此场景提供"管理平台代理下载漏洞补丁""管理平台作为漏洞补丁服务器""自定义漏洞补丁服务器"3 种方案进行漏洞检测与修复。

无论是隔离场景中的哪一种，均需要先确保漏洞规则库更新至最新，如果 EDR 管理平台可以上网，则仅需要在平台上开启漏洞规则库自动升级功能，确保能够实现联网情况下漏洞规则库的自动更新。如图 4-31 所示，在"平台漏洞库升级"部分，可以选择手动导入更新和自动更新，在 EDR 管理平台可以连接互联网的情况下，优选自动更新，可以设置更新的周期和时间。一般情况下，更新时间应该设置为非业务时间，避免更新过程占用带宽，影响办公业务。

图 4-31　MGR 自动漏洞规则库更新

如果 EDR 管理平台不可以上网，则需要使用手动导入漏洞规则库的方式更新漏洞规则库，离线导入方式必须由管理员进行手动的操作，操作效率较低。为了保障更加及时和准确的检测效果，建议保障管理端能够访问互联网。离线漏洞规则库，需要从 EDR 产品官方技术支持网站下载，下载完成后，再进行手动导入，图 4-32 所示为 EDR 管理平台未连接互联网的情况下，手动导入的界面。

图 4-32　漏洞规则库手动导入界面

在漏洞规则库更新完成后，即可开始对终端漏洞的扫描操作，此时扫描出的结果才会更为准确。图 4-33 所示是通过漏洞扫描功能，针对某终端进行扫描后的结果。可以看到该终端有 123 个漏洞需要修复，针对每一个漏洞在平台侧均有较为详细的描述。

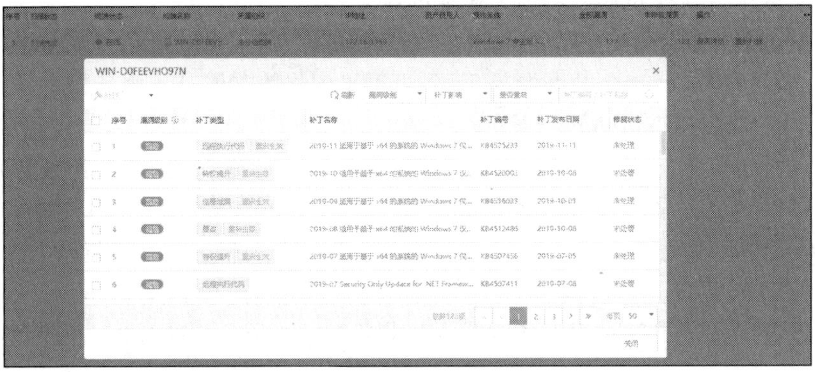

图 4-33　漏洞扫描结果

针对终端扫描出来的漏洞，可以在管理端进行修复，在这里需要明确具体使用哪一种漏洞补丁服务器。在隔离场景中，可以使用 EDR 管理平台作为漏洞补丁服务器，EDR 管理平台作为漏洞补丁服务器是指终端从 EDR 管理平台下载漏洞补丁进行漏洞修复，所以在这种场景下，部署 EDR 管理平台前需要考虑硬盘容量足够大（推荐 1 TB 以上）。

微软公司官方提供的漏洞补丁会非常多，如果全部进行下载和导入，会非常耗时间和耗资源，因此一般不建议将全部的漏洞补丁导入，而是先通过分析，确定有哪些漏洞需要修复，再有选择地进行漏洞补丁导入。具体的过程是，从 EDR 管理平台对 Windows 服务器或 PC 端发起漏洞检测，观察需要修复哪些漏洞，每一个漏洞补丁都会有一个补丁编号，需要记录该补丁编号，用于后续进行漏洞补丁包获取。在 EDR 管理平台上，内置了漏洞补丁包离线下载工具，该工具是为了方便管理员进行漏洞补丁下载而开发的。

使用漏洞补丁包离线下载工具的具体步骤如图 4-34 所示，首先，需要从 EDR 系统中下载漏洞补丁包离线下载工具，下载过程将自动同步当前 EDR 管理平台的漏洞规则库信息。然后，利用 U 盘等介质复制漏洞补丁包离线下载工具到联网计算机，根据收集统计的漏洞编号，查找和选择需要的补丁包，一键下载打包即可生成补丁包文件。最后，利用 U 盘等介质将补丁包复制到可以访问 EDR 管理平台的计算机，在系统的漏洞规则库和补丁升级管理部分，进行导入即可。

图 4-34　使用漏洞补丁包离线下载工具的步骤

完成在 EDR 管理平台的漏洞补丁上传后，需要设置终端所在组的漏洞修复策略，在"终端补丁包获取服务器地址设置"页面启用本地控制中心，且设置为第一个，这样终端会优先从本地控制中心进行漏洞补丁获取。

此时针对终端的漏洞，就可以直接进行修复了。如图 4-35 所示，选择终端需要处理的漏洞，根据实际的情况，可以选择"修复""忽略""取消忽略"。选择"修复"，终端会连接补丁服务器，进行补丁下载并安装。但是很多补丁需要重启才可以完成安装，管理员需要在对应的窗口期进行操作，避免对业务产生影响。如果评估判断该漏洞对于当前系统影响很小，可以选择"忽略"，暂时不处理该漏洞问题。处理完成后的漏洞，会自动变为已修复状态。

图 4-35　终端漏洞补丁修复

第二种方案是使用 EDR 管理平台代理从互联网下载漏洞补丁包，这种方案适用于 EDR 管理平台可以访问互联网，但是终端不能访问互联网的场景，终端的漏洞更新请求会发往 EDR 管理平台，由 EDR 管理平台代理从互联网下载漏洞补丁包。同时设置终端所在组的漏洞修复策略，在"终端补丁包获取服务器地址设置"启用本地控制中心，且排在最上面。如图 4-36 所示，需要先开启对应的漏洞补丁包代理下载功能，这个时候当终端无法下载补丁包时，会自动选择以代理方式下载补丁包。

图 4-36　EDR 代理下载补丁包

在这种场景下，当 EDR 管理平台没有终端需要的漏洞补丁时，修复状态会显示"修复失败"，并提示平台正在代理下载补丁包。注意这个"修复失败"的状态是中间状态，等平台下载好补丁包后会重新修复，修复状态会发生变化，只有这种方案才会有"修复失败"这个中间状态。EDR 管理平台代理下载了补丁包，通知终端重新修复，终端修复成功后，修复状态变为"已修复"。

第三种方案就是自定义漏洞补丁服务器，也就是用户自建漏洞补丁服务器，终端从自建服务器上下载漏洞补丁。自建服务器一般使用微软公司 WSUS（Windows Server Update Services），这是微软公司推出的免费的 Windows 更新服务。在管理员搭建完成后，只需要将对应的地址填写入漏洞补丁更新的地址列表中即可。

在 EDR 管理平台中，基于规则匹配的漏洞补丁修复策略，支持自动化定时检测，如图 4-37 所示，漏洞补丁的安装，往往需要进行系统的重启操作，在 EDR 上可以对安装生效重启进行设置，具备两个选项，一个是"强制终端安装补丁后立即重启"，另一个是"弹窗提醒终端用户重启"。针对不同的终端场景需要选择不同的方式，如在电子教室类场景下，可以设置为强制重启，但是在日常办公和应用的场景下，则需要进行弹窗提醒，直接重启会导致工作或者业务受影响。

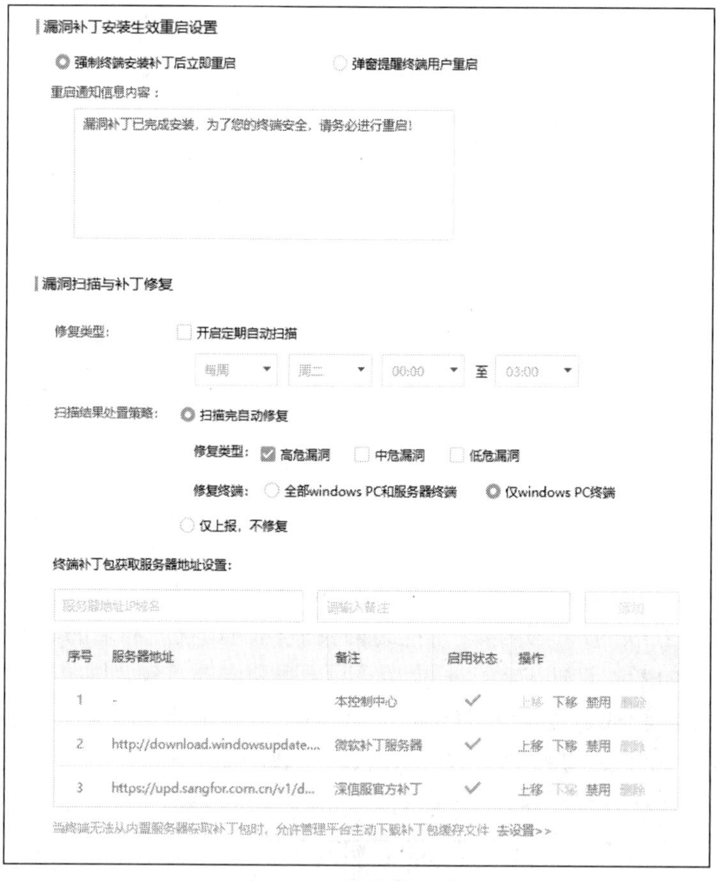

图 4-37 漏洞防护策略

在漏洞扫描与修复部分，可以进行修复类型和扫描结果处置策略的配置，根据需要设置为自动扫描和手动发起扫描，自动扫描需要根据具体的企业终端使用情况，设置扫描的周期与时间。针对扫描结果的修复处置，可以基于不同危险级别进行选择性修复，一般情况下高危漏洞是修复的重点对象，中危漏洞和低危漏洞进行选择性修复。并且针对操作系统是属于服务器类型还是 PC 类型，可以进行选择性修复，服务器类系统一般运行服务，在标准的修复方式中，为了防止漏洞补丁带来的兼容性问题，会提前进行业务系统的备份或者快照。而针对普通 PC 通常不需要备份或快照，所以要根据实际的场景选择修复的类型。

2. 基于轻补丁的漏洞免疫技术

根据终端安全实验室数据，漏洞利用攻击在当前热点威胁中拥有最高的使用率，显然已经成为危害极为严重的威胁之一，通过打补丁修复漏洞成为众多企业级用户的首选方案。然而，传统的漏洞修复方法在补丁未及时发布（0day 漏洞）、微软公司停止提供漏洞修补支持（Windows 7 等停止更新操作系统）、漏洞修复导致重启等场景下，已不能提供快速、有效的防护功能，企业用户的终端存在很大的安全隐患。

EDR 支持轻补丁漏洞免疫技术，直接在内存里对有漏洞的代码进行修复，使操作系统避免遭受攻击。通过 EDR 终端安全管理系统的高危漏洞免疫模块，提供业务无感知的轻补丁修复功能。基于轻补丁的漏洞免疫技术，具备补丁加载轻、修复速度快、防御效果好、性能消耗小的特点。

补丁加载轻，是指相比传统实体漏洞补丁的修复方式存在需要重启、兼容性的问题，轻补丁漏洞免疫无须下载补丁，直接修改内存运行代码，无须重启服务，不存在兼容性问题，过程轻量化。

修复速度快，是指由于微软公司漏洞补丁文件之间存在依赖关系，导致补丁安装失败的情况频繁发生。轻补丁漏洞免疫针对每个漏洞提供一个单独的补丁包，无任何依赖关系。终端安装客户端 Agent 后会自动检测高危漏洞并进行无感知修复，并将结果上报平台，保障业务的连续性。

防御效果好，原因在于轻补丁漏洞免疫本身是对漏洞本身进行修复的，将源头堵住，防止威胁攻击扩散，对漏洞 100%防御。同时，可使用在停止更新的 Windows 操作系统的高危漏洞防护上，覆盖度高，更新速度快。

性能消耗小，是指传统厂商基于网络层面的漏洞入侵防御，会因网络流量解析而造成的网络延迟和性能下降等问题，而 EDR 基于内存修复，通过代码恢复原貌，无须消耗额外的性能且过程平滑无感知，管理平台可统一控制。

传统的漏洞修复大致分为 3 个过程。首先，根据漏洞规则定位到有漏洞（Bug）的系统原文件。其次，将系统原文件替换成新的已修复文件。最后，重启系统进程将新的代码读入内存中运行。该方案一方面需要将漏洞补丁替换到磁盘并重启生效，存在中断业务的困扰，另一方面，安装漏洞补丁往往需要对系统进行修改，存在与现有业务系统的兼容性风险。为避免传统漏洞修复的弊端，轻补丁漏洞免疫通过补丁包匹配定位问题代码内存片段，直接替换问题代码，完成修复，无须重新启动进程调用内存，如图 4-38 所示。

轻补丁漏洞免疫功能的配置和启用非常简单，如图 4-39 所示，只需要勾选"开启轻补丁漏洞免疫"，功能即开启。需要注意的是，轻补丁漏洞免疫功能，并非针对所有漏洞均有效，只是针对部分漏洞可以使用轻补丁漏洞免疫的方式。

在设备控制台上，可以针对具备轻补丁免疫功能的漏洞进行查看。图 4-40 所示为支持的漏洞列表。针对列表中存在的漏洞，可以使用轻补丁漏洞免疫防护，对于非列表中的漏洞，仍然需要使用补丁进行修复。一般情况下支持轻补丁免疫功能的漏洞主要是高危流行或 0day 的 Windows 操作系统安全漏洞。

图 4-38　漏洞补丁与轻补丁的免疫区别

图 4-39　开启轻补丁漏洞免疫

图 4-40　轻补丁漏洞免疫列表

在开启轻补丁漏洞免疫功能后，在使用一些漏扫工具进行扫描时，还能扫描出对应的漏洞，这是因为轻补丁漏洞免疫技术是在存在漏洞代码的内存中进行修复的，而不是真正安装软件实体补丁，常规的漏洞扫描工具是通过匹配系统版本/补丁包版本、补丁文件来确定系统是否存在对应漏洞的，在轻补丁的方案中不会修改这些信息和内容，因此系统还是会被扫出漏洞，传统基于网络流量特征的检测技术也存在同样问题。如果是主动式发送数据报的漏扫工具，不会扫出该漏洞。

4.4.2　终端高级威胁检测技术

Gartner 关于 APT 攻击的定义是，在高级概念上可绕过目前的防御系统；在持续概念上会不断尝试，直到进入目标系统，并且一旦进入，就可成功躲避目前的检测系统，直到实现其目的；在威胁概念上，表示可造成极大危害。由于该攻击的目标性较强，因此又称作"高级目标式攻击"（Advanced Targeted Attack，ATA）。Gartner 将 ATA 定义为"可利用恶意程序穿透目前的安全控制系统，大大延迟恶意程序感染检测，建立长期据点，给企业造成实质性伤害，或搜集信息，将目标数据从机构系统中渗出"。

APT 攻击的主要动机是获取经济利益。会使用多方面的或混合式的技术，包括社交工程、贿赂、恶意程序、物理盗窃、官方影响等来实现其目的。政府、金融、能源、制药、化工、安全、媒体和高科技企业都有可能遭受国家性的有组织犯罪团伙或黑客的 APT 攻击。常见的目的有盗取、毁坏或修改关键业务信息，无须付费即可获得业务产品或服务的使用权和中断业务运营。

针对 APT 攻击，传统防御措施利用规则进行检测，以发现攻击威胁，但是难以发现高级威胁，例如无文件攻击、模仿攻击（Mimicry）以及跨重启、跨长时间窗口的 APT 攻击。新一代的高级威胁检测流程有所变化，如图 4-41 所示，在端侧采集全面的数据，包括终端、用户、文件、进程、行为等数据，在本地做分层，聚合有效数据上传至分析平台，结合用户真实环境做上下文强关联分析，提升攻击研判精准度。行为检测基于多事件复杂关联规则匹配算法，依靠 IOA（攻击标记）泛化行为规则提高已知和未知的高级威胁攻击检测能力，补充复杂行为关联检测领域空白，构建行为检测防御层级，增强多层次纵深防御检测能力，帮助用户有效抵御已知和未知的高级威胁攻击。

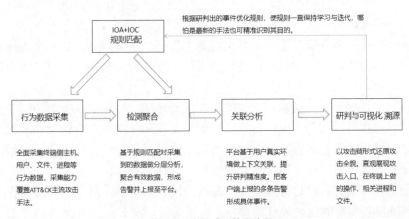

图 4-41　高级威胁检测流程

EDR 在终端侧全面采集系统数据，包括终端、文件、进程、用户、行为等数据。数据采集能力全面覆盖 ATT&CK 攻击行为矩阵。实际上，攻击事件 80% 的数据源都来自终端，IOA 超强的数据采集能力为精准分析提供数据源。此外，终端数据采集是最考验性能的环节，海量数据采集分析很占用终端自身资源。EDR 的高级威胁检测功能使用用户态采集引擎，稳定高效，不耗性能。

另外，高级威胁检测功能通过强关联分析技术，检测能力强、精准度高。通常高级威胁检测能力使用 PG（图计算）关联分析技术，基于用户真实环境结合数据做上下文关联，提升检测精准度。对采集到的数据收敛，过滤正常场景，提取有效数据检测是否为真正攻击。检测精准度高，误报率低。以可视化事件形式展现攻击，减少用户自己做告警关联分析的工作量，让运营人员看得懂、用得起来。

该技术可根据威胁情报、攻击信息在全网范围内的狩猎，帮助用户发现潜伏攻击，制止攻击于前期阶段。终端数据采集能力强，数据采集全，所以可以做到更细粒度的狩猎，帮助用户发现攻击。

4.4.3　终端病毒处置修复技术

终端病毒处置修复技术是指在计算机终端受到病毒攻击后，对受影响的终端进行修复和处理的一系列技术方法和措施。终端病毒处置修复技术的核心在于病毒检测与识别，从病毒技术与反病毒技术的产生到发展至今，经历了一个又一个阶段，病毒技术在不断提升，反病毒技术也随之在不断完善。

1. 计算机病毒介绍

计算机病毒（Computer Virus）是指编制者在计算机程序中插入的破坏计算机功能或数据，影响计算机使用并且能够自我复制的一组计算机指令或者程序代码。计算机病毒、蠕虫以及木马是恶意软件的 3 个分类。计算机病毒具备传播性、隐蔽性、感染性、潜伏性、可激发性、表现性和破坏性等特点。

早期的计算机病毒主要是文件型病毒，主要感染计算机中的可执行文件（.exe）和命令文件（.com）。一般情况下，文件型病毒对计算机中的源文件进行修改，使其成为一个新的带毒文件。即将病毒代码写入对应的文件中，一旦计算机运行该文件就会被感染，从而达到传播的目的。

通常计算机病毒会隐藏于宿主程序中，在程序运行前，病毒不会主动执行。当宿主程序被执行的时候，会优先执行病毒程序，再执行宿主程序。这是因为，病毒在入侵文件后，会对文件进行嵌入和修改。修改的目的就是调整文件中代码的执行顺序，以保障病毒程序或者代码可以正常运行。

病毒修改源文件的位置一般在该文件的头部或者尾部，如果是在头部的话，在运行宿主程序时，则可以直接运行病毒程序或者代码。如果是在尾部的话，会通过修改代码初始执行位置的方式，选择执行的初始点，这样就可以直接选择尾部的病毒代码开始运行。

上述的两种方式指定了明确执行地址的病毒，被称为有入口点的病毒。与有入口点病毒相对的，则是无入口点病毒，这种病毒并不是真的没有入口点，只是在被感染程序执行的时候，不会立刻跳转到病毒的代码处开始执行。也就是说，没有在.com 文件的开始位置放置一条跳转指令，也没有改变.exe 文件的程序入口点，而是将病毒代码隐藏在被感染的程序中，可能在非常偶然的条件下才会被触发执行。这种无入口点病毒的隐蔽性非常强，杀毒软件很难发现它在哪个部位。

病毒程序一旦被运行，就会驻留在内存中，伺机感染其他的可执行程序，通过这种方式，就达到传播的目的。因此，扩展名是.com 或者.exe 的文件是文件型病毒感染的主要对象。

2. 早期计算机病毒处理技术

早期病毒类型相对固定，基本一个文件即一个病毒，功能相对单一。有了病毒的存在，也就逐步产生了病毒的识别和处置方法。在早期，主要通过特征码检测技术来进行病毒的识别。这里所谓的特征码，我们可以理解为在某个病毒文件样本中，常见的连续字节序列。这意味着如果在某个文件中，包括这个连续的字节序列，那么该文件基本已经被病毒感染了。在未受到感染的文件中，是不会找到这些连续的字节序列的。当然，对于这个连续的字节序列，也就是特征码，具体的识别和选取有多种方式。

计算校验和是最简单、最快速的方式，原理就是针对病毒文件直接进行如 MD5 的校验和计算。MD5 是指对一段信息产生信息摘要，这个信息摘要是唯一的，并且不可逆向计算，具备防止被篡改的特性。也就是说，通过 MD5 计算，在获取病毒文件的信息摘要后，可以使用这个信息摘要去标识一个病毒文件。对所有的病毒 MD5 值进行收集，在后续进行可疑文件分析时，仅需要计算可疑文件的 MD5 值并与病毒 MD5 值比较即可。这是最早的病毒识别方式，也是早期专杀工具所采用的方式。但是采用这种方法，存在很大的弊端，因为 MD5 具有高度的离散性，一个病毒文件中任何一个小的改动，都会影响生成的计算结果。这也就导致一种特征码只能匹配一个病毒，即便病毒的变动很小，也需要重新提取特征码。最终的结果就是特征码库会异常庞大，所以这种方式也一般用于临时提取特征码。

图 4-42 所示是名为"我的 md5.txt"文件，在内容分别为 10 个 1 以及 9 个 1 的情况下，进行 MD5 计算。虽然在文本文件中，仅变化了一位，但是我们可以看到，实际 MD5 的值已经千差万别，完全看不出任何规律。病毒文件的特征码，就是这个原理。

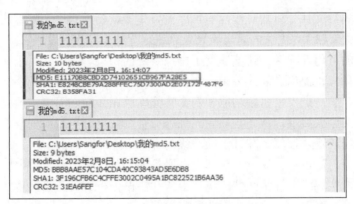

图 4-42 文件 MD5 计算

在通常情况下，同一类病毒和核心代码部分，基本是一致的，比如病毒是针对内存中某个位置的操作的代码，即针对操作系统某项功能进行操作的代码。针对这一个特点，就可以通过提取病毒文件中的一些固定的字符串来进行识别。通常使用的是逆向反编译的工具，对病毒程序进行反编译，获取代码字段。很多时候，这些字符串是某个病毒所特有的，因此这种方式适用于所有病毒的特征码的提取。采用这种方式甚至还能识别某一大类病毒，但是缺点是需要耗费比较多的扫描时间。

图 4-43 所示为用二进制编辑工具打开一个.exe 文件的情况，如果该程序中存在病毒代码的话，那么可以通过分析，确定代码的标识字段，利用这种方式生成的字符串，即特征字符串。在后期进行病毒识别时，只需要按照相似的过程，并且比对特征字符串，即可确定是否包含病毒。

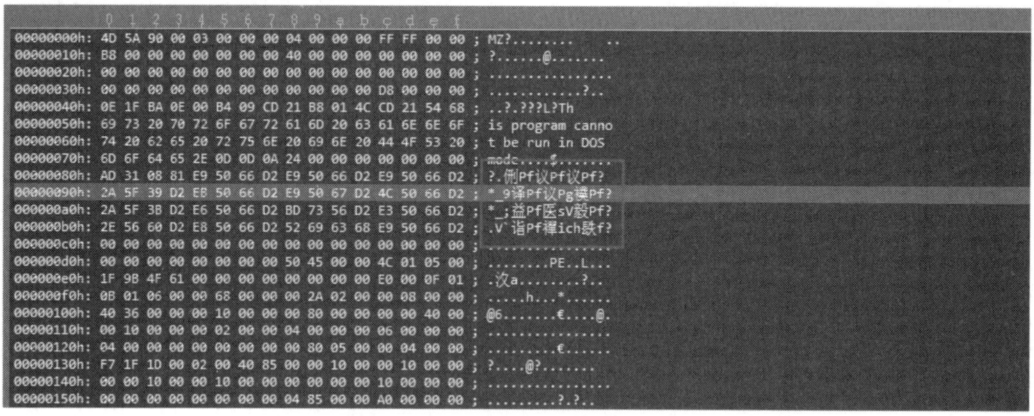

图 4-43　程序静态分析特征码

两段检验和方法，是指在病毒文件中选择两个特殊位置的数据，一般这两个位置的数据都能够代表该病毒文件的特性，将这两段的数据的校验和计算出来，在检测扫描目标程序时，先计算目标文件在该位置处的校验和的值，通过判断是否符合相应的特征码来判定目标程序是否为病毒程序。

两段检验和方法的准确率高，耗时也比较少。很多时候能够利用一个特征码检测出同一类的病毒。

在进行可疑病毒文件分析的时候，病毒库需要先加载到内存中，随着病毒的种类越来越多，病毒库也会越来越大，庞大的病毒库导致系统运行越来越慢，虽然解决了终端安全问题，但是带来了其他的可用性问题，这就违背了扫描引擎的初衷。同时，对于病毒特征库的优化和扫描引擎的优化，也提出了新的要求。在这样的条件下，产生了云查杀技术。

所谓云查杀，就是把安全引擎功能和病毒特征库放在云端，而非本地的终端设备。这种方式，解放用户的个人终端，从而获取更加优秀的查杀效果、更短的安全响应时间、更小的资源占用以及更快的查杀速度，并且无须升级病毒特征库。

在云端的服务器，也不仅仅是一台独立的服务器，可能是成百上千台服务器，并且通过一定的网络技术，实现终端异常文件的快速上传和快速分析。云查杀具备实时共享的特性，查杀能力更为精确、有效，是对付病毒非常有效的方法。

既然是云查杀，终端环境就必须与云端相通，这就要求用户终端必须连接互联网，否则无法完成病毒的查杀任务。另外，用户隐私的泄露问题也是云查杀技术必须要关注的问题。

3. 服务器远程登录防护技术

RDP 远程暴破登录是目前黑客攻击的常用手段之一，而企业运维管理人员常因为服务器众多，为方便管理运维而使用安全性较低的登录密码，极易被暴破而导致被勒索。

服务器远程登录防护，是指基于多因素认证技术，通过监听 RDP 会话消息，当检测到有新会话接入时，自动切换到二次认证桌面，该桌面只有二次密码验证的窗口，仅允许输入密码验证，禁止其他操作。也支持仅允许指定 IP 地址或网段的主机访问服务器，实现服务器远程登录的统一认证管理。

通过服务器远程登录防护，可以预防 RDP 暴破方式攻击服务器，大大减少被勒索病毒入侵从而导致业务瘫痪、经济受损等风险，为组织提供全面的勒索立体防护。

如图 4-44 所示，在远程登录认证方式中，有两种方式可以进行选择，一种是登录认证，另一种是文件信任认证。设置"认证方式"为登录认证后，当黑客成功通过远程桌面登录服务器时，EDR 对服务器进行锁屏保护，需要通过 EDR 二次认证才能拿到服务器权限，从而保护服务器安全，建议认证方式选择此项。文件信任认证，是为了防止黑客将病毒文件加入EDR 信任名单、并植入勒索病毒进行勒索，而设置的认证方式。黑客成功登录服务器并尝试植入勒索病毒，由于服务器安装了 EDR 进行保护，勒索病毒默认无法运行。如果黑客将勒索病毒加入信任名单（加信任），则可以成功植入勒索病毒并进行勒索。当认证方式设置为文件信任认证后黑客想对文件加信任时，需要通过 EDR 二次认证才可以加信任，避免了病毒文件植入。

图 4-44　远程桌面二次认证策略

在"认证密钥"部分，可以设置验证码验证和自定义密码验证两种方式。验证码验证方式，需要通过短信方式对临时验证码进行发送，这就要求正确配置管理员手机号码，服务器运维管理员可以通过公司通讯录或 EDR 托盘获取管理员手机号码，从而获得远程桌面二次认证验证码。自定义密码验证是指使用固定密码进行验证。需要注意的是，设置自定义密码验证后，服务器管理员是不知道该密码的，避免敏感时间段无法远程访问服务器，需尽快将自定义的密码通知给服务器管理员。

在一些集中运维时间段，为了方便运维，可以设置远程桌面二次认证生效时间，默认所有时间段生效。另外，还可以通过白名单方式，放通认证功能，白名单内的 IP 地址在敏感时间段通过远程桌面登录服务器时不需要远程桌面二次认证。

4. 当前计算机病毒处理技术

近年来，病毒数量呈指数级增长，病毒类型层出不穷，给企业级用户造成了很大的安全威胁。其中，经各个安全厂商的实验室分析，影响业务连续性却难以处置的恶性病毒影响尤为突出。表 4-2 所示为目前常见的计算机恶性病毒出现的行业和特点等。

表 4-2   常见恶性病毒出现的行业和特点等

行业	主要恶性病毒类型	特点	危害
医疗	PE 感染型病毒	通过将恶意代码插入 Windows 可执行文件中，大面积感染系统文件	隐蔽性强，感染快
政府	宏病毒	在文档或者文档模板中插入 Office 宏病毒体，一旦病毒被激活，所有自动保存的文档都会被感染，文档不能正常使用打印	严重影响办公
企业	勒索病毒	利用系统漏洞、U 盘、APT 攻击等方式进行传播，并对企业数据进行加密	对用户的数据安全造成极大的威胁
研究设计院	AutoCAD 病毒	利用 AutoCAD 的自动读取机制，在第一次打开带有病毒的图纸时悄悄运行，并感染每一张新打开的图纸	盗窃或破坏图纸，造成间接经济损失

恶性病毒种类多，变化快，且寄生在用户业务系统的正常文件内，处置难度大。删除文件将导致用户业务停止，不处置则全网泛滥。

过去，对于传统病毒检测采用的是基于静态特征分析和规则匹配的方式，面对多变的恶性病毒，无论是检测能力还是修复效果上，都存在明显的不足。图 4-45 所示为传统特征引擎的检测方式，主要通过文件特征提取和流量类型进行威胁文件确定。整体包括 3 个过程，分别是特征规则生成过程、检测过程、处置过程。特征规则生成过程通过样本分析等措施，实现病毒特征的提取，并合并到病毒特征库中。在检测过程中，对文件或者流量进行监控，并且与病毒特征库进行比对，一旦发现匹配上了对应的病毒特征，则进入处置过程。

图 4-45   传统特征引擎的检测方式

随着诸如云查杀这类技术的发展，病毒查杀的效率在很大程度上有所提高。但是病毒的防查杀功能，也在不断提升，比如通过多层压缩或者加大病毒自身的体积，跳过扫描引擎的分析。前文已经说过，扫描引擎需要对文件进行分析，文件越大，性能损耗越大。所以一般在进行病毒扫描的时候，会跳过设置大小以上的文件。更加高速、自动化生成的变种，导致通过病毒特征码无法及时识别，从而无法产生较好的防护效果。另外还有加壳技术的使用，对病毒进行加壳处理，使得安全人员或软件无法提取出代码中的特征码，躲避杀毒软件的查杀，病毒作者可以通过给旧的病毒加壳，大批量制造出杀毒软件无法识别的、新的病毒。

综合来说，针对如今的病毒，防病毒技术出现了以下问题。首先，大量的病毒导致病毒库资源过大，规则库资源加重，检测速度慢。随着病毒数量、变种的增加，与之对应的规则库资源大，导致基于规则匹配的病毒检测速度慢，性能消耗多，影响用户的正常办公。其次，基于特征码分析，漏报率高，传统基于特征码分析的病毒检测方式，其本质是对文件的字节信息等静态特征进行匹配，像 AutoCAD 这类运行时才大批量感染传播的恶性病毒，无法基于静态特征检测。此外，新型病毒往往难以及时提取特征码，导致检测失效，漏报率高。最后，处置能力差，难以完全修复。传统的杀毒软件，即使在检测出恶性病毒后，处置方式也只能是删除整个寄生文件，而无法修复被感染样本。例如寄生在 Office 文档模板中的宏病毒，传统修复方案往往需要把文档中所有的宏删除，这样会影响用户体验。

上述的内容，都是在当前情况下针对病毒处理所遇到的问题。迫切需要通过一种更加合适的病毒特征码识别方法，来解决现今的病毒问题。启发式检测的方式应运而生，成为解决这些问题的最佳途径。

启发式检测，不同于病毒文件特征码，不是针对病毒文件的特征字段进行识别和匹配，而是基于专家的分析，使用各种决策规则或权衡方法确定系统对特定威胁或风险的敏感性，多标准分析（MCA）是衡量的手段之一。用通俗的话来解释，就是病毒和正常程序的区别可以体现在许多方面，不仅是在代码的内容上。比如在病毒程序的指令上，病毒指令通常会直接操作系统进行写盘、解码，这种操作方式一般是很少出现在正常程序中的。正常程序一般会进行清屏或者保存原来的屏显等操作。这种非常显著的差异，对于一个病毒分析专家来说，是很容易发现的。启发式检测就是通过将专家的类似的能力转化为规则库，规则库中，不再是病毒代码的特定字符串，而是在特定时间或者特定内存位置执行的某些操作等。

启发式检测实际上就是把专家经验和知识移植到一个防病毒软件中的具体程序体现。启发式模型主要用于发现可疑特征，这些特征可能在未知的新病毒、现有威胁的修改版本以及已知的恶意软件样本中找到。这个过程类似警察在车站看到某个人贼眉鼠眼、行为诡异，怀疑他是小偷，但是这个人不一定就是一个小偷。同样，启发式检测就会存在一定的误报情况。

启发式检测，可以进行内存的动态扫描，也就是在内存中进行查找，就可以解决病毒加壳、大体积病毒跳过以及多层压缩等问题。因为即使加了壳，在运行的时候，内存的位置和操作还是一样的。

过去的特征码检测方式，对一千种加壳的同类病毒，会生成一千条特征码。使用启发式检测，扫描内存只需要一条特征码。实际上就是在病毒程序运行过程中，抽取特征码进行匹配，获取它的状态特征和行为特征。

5. 病毒检测引擎

前文我们讲述的是如何获取一个病毒的特征码，只有获取特征码之后，才可以通过与特征码进行比较来确定文件是否包含病毒。这个获取文件相关信息，以及比对特征码的具体过程，是不可能手动完成的，大量的工作必须依靠分析比对引擎进行，该引擎就是病毒检测引擎。

病毒检测引擎是识别病毒文件的核心部分，病毒检测引擎一般包括自动化恶意软件处理机制，规定了恶意软件入口点，以及匹配特征的工作。病毒检测引擎以病毒特征库为基础，通过引擎的识别和分析功能，将文件的分析数据与特征库比对，最终进行病毒文件的确认。整个扫描比对过程都是在终端本地进行的，无论是分析过程还是比对过程，都需要消耗终端的性能。因此，衡量一个病毒检测引擎的优劣，终端的资源占用情况非常重要，商用杀毒产品通常会把终端资源占用情况作为产品的一个重要指标。除了终端资源的占用情况，对抗变种病毒的能力、对抗免查杀的能力、稳定性和兼容性，都是对病毒检测引擎进行评价的重要指标。

在目前的病毒检测引擎中，一般会使用多种引擎技术，以实现更为全面的病毒检测。以深信服终端安全管理系统 EDR 为例，其在文件检测能力方面，与传统病毒查杀的字符串特征技术不同，使用了多种引擎技术，如图 4-46 所示，这些引擎技术包括基于大数据分析的文件信誉技术、人工智能的恶意文件检测技术、流行病毒的基因特征检测技术、病毒恶意行为的行为链规则检测技术等，对已知文件进行快速过滤，重点提升对未知威胁文件的检测能力。新技术和传统技术的完美结合，多层次的无字符串特征检测技术，漏斗型的检测方案，各自处理擅长的检测内容。同时，根据不同恶性病毒，进行代码层级的细粒度修复，实现无损修复，构建完善的防御体系。

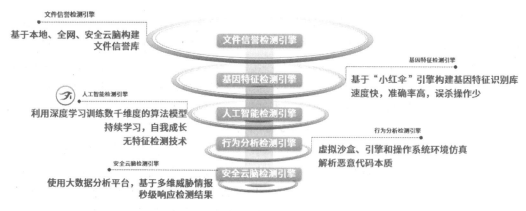

图 4-46　漏斗型引擎架构

漏斗型引擎架构的优势在于，在保证检出率的同时，综合考虑到终端杀毒扫描占用的性能和时间，尽可能在扫描前期就确认文件是否为病毒文件，而无须走接下来的检测流程。基于目前客户对终端安全软件的性能占用越来越敏感，在不降低检出率的情况下进行该架构设计。

6. 文件信誉检测引擎

文件信誉检测引擎，主要是为了解决已知黑白文件问题，基于传统的文件散列值所建立的轻量级信誉检测引擎，主要用于加快检测速度并有更好的检出效果，主要有 3 种机制，分别是本地缓存信誉检测、全网信誉检测和云查信誉检测。

本地缓存信誉检测是指对终端主机本地已经检测出来的已知文件黑白名单进行缓存结果处理，确保终端上的下一次检测优先处理最新未知的文件，并且将每次检测出来的文件信誉都上报给管理平台，进行全网的文件信誉存储。在企业环境中，当一台主机检测出来病毒时，在其他主机上也容易受到感染，出现一样的病毒事件。

全网信誉检测是指在管理平台上构建企业全网的文件信誉库，将单台终端上的文件检测结果汇总到平台，达到一台发现威胁，全网威胁感知的效果，并且将企业网络中的检测重点落到对未知文件的分析上，减少对已知文件重复检测的资源开销。

云查信誉检测是指未知文件经过本地引擎查杀和管理平台的引擎检测后，仍然是未知文件的，则根据云安全计划配置情况，使用文件微特征的技术，连接安全云脑的信誉库进行云端查询，获取最新的文件云查信誉结果。深信服云端的安全云脑中心，是深信服在全球的情报分析系统，通过各种方式获取最新的文件信誉，使用大数据分析平台、多引擎扩展检测、秒级响应等技术，并且具备专门的安全运营专家对文件信誉的真实性进行安全运营分析。

7. 基因特征检测引擎

基因特征检测引擎用于解决流行病毒家族的变种问题。根据安全云脑和 EDR 产品的数据，对热点事件的病毒家族进行基因特征的提取，洞见威胁本质，使之能检测出病毒家族的新变种。相比一般的静态特征检测方法，基因特征检测方法能提取更丰富的特征，家族识别更精准。每个病毒家族都有其特征，基因特征检测就是将病毒家族的特征提取出来，辅助判断一个文件是否属于该病毒家族的文件，因为一个病毒无论怎么变种，属于其病毒家族的特征是不会变的。提取的方式如图 4-47 所示，包括分段散列、局部敏感散列、关键代码片段、关键数据片段等。

图 4-47 基因特征检测引擎特征提取

8. SAVE 人工智能检测引擎

SAVE 人工智能检测引擎主要用于解决已知病毒家族的变种和未知病毒的问题，是人工智能的勒索病毒检测引擎，根据安全领域专家的专业知识，利用深度学习训练数千维度的算法模型，通过多维度的检测技术，找出高检出率和低误报率的算法模型，并且使用线上海量大数据的运营分析，不断完善算法的特征训练，形成高效的检测引擎。通过人工智能持续学习、自我进化能力实现无特征检测，洞见威胁本质，更有效地鉴定未知病毒。

用更通俗的话来介绍基于算法模型的 SAVE 人工智能检测引擎和传统基于特征库的引擎的区别：假设从一个病毒文件可以提取出 1000 个特征，传统的基于特征库的引擎，需要 1000 个特征全部符合才算命中，才会判定是病毒，这样对已知的病毒是有一定的效果的，但是对于变种速度较快的病毒，这种检测方式就会失效；而 SAVE 人工智能检测引擎基于机器学习算法从海量样本集合中筛选出可用特征，通过集成学习算法组合多个分类器，通过云端上亿级的黑白样本对检测模型进行持续的训练、改进、优化，形成强大的模型，最后综合评分系统整合各模型检测结果，综合判断文件是黑文件、白文件，还是灰文件，通俗来说，我们会得出一个阈值，假设这个阈值现在是 800，那么现在这个文件的无论是前 800 个特征，中间

800 个特征，还是后 800 个特征，只要超过 800 个特征符合，那我们就算它是原有病毒的新变种，因为这些快速变种的病毒本身不会发生太大的变化。

SAVE 人工智能检测引擎能够分析高维特征的影响，从而调整和优化分类模型，通过对某一类病毒高维特征提取泛化以检测具有相同高维特征的数百类病毒。

9. 行为分析检测引擎

行为分析检测引擎用于针对解决恶意文件的本质行为问题，发现未知恶意文件。传统静态引擎基于静态文件的检测方式，对于加密和混淆等代码级恶意对抗，轻易就被绕过。而行为分析检测引擎，实际上是让可执行程序运行起来，使用"虚拟沙盒"捕获行为链数据，通过对行为链的分析而检测出威胁。因此，不管使用哪种加密或混淆方法，都无法绕过检测。最后，执行的行为被限制在"虚拟沙盒"中，检测完毕即被无痕清除，不会真正影响到系统环境。

行为分析检测引擎如图 4-48 所示，它采用独特的"虚拟沙盒"技术，基于虚拟执行引擎和操作系统环境仿真技术，深度解析各类恶意代码运行过程中的本质特征，有效地解决加密和混淆等代码级恶意对抗。根据"虚拟沙盒"捕获到虚拟执行的行为，对病毒运行的恶意行为链规则进行检测，能检测到更多的恶意代码本质的行为。另外，通过虚拟执行技术，让病毒样本在"虚拟沙盒"中"跑"起来，观察其调用系统函数的种类和组合。比如勒索病毒，会同时调用系统底层的枚举、遍历、写（短时间同时写多个文件的行为）。

图 4-48　行为分析检测引擎

10. 安全云脑检测引擎

针对最新未知的文件，使用 IOC 特征（文件散列、DNS、URL、IP 地址等）的技术，进行云端查询。如图 4-49 所示，云端的安全云脑中心使用大数据分析平台，基于多维威胁情报、云端沙箱技术、多引擎扩展的检测技术等，最终秒级响应未知文件的检测。

图 4-49　安全云脑检测引擎

11. 病毒查杀技术实现

病毒查杀策略可以在控制台直接进行开启，如图 4-50 所示，可以设置定期自动扫描功能，按照设定的时间周期自动对该组终端发起扫描。扫描的范围有"快速扫描"和"全盘扫描"两种，两种扫描范围的区别在于扫描的路径不同，具体的目录信息如表 4-3 所示。

图 4-50 查杀范围

表 4-3 扫描目录信息

类型	目录
Linux 快速查杀目录	/bin、/sbin、/usr/bin、/usr/sbin、/lib、/lib64、/usr/lib、/usr/lib64、/usr/local/lib、/usr/local/lib64、/tmp、/var/tmp、/dev、/proc
Windows 快速查杀目录	/windows 和/windows/system32 本级目录，/windows/system32/drivers 目录和其子目录
全盘扫描目录	操作系统的所有目录

考虑到终端环境性能的差异，扫描模式通常会有多种类型，如图 4-51 所示，常见的模式有"极速""均衡""低耗"3 种。极速模式下，会进行全速扫描，不限制扫描软件自身的 CPU 占用率，这种模式适用于终端性能较高，且业务不繁忙的情况。均衡模式下，扫描速度和 CPU 占用率达到一定值，限制 CPU 占用率不超过 30%，这种模式会在一定程度上保障终端本身的性能，用于支撑其他应用的运行。低耗模式扫描时会尽量少占用 CPU 资源，限制 CPU 占用率不超过 10%，这种模式占用终端的资源最少，需要的时间最长。一般情况下，建议使用"均衡"模式，不会因为资源占用影响用户业务。

图 4-51 查杀模式

针对文件进行查杀扫描，可以基于文件的类型进行设置，如图 4-52 所示，可以选择"文档文件""脚本文件""可执行文件""压缩文档""低风险文件"。一般不选择低风险文件类型，通常病毒不会存在于低风险文件类型中。

图 4-52 查杀文件类型

很多病毒为了躲避查杀，会使用压缩的方式进行隐藏，针对压缩文件，终端安全程序是可以进行多层解压缩查杀的，但是解压缩的操作是非常损耗性能的，因此可以针对压缩文件的解压层数进行限制，确保安全和性能的平衡。

在查杀过程中，文件越大查杀的时间越长，消耗的性能也越多，另外，病毒为了防止被发现，体积一般较小，因此在进行扫描时，也可以同时设置扫描文件大小的上限，实现大文件自动跳过扫描。

EDR 提供发现病毒后的自动处置功能，通过进行设置，无须管理员人为操作，即可以对病毒文件进行处置。针对威胁文件处置的方式，会综合考虑业务的可用性和环境的安全性，因此会存在多种处置方式，如图 4-53 所示，常见方式有"自动处置-业务优先""自动处置-安全优先""仅上报不处置" 3 种。"自动处置-业务优先"是默认的处置方式，根据预置威胁判断机制，自动修复或隔离系统判断 100%为威胁的文件，处置失败的威胁将由管理员来进一步处理，处置后管理员也可在隔离区进行恢复。"自动处置-安全优先"的方式是指自动修复或隔离所有威胁文件，处置后可在隔离区进行恢复，适用于严格保护场景。但是这种场景可能会存在一定误判问题，导致一些正常文件被隔离。"仅上报不处置"方式下，不自动修复或隔离病毒文件，仅将被感染文件的信息上报至管控平台，适用于有人值守且用户了解如何处置不同的病毒威胁的场景，但是在这种方式下，需要安全管理员人为地进行判断，相对来说效率比较低。

图 4-53 威胁处置

威胁引擎是病毒分析的核心组件，病毒的检出率与误报率由威胁引擎直接决定。通常情况下，终端安全平台上，都会配备不同能力的引擎，针对不同的场景，需要根据引擎的特性进行选择。在 EDR 中病毒查杀主要提供 4 种引擎，包括深信服 SAVE 人工智能检测引擎、基因特征检测引擎、行为分析检测引擎和安全云脑检测引擎。不同引擎组合形成 4 种模式，包括标准模式、低误报模式、高检出模式、资源低耗模式，此外，用户还可以自定义模式，前 4 种模式如表 4-4 所示。

表 4-4   威胁引擎模式选择

模式类型	适用场景	内存占用	检出率	误报率
标准模式	通用的服务器和办公场景均可适用	中低	高	低
低误报模式	通用办公场景和较为重要的服务器系统如财务、OA 等	较低	高	极低
高检出模式	有严格保护要求且较为稳定的服务器场景	中低	极高	中低
资源低耗模式	适用于存在高负载和老旧系统的终端场景	极低	高	低

高检出模式下的误报率要高于其他模式的，正常使用时不建议使用高检出模式，需要在工程师评估后确定是否使用高检出模式。

在企业终端环境中，可能会存在不同类型和性能的终端，如果全部使用同样的检测方式，对于性能较差的终端可能会导致性能更差，以至于影响使用。因此，在平台中一般会内置资源优化功能，如图 4-54 所示，可以在 EDR 管理控制台上，开启资源优化模式，当开启资源优化模式时，可以更大程度地限制 EDR 客户端对 CPU 资源的占用，但相对地，可能会延长病毒扫描时间，适用于老旧计算机场景、桌面云场景、高负载场景等。

图 4-54　查杀引擎选择

引擎库的核心是检测算法以及病毒库，因此保障病毒库的版本最新尤为重要。如图 4-55 所示，在 EDR 上，通过终端病毒库升级配置，可定义终端病毒库的升级服务器，可选择通过当前的控制中心直接进行升级，也可以选择使用多服务器升级。在组织规模较小或者客户端与控制中心在同一个网络时，可以使用本控制中心进行升级，这个场景下更新速度会比较快。但是如果涉及的网络环境规模较大、终端数量较多或者存在总部和多分支的场景时，推荐使用多服务器进行升级，可以让终端尤其是分支的终端，通过其他的服务器进行病毒库更新，避免专线资源的占用。

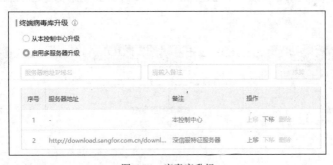

图 4-55　病毒库升级

如果病毒查杀策略设置发现恶意文件的处置动作为"自动处置-业务优先"或"仅上报不处置"，则病毒查杀发现的威胁文件（未自动隔离的）可以由人工进行"处置""信任""忽略"处理，如图 4-56 所示。"处置"操作，是指对感染性病毒、宏病毒文件先进行修复，若无法修复再进行隔离处理；其他类型病毒直接隔离。"信任"操作，是指管理员通过人为判断，判断检测为误报的时候，则添加为可信任，并且后续也不会再次出现威胁提示。"忽略"选项是指如果威胁在终端已自行处理，管理端不需要显示威胁日志，则可以设置为忽略。如果无法判断该威胁文件是否确实存在问题，则可以使用威胁分析功能进行分析。威胁分析就是将文件接入深信服安全中心，对威胁文件进行详细分析，进一步判断威胁文件的影响。

图 4-56 病毒库问题处置操作

4.4.4 勒索病毒防护技术

新型勒索病毒层出不穷，全球各大企业遭受勒索病毒的事件持续发生，给各行各业造成了巨额的经济损失。各个安全厂商，在近些年来，都应急响应了各个行业的勒索事件，但面对复杂的勒索病毒攻击，传统防护方案的效果不容乐观。

勒索病毒的攻击一般分为 3 步，分别是感染病毒、加密勒索、横向传播，首先进行从外网到内网的感染，然后利用漏洞提权加密勒索，最后威胁横向持续扩散。面对复杂的勒索病毒攻击，传统的防护方案难以防住。如图 4-57 所示，从外网到内网的传播过程，病毒一般通过无文件攻击感染和 RDP 暴破远程登录的方式，实现投毒，这里的 RDP 暴破远程登录是目前勒索病毒事件中，最常见的投毒方式。完成外网到内网的病毒投递后，勒索病毒即开始进行加密操作，加密使用的是标准加密算法，当前无有效的破解方式。内网机器被加密后，勒索病毒还会在内网进行横向传播，一般情况下，内网横向传播难度远远低于由外网向内网投递病毒的难度。

图 4-57 勒索病毒生效过程

针对勒索病毒事件的处置，当前存在三大问题，分别是病毒感染难预防、加密勒索难定位、横向传播难控制。难预防是由于病毒更新快速，变种多，并使用无须落地到磁盘的无文件攻击方式，传统基于特征检测的杀毒软件无法及时察觉。难定位在于，病毒在进入内网后，开始运行加密程序，而内网资产数量庞大，一旦被加密，传统防护方案网端割裂，无法联动并快速分析病毒的传播环节，定位到所有感染主机。难控制，是由于黑客通过 RDP 暴破远程登录，并迅速扩散，即使检测出勒索病毒，但无法找到感染的根因，也就无法控制，即使业务系统恢复后，也有可能导致再次感染。

针对勒索病毒的单一环节的处理，无法做到完全解决勒索病毒问题，因此需要对基于主流攻击方式的技术进行研究，以及分析勒索病毒攻击原理，覆盖勒索病毒全生命周期，提供预防、防御、检测与响应 3 个阶段的立体防护方案，为终端提供全面、实时、快速、有效的安全防护能力，让勒索病毒无所遁形，保护组织终端业务安全。

1. 文件实时防护技术

为了保证业务安全，不仅要做到威胁发生后对威胁事件的及时检测与响应，更需要在威胁发生前进行相应预防和在威胁发生的过程中做好相应的防护策略。这样才能在保护业务安全方面提供事前预防、事中防护、事后检测和响应的闭环解决方案。事前预防可以通过基线检查、漏洞修复等技术实现，而事中防护，则需要依靠文件实时防护等技术来进行，文件实时防护可以实时监控终端文件读、写、执行，防止恶意文件影响终端运行。

以深信服的 EDR 为例，文件实时防护使用 SAVE 人工智能检测引擎、基因特征检测引擎等多种引擎，实时监控计算机上文件写入、读取和执行操作，当检测到威胁文件写入、读取、执行时，立即阻断相关操作，并进行告警，防止威胁文件落地及进一步执行，从而保护业务安全。

文件实时防护可用于实时检测文件，通过各个引擎技术，将文件判定为黑白，具体的流程如图 4-58 所示，首先会对文件进行确认，判断文件是否已经在信任列表中，如果在列表中，则结束判断，如果既不在黑名单也不在白名单中，则会按照不同的引擎，与对应的规则库比对，进行文件检测，直至检测完成。

如图 4-59 所示，在 EDR 中，可以直接勾选"开启文件实时防护"，实时防护功能的防护级别有 3 种，不同的防护级别

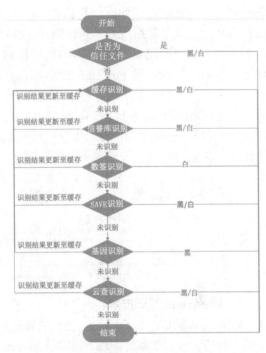

图 4-58 文件实时防护实现流程

对恶意文件的防护能力不同。高级别会监控文件的所有操作方式,这些方式包括文件打开、执行、落地,对计算机性能有一定影响。中级别监控文件的执行、写入,确保病毒无法入侵及运行,极少影响计算机性能。低级别监控文件的执行,确保病毒无法运行,几乎不影响计算机性能。

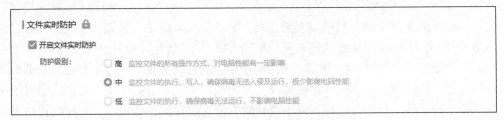

图 4-59 文件实时防护实现级别

对于引擎的选择场景，以及威胁发现后的处置方式与病毒查杀基本是没有区别的，在此处不赘述。

2. 无文件攻击防护技术

无文件攻击是利用存在缺陷的应用程序，将代码注入正常的系统进程（内存、注册表、PowerShell 脚本、Office 文档），进而获得访问权，并在目标设备执行攻击命令的一种高级攻击手段。较为常见的无文件攻击方式是利用 PowerShell 的命令加载恶意代码，利用无文件落地方式绕过传统杀毒软件的检测与防护，该方式快速且具有隐秘性，不易被察觉，被广泛应用于"挖矿"、窃密等非法行为。

EDR 能够准确拦截 PowerShell 对恶意代码的执行，实现实时、准确阻断，防止用户主机被利用。其原理为在 EDR 中，内置了常见的用于执行恶意攻击的命令，通过执行 PowerShell 命令时，进行检查和比对，可以直接判断是否存在攻击行为。如图 4-60 所示，在控制台上勾选"开启可疑 PowerShell 脚本执行检测"，即可开启无文件攻击防护，需要注意的是，开启可疑 PowerShell 脚本执行检测时，需要同时开启文件实时防护策略，防护功能才可生效。发现可疑 PowerShell 脚本执行时，有两种处置方式，一种是自动阻断脚本执行，一种是仅告警，不阻断。根据历史经验，针对 PC，建议发现可疑 PowerShell 脚本执行时，对 PowerShell 脚本执行进行报警并挂起，由用户选择是否放行或阻断。针对服务器，建议发现可疑 PowerShell 脚本执行时，对 PowerShell 脚本执行进行报警但不挂起，由用户选择是否阻断或忽略。

图 4-60　无文件攻击防护策略

3. WebShell 检测技术

WebShell 就是以.asp、.php、.jsp 或者.cgi 等网页文件形式存在的一种网站后门程序，可以用于网站管理、服务器管理、权限管理等操作。由于 WebShell 使用非常简单，只需要在服务上上传一个代码文件即可使用，因此也会被黑客用来作为维持 Web 应用权限的工具。在通常情况下，黑客会通过一些 Web 应用的文件上传漏洞等，实现 WebShell 的上传，进而实现对服务器的控制。

针对 WebShell 安全问题，传统的 WebShell 文件检测是基于特征码的检测技术，严重依赖于特征库，很难及时检测到新的变种，检测效率也随着特征库的变大而迅速降低。比如，黑客通过在 WebShell 加入混淆但是无意义的代码，就可以绕过特征库检测。但是无论代码如何变化，WebShell 最终的执行目的以及效果是一致的，多数就是开放连接接入、读取目录信息、上传文件等，因此可以通过代码语义分析的方式，生成语法的规则库，这种方式被称为机器学习的检测方法。如图 4-61 所示，采用机器学习的检测方法，通过先利用语法分析器生成语法树，基于语法树提取出危险特征以及正常特征，特征包含数量统计特征、字符串信息熵、运算符号统计等，再学习已标记样本特征数据来构建检测模型，然后利用此模型对样本进行检测判定。

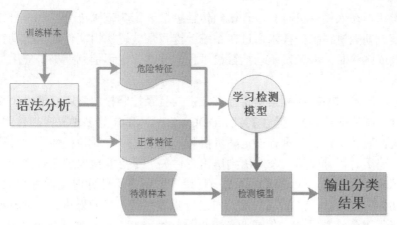

图 4-61　WebShell 检测流程

机器学习的检测方法不仅可以正确检测出已有样本数据，对未知样本也有很好的检测效果。同时利用文件信誉库、静态分析、机器学习等手段对文件进行综合判断，相比流量侧的单一防御，综合判断的检测方案会有更好的效果。

如图 4-62 所示，在 EDR 控制中心，开启 WebShell 检测策略，可定义 WebShell 检测方式和发现 WebShell 后门的处理方法。在检测方式上，包含 Agent 首次安装后触发扫描、实时检测、定期检测 3 种方式。Agent 首次安装后触发扫描，是指在首次安装后对网站根目录及其子目录进行检测扫描。实时检测，是指对网站根目录及其子目录新增文件进行检测，如有新增文件，则会自动触发。定时检测即对网站根目录及其子目录所有文件进行定期检测。

WebShell检测 🔒
☑ 开启WebShell检测

检测方式：　　☐ agent首次安装后触发扫描 ⓘ
　　　　　　　☑ 实时检测 ⓘ
　　　　　　　☑ 定期检测　每天 ▾　00 ▾　00 ▾ ⓘ

发现WebShell：　○ 自动处置
　　　　　　　　◉ 仅上报，不处置

自定义Web目录：　输入需额外检测的Web目录，如：C:\wamp\www\，最多200条　　　　　　添加

检测目录	操作
没有可显示的数据	

图 4-62　WebShell 检测配置

在 EDR 发现 WebShell 后，可以设置发现 WebShell 后的处理动作，处置动作包括自动处置和仅上报不处置两种。

EDR 默认检测 Web 服务器所在目录，也可以检测自定义 Web 目录，自定义 Web 目录由管理员进行设定。

4. 勒索诱饵防护技术

勒索病毒通过加密文件，以解密来换取赎金，因此，对病毒加密的过程的识别和控制非常重要。勒索病毒在入侵主机时会进行横向传播扩散，影响范围十分广，一台终端中病毒，全网业务瘫痪。勒索诱饵防护技术通过在系统关键目录放置诱饵文件，当有勒索程序对诱饵文件进行修改或删除时，将触发驱动拦截该进程，并将该进程信息上报给应用层进行病毒文件查杀。

如图 4-63 所示，EDR 在勒索病毒经常加密的目录按照投放规则投放诱饵文件（文本文件、PDF 文件、图片文件等），覆盖 TXT、DOC、DB、MDB 等多种勒索软件主要加密目标。文件夹命名根据现有文件夹名进行一定随机拼装，既保证一定的随机性，同时保证按照命名顺序或者逆序遍历时，可以第一个遍历到诱饵文件夹，尽可能地保护正常文件不会被加密。如果计算机感染勒索病毒，勒索病毒会遍历目录下的所有文件并对文件进行加密，当 EDR 检测到诱饵文件被修改时，EDR 客户端及时进行报警拦截，从而更早、更及时地发现和清除未知勒索病毒，避免终端系统文件或业务文件被加密。驱动可以第一时间将病毒的进程 ID 上报给应用层，应用层的勒索防护模块将病毒进程挂起，然后根据配置或用户的选择对病毒进行处置。

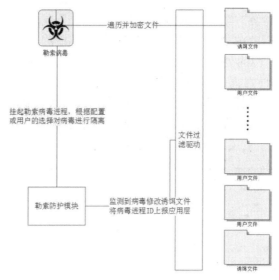

图 4-63　勒索诱饵防护流程

开启勒索病毒防护功能，如图 4-64 所示，只需要直接勾选"开启勒索诱饵防护"并设置发现勒索操作后的处置动作即可，在处置动作中，包括"自动处置""告警并手动处置"两种。诱饵文件默认是隐藏的、无法查看的。

图 4-64　勒索诱饵防护策略

图 4-65 所示是开启勒索病毒防护后，当在终端上发生加密行为时，触发的拦截效果，可以直接对加密的进程进行拦截，并在终端上进行提醒。

5. 服务器可信进程防护技术

企业服务器常承载关键业务，系统极少运行与业务无关的进程，因此为防止非法进程运行占用系统资源干扰业务，终端安全程序基本都具备基于可信进程的防护技术，实现从进程学习、可信进程确认到可信进程生效的防护策略，既支持服务器全系统可信进程防护，也支持指定服务器目录防护，从而阻止非可信进程的运行。

可信进程防护包括两个阶段。第一阶段是学习阶段，在该阶段主要采集终端运行过的所有进程信息，学习停止后，根据采集到的进程信息进一步确认并生成可信进程的规则。第二阶段是加固生效阶段，可信进程规则下发到终端，终端在系统内核中监控进程的创建行为，当检测到新进程创建，就获取进程信息并与可信进程规则进行匹配，如果匹配失败，则阻断进程的创建行为。

图 4-65　勒索病毒防护生效结果

EDR 客户端实时监控不可信进程是否在受保护的服务器运行、不可信进程是否访问服务器重要目录，当检测到存在不可信进程时，立即停止运行或停止访问服务器重要目录。

本书中以服务器系统可信进程防护为例，在使用可信进程防护之前，需要先针对服务器进行查杀，确定服务器当前环境是安全的，避免可信进程本身存在不安全的问题。完成查杀后，需要开启进程学习，如图 4-66 所示，设置服务器所在组的安全防护策略，选择"开启可信进程防护"，防护对象选择"服务器系统"，设置可信进程学习时间，EDR 会自动进行可信进程学习，进程学习需要进行一段时间的采集，才能保障进程的完整性。

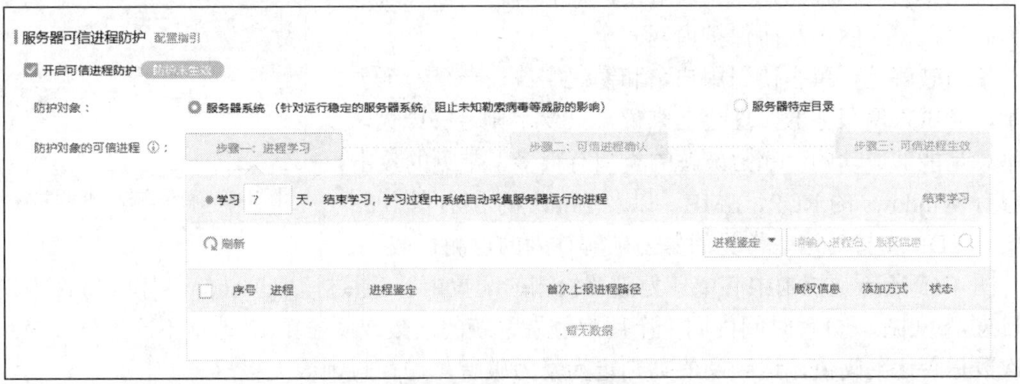

图 4-66　可信进程防护开启进程学习

当学习完后可在页面查看已学习到的进程，并可查看进程鉴定情况，例如是否为可疑进程、该进程是否无签名等，为下一步可信进程确认提供参考。进程学习结束后，进行可信进程确认。管理员通过对进程学习结果进行分析，删除不可信的进程，对没有学习到的进程进行添加，核对可信进程后，单击"确认进程"并完成可信进程确认。如图 4-67 所示，进程确认后，状态会变为已确认，此时，服务器即处于加固状态，当服务器环境中运行了非可信进程范围内的进程时，则会触发拦截操作。

图 4-67　可信进程防护的确认和生效进程

如图 4-68 所示，当 Agent 检测到不可信进程运行时，会阻止不可信进程运行，并弹出告警提醒用户。在图 4-68 中 nginx.exe 进程不在可信进程的名单中，因此直接被拒绝。

6. 暴力破解检测技术

安全事件的发生，绝大多数都是因为黑客先拿到了内网控制权限，再植入了病毒。黑客拿到内网权限的常见方法有暴力破解入侵、漏洞利用等。所以在攻击过程中，如果能够实时检测暴力破解行为，并加以阻止，就能够阻止黑客通过暴力破解入侵内网，从而保护内网安全。

暴力破解是指黑客使用用户名和密码字典，一个一个去枚举，尝试入侵服务器。理论上来说，只要字典足够庞大，枚举总是能够成功的。暴力破解的类型有很多，常见的攻击对象有 Windows 的 RDP、SMB，以及 Linux 的 SSH 等。终端安全 EDR 支持对这些常见的暴力破解行为的检测拦截。

图 4-68　可信进程防护拦截效果

图 4-69 所示是控制中心中暴力破解检测的配置内容，通过读取 Windows 和 Linux 系统登录日志，检测在一分钟时间内同一个用户登录系统的次数或同一个 IP 地址不同用户登录系统的次数是否达到阈值，达到阈值则判定为暴力破解，进行封锁或上报日志。

快速暴破阈值是指定义一分钟内连续暴力破解的次数，RDP 快速暴破阈值填写范围为 1～100，SMB 快速暴破阈值填写范围为 20～1000，而慢速暴破或分布式暴破会由系统按智能算法触发检测机制。发现 RDP/SMB 暴力破解时，可选择自动封堵或仅上报不封堵的后续处置策略。

当检测到暴力破解行为时，在管理平台能够记录相应的暴力破解日志。经过管理员分析后，可以进一步对攻击源进行"加入黑名单"或"信任"操作。加入黑名单的攻击源将无法访问被攻击终端。如果有多台服务器对内网提供 SMB、RDP、SSH 访问，且访问频繁，如访问打印机、文件共享服务器等，为避免误判，可以针对这些服务器所在组添加内网白名单策略。如果没有特殊配置要求，暴力破解检测建议保留默认配置。默认配置是结合多个客户实际情况综合得出的最优配置。

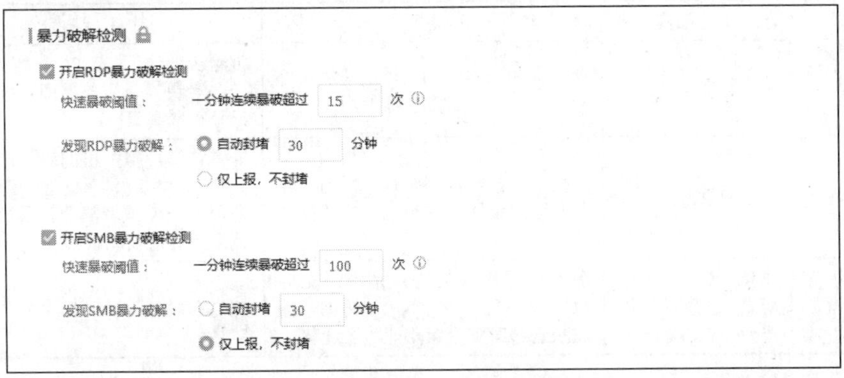

图 4-69　暴力破解检测的配置内容

4.5　微隔离与联动技术

从近几年的黑客攻击形势看，内网的攻击逐渐增多。然而，当前不少组织的安全防御思路依然仅靠多层边界防御，却忽略了内网的安全防护。当攻击者有机会拿到内网一个跳板机时，即可畅通无阻地在内部网络中横向传播威胁，对业务造成毁灭式影响。因此，为了适应新的攻防形势，行业开始重新审视内部网络隔离的重要性。

4.5.1　微隔离技术

实现内部网络隔离有多种技术方案。最传统的是网络隔离方案，网络隔离方案基本都基于网络层面进行工作，部署物理硬件防火墙，并配置相应的策略，从网络层进行访问控制。其次，是基于主机系统的防火墙技术方案，这种技术方案调用系统主机防火墙，需要单独对主机进行策略配置，复杂度较高。如今，企业和组织内部网络架构不断演进，逐步从传统的IT架构向虚拟化、混合云架构升级，虚拟化快速地扩充了主机资产数量，传统的网络隔离方案和基于主机系统防火墙技术方案在新的IT架构下落地困难重重，难以适应当下的环境，具体体现在如下几个方面。

首先，无法做到细粒度的隔离，传统网络隔离最小粒度只能做到域的隔离，这意味着只能针对南北向流量进行隔离，而对同一域内的东西向流量无法有效隔离，以致无法有效防范威胁横向扩散，内部一旦被突破一点，感染成面，损失巨大。其次，维护不够灵活，面对众多分散的虚机控制点，以及变化的网络环境，传统隔离策略无法做到实时更新与自适应防护，反而因为安全影响了业务的灵活性，最终因为策略复杂不能真正落地。最后，访问关系不可视，业务系统之间的访问关系完全不可视，难以确定隔离的有效性，甚至外部供应商网络与内部涉密生产系统交互频繁却不自知。

当越来越多的用户开始转为使用更为灵活的微隔离方案时，选择哪一种技术路线成为问题的关键。当前微隔离方案技术路线主要有 3 种，即云原生微隔离、API 对接微隔离、主机代理微隔离。其中主机代理微隔离能更好地适应当前多变的用户业务环境。表 4-5 所示是 3 种微隔离技术路线的区别。

表 4-5　　　　　　　　　　　　　　　微隔离技术路线

技术路线	支持架构	优点	缺点
云原生微隔离	仅支持虚拟化	平台原生技术，购买增值模块后可以在云平台进行配置和使用	混合云架构、非云 PC 环境无法适用；用户一旦更换云服务器商，很难简单快速迁移微隔离策略
API 对接微隔离	仅支持虚拟化	与防火墙隔离的逻辑是一样的，容易从防火墙隔离进行配置的迁移	非常依赖虚拟主机的对外接口，因此产生瓶颈；出现售后问题溯源困难；无法适用于 PC 或者混合云场景；经过 API 调用的性能损耗较大
主机代理微隔离	支持 PC、传统服务器、任意虚拟化平台	无须依赖底层架构，是唯一支持 PC、混合云环境的微隔离方案，且主机迁移时安全策略能随之迁移	在初次实施时，需要通过批量工具进行部署

深信服 EDR 微隔离技术，架构于主机防火墙之上，致力于解决病毒东西向、横向移动和内网扩散等问题，提出一种基于安全域应用角色之间的流量访问控制的系统解决方案，提供全面、基于主机应用角色之间的访问控制，做到可视化的安全访问策略配置，简单高效地实现应用服务之间的访问隔离。

Windows 上的微隔离采用 WFP（Windows 过滤平台）架构实现，应用层采用 WFP 的基本筛选引擎（Base Filtering Engine）接口实现网络访问关系的控制，驱动层采用 WFP 的内核态过滤引擎实现网络流量的监控。Linux 上的微隔离采用 NetFilter 来实现网络访问关系的控制，采用网络连接跟踪的技术实现网络流量的监控。

通过微隔离技术可以实现访问关系精细化管控和流量可视功能。精细化管控在于，在东西向访问关系控制上，优先对所有的服务器进行业务安全域的逻辑划域隔离，并对业务区域内的服务器提供的服务进行应用角色划分，对不同应用角色之间的服务访问配置访问控制策略。同时，基于安装轻量级主机 Agent 软件的访问控制，不受虚拟化平台的影响，不受物理机器和虚拟机器的影响。流量可视功能，即采用统一管理的方式对终端的网络访问关系进行图形化展示，可以看到每个业务域内部各个终端的访问关系以及访问记录，也可以看到每个业务域之间的访问关系、流量状态、访问趋势、流量排行；同时，可以根据每个访问关系生成访问关系控制策略，让用户决定是否启用该策略，减少手动新增策略的工作量，提高安全管理的效率。

4.5.2　网端云联动响应技术

在企业网络安全的运维工作中，经常会存在一种场景，网络侧设备发现某一终端外联恶意 IP 地址，定位后人工使用终端软件再去分析处置，信息不同步，处置操作割裂。网络侧设备基于流量侧收集数据，终端侧软件基于系统侧收集数据，数据割裂无法协同分析，出现了 1 加 1 小于 2 的问题。

基于上述的场景需求，终端安全程序一般支持与其他网络安全设备进行联动，以深信服 EDR 为例，深信服 EDR 产品能与 XDR、NGAF、AC、SIP、安全云脑等产品进行协同联动响应，形成涵盖云、边界、端点的上中下立体防御架构，内外部威胁情报可实时共享。

通过 EDR 主动上报终端资产数据、行为数据、威胁日志数据，与 XDR、NGAF、AC、SIP、安全云脑等产品进行协同关联分析和取证，比如行为数据中包含 DNS 与进程链的关联信息，EDR 通过 DNS 行为数据，即可获得进程链信息以供举证或进行下一步的溯源，通过进程信息，关联分析该进程的其他行为信息，如文件行为、网络行为等。

同时，还可以与安全云脑平台协同响应，关联在线的数十万台安全设备的云端威胁情报数据，以及第三方合作伙伴交换的威胁情报数据，进行安全问题的智能分析和精准判断，分析效果远远超越传统的黑白名单和静态特征库的效果，为已知或未知威胁检测提供有力支持。

本章小结

本章讲解的内容包括终端安全、终端安全产品 EDR 的基本部署和客户端使用、终端运维管理技术、终端安全防护技术、微隔离技术以及联动技术。

通过学习本章，读者可以了解和掌握终端安全产品的基本部署和安全功能，知道如何通过终端安全产品完成企业和组织的终端安全防护。

本章习题

一、单项选择题

1. 下列场景描述中，不属于 EDR 产生的背景的是（　　）。

A. 病毒问题频发　　　　　　　　B. 终端运维人工成本高

C. 病毒变种速度快　　　　　　　D. Web 应用攻击无法有效拦截

2. 下列功能中，不属于 EDR 的核心功能的是（　　）。

A. 杀毒　　　　B. 防 DDoS 攻击　　　C. 漏洞修补　　　　D. 基线检查

3. 下列部署模式中，属于 EDR 常见部署模式的是（　　）。

A. 旁路模式　　B. 网桥模式　　　C. 虚拟网线模式　　D. 混合模式

4. 下列技术中不属于终端安全的是（　　）。

A. WAF　　　　B. 远程运维　　　C. MSG　　　　D. 防勒索

5. 下列终端发现技术，基于的功能组件是（　　）。

A. Nmap　　　B. AppScan　　　C. Burp Suite　　D. MSF

二、多项选择题

1. 下列选项中，属于 EDR 服务端部署方式的是（　　）。

A. 硬件部署　　B. ISO 部署　　C. OVA 部署　　D. Hyper-V 部署

2. 下列选项中，属于 EDR 客户端部署方式的是（　　）。

A. 直接下载安装　　　　　　　　B. 桌面模板部署

C. 域控推送　　　　　　　　　　D. 联运设备推送

3. 深信服 EDR 客户端支持的操作系统类型有（　　）。

A. Windows　　B. Linux　　　C. macOS　　　D. AIX

4. 下列功能描述中，属于终端安全产品的是（　　）。

A. 漏洞发现　　B. 文件实时防护　　C. 外联检测　　　D. 流量清洗

5．下列内容中属于针对勒索病毒防护技术的是（　　）。

A．勒索诱饵技术   B．远程桌面二次认证技术

C．可信进程防护   D．加密技术

三、简答题

1．简述 EDR 的核心功能。

2．简述勒索病毒的防护思路。

3．简述基线检查功能。

第 5 章

上 网 安 全 可 视

上网安全可视是指利用可视化技术，通过直观的图形界面，提高用户对上网活动中的安全风险和威胁的感知和认知能力。它将复杂的网络安全信息转化为易于理解和识别的可视化元素，帮助用户实时监测和评估上网活动的安全性，并采取相应的保护措施。上网安全可视为用户提供了直观的安全状态展示，使用户能够及时发现并理解网络攻击、恶意软件、漏洞利用等安全事件。通过图标、颜色、动画等视觉手段，将网络威胁的风险程度、源头和扩散路径等信息展示出来，提高用户对网络环境的感知能力。此外，上网安全可视还可以提供实时警报和告警功能，及时通知用户网络安全事件的发生和风险情况。用户可以通过多种方式接收警报信息，如声音、弹窗、手机短信等，以确保及时采取应对措施。总的来说，上网安全可视通过可视化技术提高用户对网络安全的直观感知和认知能力，帮助用户主动监测和评估上网活动的安全性，并及时采取相应的保护措施，提高上网安全的整体防护能力。

本章学习逻辑

本章主要介绍安全态势感知的概念、安全态势感知架构和基本部署、安全感知平台的常见功能和原理等，本章思维导图如图 5-1 所示。

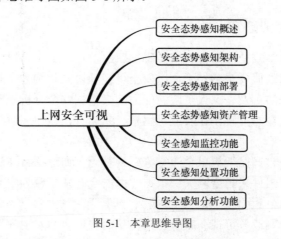

图 5-1　本章思维导图

本章学习任务

一、了解安全态势感知的概念。

二、了解安全态势感知的架构。

三、了解安全态势感知的常见部署方式。

四、了解安全态势感知的资产管理功能。

五、了解安全态势感知的监控功能。

六、了解安全态势感知的风险处置功能。

七、了解安全态势感知的分析功能。

5.1 安全态势感知概述

安全态势感知通过收集、整理、分析各种安全事件和信息，识别出潜在的安全威胁，并提供相应的应对措施。

5.1.1 安全态势感知概念

安全态势感知是指对一个系统、网络或应用程序的安全状态进行全面监测、分析、评估并提供预警和应对措施的能力，其目的是及时发现安全威胁和风险，并采取必要的措施来保护系统的安全。安全态势感知可以帮助企业或组织实现对其安全状态的实时监测和全面掌控，进而快速发现并应对安全事件，保障业务连续性和数据安全。

安全态势感知的关键组成部分包括实时数据采集、数据处理和分析、安全事件管理和响应等。通过对系统、网络、应用程序、用户行为等各个方面的数据进行实时采集和处理，安全团队可以及时发现异常事件和威胁，从而采取适当的措施进行应对。总的来说，安全态势感知是一个综合性的安全管理方案，需要多种技术手段和工具的支持，包括数据分析、机器学习、威胁情报分析等。随着网络安全威胁日益增加和复杂化，安全态势感知的重要性也越来越明显。

5.1.2 深信服安全态势感知介绍

在安全行业中，很多安全厂商都有安全感知产品，在本书中，以深信服的安全感知平台为例，做技术讲解。深信服安全感知平台以安全可视和协同防御为核心，旨在构建智能化、精准化、具备协同联动防御及专家人工应急能力的大数据安全分析平台和统一运营中心，对威胁进行实时监测、预警与处置，让安全可感知、易运营，以便应对日趋复杂的业务网络安全环境。

深信服安全感知平台产品架构以全流量分析为基础，通过探针、深信服自有安全设备及第三方安全设备等安全组件采集全网关键数据，以安全感知平台为安全大脑核心，结合威胁情报、行为分析、UEBA（用户实体行为分析）、机器学习、大数据关联分析、可视化等先进技术对全网流量实现全网业务可视和威胁感知，从而实现全面发现各种潜伏威胁。同时，安全感知平台提供易运营的支撑体系，便于安全服务专家或相关运维体系介入与应急响应，提高事件响应的速度和高级威胁发现能力。

深信服安全感知平台是一款面向通用行业的大数据安全分析产品，旨在为企业、单位、组织构建一套集检测、可视、响应于一体的安全大脑。产品关键特性有全局安全可视、大数据分析和检索能力、智能分析和应对未知威胁能力、实时监测及精准预警、高效协同响应能力、威胁举证与影响面评估、追踪溯源支撑的能力。

全局安全可视是指通过全流量分析、多维度的有效数据采集和智能分析，实时监控全网的安全态势、内部横向威胁态势、业务外链风险和服务器风险漏洞等，让管理员可以清楚全网是否安全、哪里不安全、具体薄弱点、攻击入口点等。围绕攻击链来形成一套基于"事前检查、事中分析、事后检测"的安全功能，看清全网威胁，从而辅助决策。

大数据分析以及检索能力在于深信服安全感知平台基于大数据框架，结合 Elastic search 引擎（后文简称 ES 引擎）进行设计，产品具备 TB 级别的海量数据存储、关联分析能力，并可通过集群等方式进行扩充。同时，应用深信服数据分析团队在大数据性能优化方面多年的研发能力积累，让安全感知平台具备万亿级的超大规模数据管理和秒级查询能力。

智能分析能力的需求是随着黑客的技术发展以及变种、逃逸技术的不断改进而产生的，传统安全设备的静态规则防御手段已经捉襟见肘，依靠规则仅能防御小部分已知威胁，无法检测最新攻击、未知威胁。在应对未知威胁方面，深信服安全平台具备智能分析技术，利用机器学习、关联分析、UEBA 等新技术，能够检测 APT 攻击、网络内部的潜伏威胁等高级威胁，无须更新检测规则亦能发现最新威胁。

在实时监测和精准预警方面，安全感知平台通过对全网流量、主机日志和第三方日志的采集分析，实现对已知威胁（病毒、异常流量、业务漏洞等）和未知威胁（僵尸网络、APT、0day 漏洞等）的全天候实时监测，同时结合智能分析和人工干预的便捷运营支撑，对已发现的威胁进行精准预警，简化运维，有效进行通报预警。

在高效协同响应方面，安全感知平台可联动深信服自有安全设备体系作为基础组件，不仅可进行安全数据采集，当发生重要安全事件或风险在内部传播时，亦可通过联动进行阻断、控制，避免影响扩大。联动方式涉及网络阻断、上网管理、终端安全查杀，可有效辅助管理员进行问题闭环，实现高效的联动响应。

传统的安全分析主要以日志为核心，以 IP 为分析源，难以实现详细的事件级举证呈现，无法全面地了解受损情况。安全感知平台可对 IP 自动化地进行资产类型划分，以业务安全及终端安全的维度实现不同类型受损情况的展示，聚焦运维人员对业务资产的关注点。同时，结合详细攻击内容举证、多维度潜伏威胁、基于流量可视威胁，可清晰直观看清威胁影响面，评估受损情况。

高质量追踪溯源的本质在于有效数据提取。深信服安全感知平台基于全流量和第三方日志（中间件、操作系统、安全设备等）的有效数据提取能力，实时提取有助于威胁分析和追踪溯源的关键元数据，结合 TB 级别的超大存储空间及集群部署能力，可存储 1 年以上的元数据。同时，利用可视化技术形成以流量可视、潜伏威胁黄金眼、威胁攻击链可视、统一检索及大数据能力等技术为主的追踪溯源支撑体系，为安全专家的溯源分析提供有力支撑。

图 5-2 所示为安全厂商深信服的安全感知平台的控制台界面，通常安全感知具备资产管理、分析中心和处置中心的功能。资产管理用于将整网的资产管理起来，是安全感知的基础。分析中心是安全感知的大脑，通过分析中心可以有效地进行安全问题的判定。而处置中心则根据分析中心的分析结果和设备联动功能，对确定的安全问题进行安全处置，以形成安全问题的初步闭环。

图 5-2　深信服安全感知平台控制界面

5.2　安全态势感知架构

安全态势感知平台（安全感知平台），通常由多个部分组成，其中主要的是安全感知平台管理分析端和日志接入组件，安全感知平台管理分析端做数据的处理和分析，日志接入组件用于接收和发送各类日志。

5.2.1　安全态势感知分层设计

安全感知平台采用分层的数据处理结构设计，从数据采集到最终的数据分析呈现形成完整的处理逻辑过程。层次划分通常包括数据采集层、数据预处理层、大数据分析层、数据存储层、数据服务层。图 5-3 所示是安全感知平台整体框架的 5 个层次的分层设计。

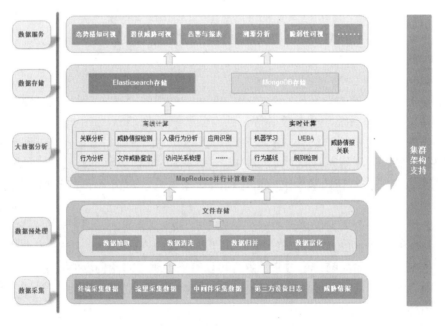

图 5-3　整体框架分层设计

1. 数据采集层

数据采集层是一个用于收集和存储各种数据的关键组件，它作为分层架构中的第一层，负责从不同的数据源中抓取和提取数据。在数据采集层中，数据可以来自多个来源，包括终端、流量、中间件、第三方设备日志、威胁情报等。同时，该层提供多种接口进行流量、日志数据的采集和对接，通常支持 Syslog、WebService、RESTful API、WMI 等方式采集。数据采集层的主要目标是确保数据的准确性、完整性和一致性。通过有效的数据采集，安全感知平台可以获得有价值的数据资产，为上层的分析和决策提供基础。

2. 数据预处理层

数据预处理是数据分析流程中的关键环节，数据预处理层负责对采集到的原始数据进行各种处理，使之能够被后续的分析模型和算法所理解和应用。数据预处理层的任务主要包括数据清洗、数据归并和数据富化，并最终将数据转换为平台可理解的格式化数据，存储为特定结构的文件或者数据库内容，以供后续的分析工作使用。

首先，数据清洗是数据预处理层的基础工作。原始数据往往存在着一些噪声、缺失值和异常值，这些会对后续的数据分析产生不良影响。因此，数据清洗就是通过各种技术和方法对原始数据进行筛选、过滤和修正，以确保数据的准确性和可靠性。例如，可以通过删除重复值、处理缺失值、修复异常值等手段来清洗数据，以确保数据的一致性和完整性。

其次，数据归并是将来自不同来源或不同格式的数据整合为一致的数据集的过程。在实际应用中，可能会遇到多个数据源的情况，这些数据源可能来自不同部门、不同平台或者以不同的格式存储。因此，数据预处理层需要对这些异构数据进行整合和合并，以构建一个完整的数据集。例如，可以通过数据融合、数据集成等方法对多个数据源的数据进行统一，并消除冗余和冲突，使之能够满足后续的分析需求。

此外，数据富化也是数据预处理层的重要任务之一。在数据采集过程中，通常只能获取到一些基本的、原始的数据，而通过数据富化，对已有数据进行增加、改进或重新组织，以提供更加有价值的信息，最终，数据转换为平台可理解的格式化数据，以文件的形式存储，等待分析。

3. 大数据分析层

大数据分析层是一个关键的技术组件，用于读取经过预处理后的数据并进行离线计算，或者读取 Elasticsearch 数据进行实时计算。它在全网安全数据的检测、分析和统计中起着重要的作用。该层利用大数据技术和算法，结合威胁情报、行为分析以及智能分析等技术，能够全面发现当前的安全威胁现状并提供有效的解决方案。同时，内置的多条安全关联规则可以对数据进行归并告警，进一步提高安全性。

在全网安全数据的检测方面，大数据分析层利用其大规模的数据处理能力，能够处理庞大的数据集，包括网络流量数据、日志数据、用户行为数据等。通过对这些数据的深入分析和挖掘，可以快速发现潜在的安全威胁，如异常网络流量、恶意软件传播、未授权登录等。同时，结合威胁情报和行为分析等技术，可以准确判断和区分真正的威胁和误报，从而提高安全性和降低误报率。

在安全威胁的分析方面，大数据分析层不仅可以发现安全威胁的存在，还能够对其进行深入分析和评估。通过对威胁相关数据的整合和分析，可以了解威胁的来源、传播途径以及影响范围等信息。同时，结合智能分析和机器学习等技术对历史数据进行建模和预测，提前识别潜在的安全风险。

4. 数据存储层

数据存储层的主要功能是将分析数据和结果存储在合适的数据库中，以供后续的查询和使用。其中，ES 引擎和 MongoDB 是常用的数据库技术，各自具备不同的优势和适用场景。

首先，ES 引擎是一个基于 Lucene 的搜索引擎，它具备强大的全文搜索和快速检索能力。它通过倒排索引的方式存储数据，使得在大规模数据集中进行搜索和过滤变得更加高效和快速。因此，对于分析数据和结果的存储，特别是需要进行复杂查询和聚合操作的场景，将数据存放在 ES 引擎中是一个不错的选择。通过利用 ES 引擎提供的查询语言和聚合功能，可以灵活地检索、过滤和分析数据，以满足不同的需求。

其次，对于那些近期需要快速呈现的统计结果数据，可以选择将其存放到 MongoDB 中。MongoDB 是一种面向文档的 NoSQL 数据库，它采用可扩展的数据模型和高度灵活的文档形式存储方式，能够更好地适应数据的变化和扩展。相比 ES 引擎，MongoDB 更适合存储大量的结构化数据，且具备良好的可扩展性和数据存取性能。此外，MongoDB 的查询语法也较为简单易用，可以快速读取所需的数据，而无须额外的渲染和消耗额外的内存资源。

5. 数据服务层

数据服务层在整个数据可视化过程中起到了重要的作用。通过使用 App 的方式设计，数据服务层可以提供一种直观、用户友好的方式来展示数据。用户可以通过手机或平板计算机等移动设备来访问这些数据，从而更加便捷地了解和分析数据。

数据服务层主要通过从数据存储层提取数据的接口来读取、展示数据。这些接口可以通过各种形式来获取数据，包括数据库、文件系统、第三方 API 等。通过这些接口，数据服务层可以获取到最新的数据，并将其展示给用户。同时，数据服务层也需要提供各种数据的安全可视服务，确保用户在访问数据时的安全性。

数据服务层还可以提供对外的接口，以便其他系统或应用程序能够方便地访问和使用这些数据。这些接口可以是基于 RESTful API 的，可以使用 JSON 或 XML 等数据格式进行数据交互。通过这些接口，外部系统可以从数据服务层获取所需的数据，以满足自身的需求。

在数据可视化方面，数据服务层使用 EXT（Ext JS）作为 JavaScript 框架，可以实现丰富多样的图表展示效果。EXT 提供了各种强大的组件和功能，可以帮助开发者实现定制化的数据可视化界面。同时，数据服务层还使用 ApacheECharts 作为图形库，可以生成各种类型的图表，如折线图、柱状图、饼图等，以便更好地展示数据。

5.2.2 安全态势感知组件

安全感知平台，依赖接入的组件来获得数据。图 5-4 所示为安全感知平台数据处理流程，整体组件包括基础组件和扩展组件。常见的基础组件为潜伏威胁探针。扩展组件是一些可以为安全感知平台提供针对性的安全数据输入又可以进行联动防护和检测的组件，如下一代防火墙、上网行为管理设备等。

1. 潜伏威胁探针

潜伏威胁探针（STA）基于 x86 硬件结构，用于旁路部署在外网各个关键区域节点（交换机），对全流量进行采集和检测，提取有效数据上报给安全感知平台。

图 5-4　安全感知平台数据处理流程

潜伏威胁探针具备 IDS 检测能力，包含 Web 应用攻击检测规则和漏洞利用攻击检测规则，可从流量中检测已知威胁，为平台输送安全日志。同时，内置异常行为检测引擎，实时匹配流量，当发现存在异常行为时会将流量片段在采集的流量数据中进行标记，传给平台，由平台进行深度关联分析，挖掘潜在的威胁。

潜伏威胁探针作为流量采集设备，主要与交换机等具备旁路镜像功能的汇聚设备进行对接，对其镜像的流量（按方案采集要求）进行图 5-5 所示的处理和输出数据。

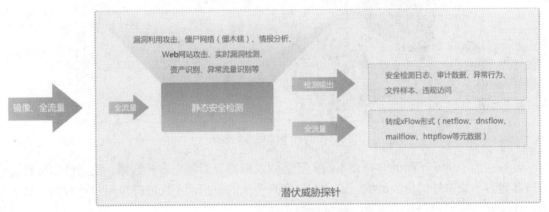

图 5-5　探针对流量的处理流程

潜伏威胁探针的核心技术是静态安全检测和输出，在检测方面基于多种规则来完成。比如，基于黑客攻击的静态规则检测，包括漏洞利用攻击、Web 网站攻击、异常流量识别等，形成安全检测日志。基于情报分析，包括攻击源匹配、请求流量匹配等发现僵尸网络通信流量（如 C&C 通信、远控行为等），形成安全检测日志。基于资产梳理，包括自动识别内网网段及互联网，对内网网段自动发现终端、服务器，并识别异常访问行为、违规访问行为。形成资产识别信息、违规访问日志。基于脆弱性范围聚焦，包括基于流量的方式发现存在的漏洞、弱密码等暴露面问题，方便安全人员快速聚焦具体位置再分析，无须进行大范围的渗透处理。基于应用检测，识别流量中包含的具体应用类型、访问的网站类型特性等，形成审计日志。在输出方面,输出安全检测日志、违规访问日志、审计日志、资产识别信息等。

潜伏威胁探针的核心功能在于资产识别、海量原始数据审计以及全面精确的威胁检测。资产识别是指潜伏威胁探针能够对内部的服务器进行自动识别,如图 5-6 所示,安全威胁探针还能自动识别服务器上的开放端口、存在的漏洞、弱密码等风险。

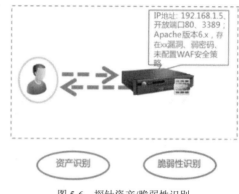

在数据审计方面,潜伏威胁探针支持包括 DNS 协议、SMB 协议、FTP、LDAP 等常见应用类型的共 100 多种应用协议数据审计,为了解决存储问题,潜伏威胁探针简化数据流,不仅大大降低对数据存储的要求,还不丢失重要信息。因此,潜伏威胁探针用户可以存储一定时间的流量数据以实现更全面的调查分析。图 5-7 所示为部分常见的应用协议。

图 5-6 探针资产/脆弱性识别

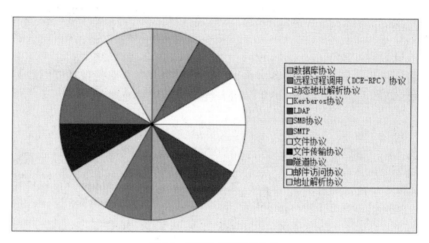

图 5-7 解析的常用应用协议

此外,为了满足不同的客户、不同的业务需求所需要的特定审计数据,潜伏威胁探针支持过滤客户不想审计的协议数据,审计存储客户关注的数据,不仅能减少用户的数据存储压力,还能减少用户对审计数据进一步分析的工作量。

在全面检测方面,潜伏威胁探针对病毒、蠕虫、木马后门、拒绝服务攻击、各种服务器攻击、终端攻击、扫描攻击、SQL 注入攻击、XSS 攻击、缓冲区溢出攻击、欺骗劫持等攻击行为以及网络资源滥用行为(如 P2P 上传/下载、CGI 访问攻击、IIS 服务器攻击、网络游戏、视频/音频、网络炒股)等威胁具有高精度的检测能力。同时,潜伏威胁探针的自定义应用识别规则库模块,可以通过参数的灵活设定,把关注的特殊事件作为自定义策略下发给引擎进行检测。对于网络流量的异常情况具有非常准确、有效的发现能力。

2. 安全感知扩展组件

如表 5-1 所示,表中的组件(上网行为管理、下一代防火墙、EDR、SSL VPN、云眼、云镜)为深信服自有安全体系的设备,用于作为安全感知平台的扩展组件,在提供有针对性的安全数据输入的同时，可联动进行安全防护、检测。

表 5-1   深信服安全感知扩展组件

组件名称	组件描述
上网行为管理	作为安全感知平台的组件后，可以实现对用户的定位（如 DHCP 下精准定位 IP 地址）及冻结风险主机的上网
下一代防火墙	下一代防火墙一般部署在互联网或数据中心的出口，作为安全感知平台的组件后，用于采集外部攻击和违反策略的违规访问数据，并实现对攻击源的联动阻断和对异常访问的 ACL 策略控制，让安全感知平台具备基础防御能力。 同时，由于安全感知平台具备未知威胁检测能力，可联动形成对未知威胁的有效防御和脆弱性入口点的针对性策略控制，应对出口安全的攻击绕过问题
EDR	深信服终端安全响应平台，针对终端主机的安全进行有效防护。以此作为组件，可以采集来自服务器/办公 PC 的主机安全日志，增加安全感知平台的端点分析、溯源取证能力，同时结合 EDR 的病毒查杀能力，可实现安全感知平台的问题处置闭环
SSL VPN	深信服 VPN 设备。作为组件后，可同步网络中 SSL VPN 的用户日志、管理日志到安全感知平台。SSL VPN 数据接入后，发生安全事件时可识别出通过 VPN 接入对应的终端，如果发生严重事件，并且可以通知使用人下线
云眼	深信服云扫描产品，对互联网业务提供持续的风险评估+实时监测+篡改处置+应急对抗服务。作为安全感知平台的组件来进行网站漏洞扫描、可用性及篡改监测，对已发生的篡改可进行快速切断
云镜	深信服本地漏洞扫描产品，本地化方式对内部网络所有资产进行扫描来发现脆弱性风险。作为安全感知平台的组件时提供内部网络所有资产的主动脆弱性扫描发现能力

5.3 安全态势感知部署

通常安全感知平台的部署，包括两个部分，一是潜伏威胁探针的部署，二是安全感知平台本身的部署，两个产品组合使用，才能获得更好的安全检测效果。

5.3.1 潜伏威胁探针部署

1. 潜伏威胁探针的架构和原理

深信服潜伏威胁探针构筑在 64 位多核并发、高速硬件平台之上，采用自主研发基于 Linux 操作系统的并行处理操作系统（Sangfor OS），将控制平面、内容平面并行运行在多核平台上。多平面并发处理，紧密协作，极大地提升了网络数据报的安全处理性能。

潜伏威胁探针通过软件设计将网络层和应用层的数据处理进行分离，在底层以应用识别模块为基础，对所有网卡接收到的数据进行识别，再通过抓包驱动把需要处理的应用数据报文抓取到应用层。若应用层发生数据处理失败的情况，也不会影响到网络层数据的转发，从而实现高效、可靠的数据报文处理。整体架构设计如图 5-8 所示，潜伏威胁探针整体上分为两个平面，分别是控制平面和内容平面。控制平面负责整个系统各平面、各模块间的监控和协调工作，此平面包括配置存储、配置下发、控制台 UI、数据中心等功能。内容平面负责内容审计和内容检测功能的协调运行，采用一次解析引擎，一次扫描便可识别出各种威胁和攻击，内容检测平面包括漏洞攻击识别、Web 应用防护、实时漏洞分析、僵尸网络识别、数据防泄密、内容过滤等功能，内容审计平面包括 HTTP 审计、DNS 协议审计、FTP 审计、SMTP 审计等功能。

潜伏威胁探针的设计不仅采用多核的硬件架构，在计算指令设计上还采用先进的无锁并行处理技术，能够实现多流水线同时处理，成倍提升系统吞吐量，在多核系统下性能表现十分优异。该架构是真正的多核并行处理架构。

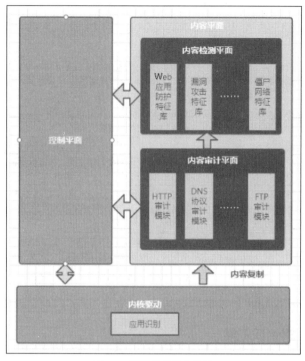

图 5-8　探针系统架构设计

在潜伏威胁探针的系统架构设计中，控制平面和内容平台互相配合，通过内核驱动层，将数据复制到内容平面，进行初步的检测和审计，并将结果传输给安全感知平台。

2. 潜伏威胁探针部署对接

潜伏威胁探针作为流量采集设备，部署位置至关重要，只有收集到更为全面的流量，安全感知平台才能更加全面地分析出全网的安全事件和异常行为。

潜伏威胁探针一般采用旁路模式部署，使用一个接口作为管理口，其他接口均可作为监听口。如图 5-9 所示，潜伏威胁探针与交换机镜像口相连，实施简单，完全不影响原有的网络结构，降低了网络单点故障的发生率。此时潜伏威胁探针获得的是链路中数据的副本，主要用于监听、检测局域网中的数据流和日志流。

潜伏威胁探针与安全感知平台对接场景部署如图 5-10 所示，潜伏威胁探针接入旁路镜像口对数据流进行审计，向安全感知平台传输安全检测日志和审计日志，为安全感知平台进行关联分析、大数据分析提供素材。除了与安全感知平台对接传送日志数据，潜伏威胁探针也可对接其他第三方平台，传送原始网络数据供其进行分析。

图 5-9　探针对流量的处理流程

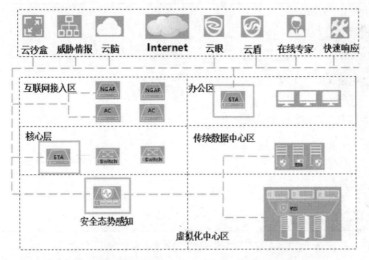

图 5-10　潜伏威胁探针与安全态势感知对接场景部署

3. 潜伏威胁探针配置

根据前文的描述可知，潜伏威胁探针部署一般要设置管理口和镜像口，分别用于探针管理和对接，以及镜像流量的收集，图 5-11 所示是深信服探针设备的配置界面，在网络配置部分，管理口配置选择接口类型并配置 IP 地址，在路由配置中，只需要配置默认路由。潜伏威胁探针支持 IPv6 路由配置。

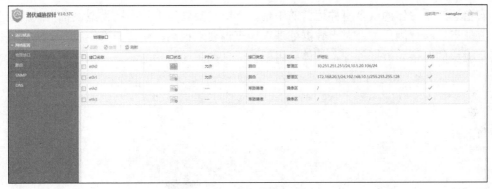

图 5-11　探针设备网络配置

潜伏威胁探针和安全感知平台对接配置，需要确认对应安全感知平台的 IP 地址，以及认证密钥（从安全感知平台配置上可以查看），另外，针对不同场景潜伏威胁探针提供了不同日志传输模式，内网一般可以选择高级模式，而如果是互联网场景且带宽有限，可以设置精简模式，也可以通过自定义模式手动指定需要传输到安全感知平台的具体日志类型，日志类型越全，平台分析的行为流量就越全面、越准确。

图 5-12 所示是潜伏威胁探针与安全感知平台对接的配置内容，包括关联安全感知平台的地址信息、认证密钥信息以及上传日志的带宽设置和具体的日志信息等。

如果内网存在 HTTPS 业务，需要针对该类加密业务进行解密后的安全事件分析，需要获取该业务的 SSL 证书私钥，并在潜伏威胁探针中导入对应私钥，否则会影响 HTTPS 检测效果。

图 5-12　潜伏威胁探针设备对接安全感知平台

若潜伏威胁探针部署的位置前端存在负载均衡单臂部署，对源地址进行了转换，并使用 XFF（X-Forwarded-For）传输源 IP 地址，则潜伏威胁探针需要开启 XFF 字段识别。

5.3.2　安全感知单机部署

安全感知具备多种部署模式，如单机模式、级联模式和集群模式等，不同的场景下，需要根据需求选用不同的方案，单机部署是在企业和组织网络环境中最常见的方式。

1.　安全感知平台的架构原理

安全感知平台作为安全事件运营的中台，本身需要处理大量不同类型设备格式的安全日志、流量日志和行为日志，对于数据处理存储查询要求很高，整体架构使用各类应用组件实现各个板块的对接和数据处理，具体应用架构原理如图 5-13 所示。

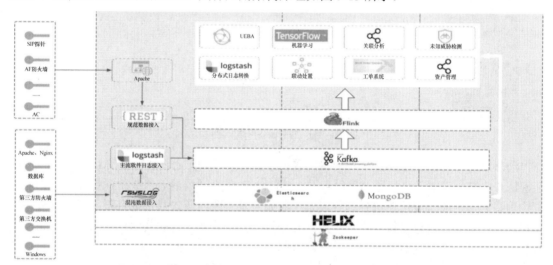

图 5-13　安全感知平台架构原理

SIP 在日志处理上的应用采用 ELK（Elasticsearch+Logstash+Kafka）架构，通过 Logstash 对接日志数据的采集和归一化，然后发送至 ES 引擎存储，同时作为数据生产者发送至 Kafka 集群，Flink 流式计算引擎作为数据消费者对 Kafka 集群消费日志数据进行分析计算。针对上述描述的内容,关键名词解释如表 5-2 所示。

表 5-2 　　　　　　　　　　　安全感知平台架构名词解释

名词	名词解释
REST	REST 即 RESTful API,通过 HTTPS 的方式,以 GET/POST 方法,将数据以 JSON 的格式传输,这是一种标准的数据对接和交互方式
Logstash	Logstash 对从数据源采集的第三方日志数据进行归一化处理,然后发送至 ES 引擎存储,同时作为数据生产者发送至 Kafka 集群
Kafka	起到一个消息队列的作用,用于接收 Logstash 的第三方日志,作为 Flink 日志关联分析计算的输入
Flink	流式计算引擎,用于对第三方日志进行关联分析
ES	ES 主要的作用如下: (1)日志数据存储,存储所有的原始日志; (2)做复杂的聚合运算,比如 UEBA、外部威胁智能分析,需要进行数据聚合分析时,会借助 ES 进行; (3)日志检索,ES 的核心还能作为一个高性能的检索引擎,日志检索需要通过 ES 进行
MongoDB	MongoDB 是一个基于分布式文件存储的数据库,属于 NoSQL 数据库,存储安全事件、资产数据、脆弱性数据,因为 MongoDB 在支持数据库的增删改查功能以外,由于属于 NoSQL 数据库,能够支持非结构化数据的存储,比如 JSON 格式数据,相对于关系数据库更加灵活,而 ES 核心在于强大的全文检索能力,不擅长更新,所以结果类数据,需要做更新操作的,用 MongoDB 存储更合适
ZooKeeper	用于做集群管理,防止集群出现单点故障问题,即当主节点异常后(如宕机),能够迅速选举出新的主节点,保证业务不会中断

2. 安全感知平台单机场景部署

安全感知平台作为安全运营分析的中台,本身不需要直接采集流量,主要通过潜伏威胁探针、深信服自有安全设备及第三方安全设备等安全组件采集全网关键数据,对全网流量实现全网业务可视和威胁感知。所以单台设备部署场景,主要在于网络配置和组件对接配置,一般采用单臂旁路模式部署,图 5-14 所示是常见的安全感知平台与威胁检测探针设备对接的拓扑结构。

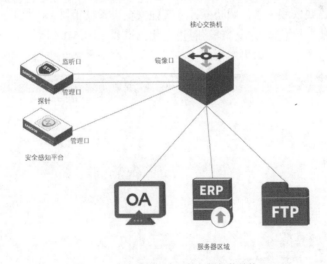

图 5-14　安全感知平台对接部署拓扑结构

安全感知平台设置管理口 IP 地址、默认路由和 DNS 即可完成网络测的配置,一般建议使用默认 eth0 口作为管理口,也可以使用其他空闲口作为管理口,如图 5-15 所示,完成基本的网络配置即可。

图 5-15　安全感知平台网络接口配置

安全感知平台需要通过域名的方式和互联网的威胁情报和云端沙箱进行通信，所以也需要配置 DNS 的 IP 地址，如图 5-16 所示，需要在网络配置中的 DNS 配置选项下，完成 DNS 的配置，用于实现设备的域名解析功能。

图 5-16　安全感知平台网络 DNS 配置

安全感知平台需要依赖于潜伏威胁探针或其他安全设备收集日志，才具备安全事件分析的能力，所以组件对接情况检查，在平台部署时也是相当重要。图 5-17 所示是安全感知平台与其他安全设备对接后显示的结果。如果对接后设备离线了，在安全感知平台上也会进行相应的体现。

图 5-17　安全感知平台组件对接检查

5.3.3 安全感知平台级联部署

安全感知平台级联功能提供设备联通、数据传输汇集和业务流转功能。可以通过级联的方式，将下级平台的安全事件、风险漏洞隐患、资产情况、资产脆弱性等上报到上级平台，进行实时监测和展示。上级平台可以利用汇聚数据，对全网整体的网络安全态势进行综合分析评估。同时，可以通过级联向下级平台推送相关工作任务，为通报预警、应急响应等各项工作提供管理工具，跟踪工作展开情况。

1. 安全感知平台级联架构

如图 5-18 所示，级联支持纵向级联和横向级联。纵向级联最多支持 5 级。一个平台最多能同时连 5 个直接上级，但是不支持回环级联。

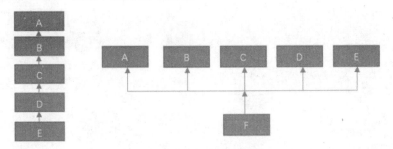

图 5-18 安全感知平台级联架构

2. 安全感知平台级联场景部署

安全感知平台级联部署，一般适合上下级单位使用场景，如上级平台需要实时监控下级单位是否发生了严重的安全事件，或者上级平台可以下发通告/工单给下级平台产生的风险安全事件。设备本身也支持级联多个不同上级平台和多个不同下级平台。具体部署配置需要在上下级平台分别完成相关级联配置，并保持上下级平台的级联密码设置一致，同时确保上下级平台相关服务端口网络通信正常。图 5-19 所示是安全感知平台级联架构。

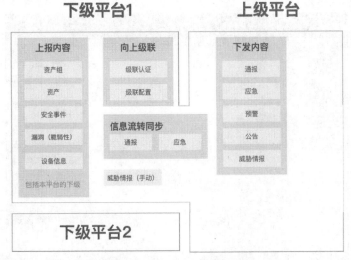

图 5-19 安全感知平台级联架构

建立级联包括两个过程，一个是级联认证，另一个是级联配置。级联认证配置需要在下级平台输入上级平台的 IP 地址、级联密码和端口号（默认为 7443），以及同步方式设置为 HTTPS。级联配置是指下级平台可选择要同步的资产组范围和类型，选择范围内的资产和资产组信息会同步到上级平台，同时可以自定义选择同步内容，只有选择范围内的资产组、资产发生问题时，才会同步给上级平台，本平台如有下级平台，同步时会按下级平台的配置，同步给本平台的上级平台。

完成级联的所有配置后，资产组、资产、安全事件、漏洞（脆弱性）、设备信息每 5 分钟自动增量同步一次，通报和应急的处置进展会实时同步，而情报信息需要手动上报，实时发送给上级平台。上级平台可以向下级平台实时发送通报、预警、应急、公告、威胁情报。

图 5-20 所示为企业中常见的安全感知平台级联拓扑结构，下级平台接收本地的安全威胁探针发送过来的安全日志，然后通过专线实现与上级平台的互通，实现级联效果。

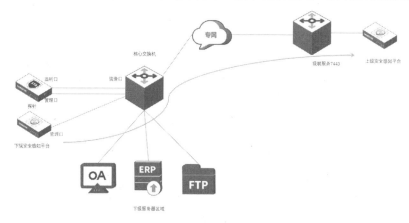

图 5-20 安全感知平台级联拓扑结构

如果要开启级联功能，需要对当前平台进行级联配置，包括配置平台的 IP 地址、端口和级联密码，以及新增上级相关配置，并明确需要同步的内容，包括资产范围和安全事件类型等，具体配置内容如图 5-21 所示。

图 5-21 安全感知平台启用级联功能配置内容

在启用级联功能后，被级联的设备需要配置自己的上级设备，如图 5-22 所示，进行新增上级，需要配置上级平台的 IP 地址、级联密码，以及自己需要同步的范围。

图 5-22　安全感知新增上级功能配置

如图 5-23 所示，完成级联配置且正常对接后，在上级平台的控制台，可以查看级联的信息，如平台名称、平台 IP 地址、当前状态、级别、同步内容等。

图 5-23　安全感知级联配置结果

如图 5-24 所示，处理日常安全事件时，可以在上级平台查看下级平台相关安全事件及资产数据，并且可以在预警中心模块查看相关预警及已推送的预警信息。

图 5-24　安全感知级联后资产统一管理

5.3.4 安全感知平台集群部署

为提升可靠性和性能，可以使用安全感知平台的集群功能。安全感知平台集群具备集群内平台的计算采集能力，并根据信息自动分配资源，自动调节压力，自动进行服务降级，免去运维的麻烦。

1. 安全感知平台集群架构原理

在集群模式下，设备本身采用 HA 方案，对外配置 VIP 提供服务，内部的应用组件均通过 HA 机制保证高可用性，确保任何一个节点异常时，都能自动调节并恢复正常工作。

2. 安全感知平台集群部署

安全感知平台支持以集群模式部署，通过组建运算集群方式对多台设备的空闲资源进行均衡分配管理，增强多个组件的运算能力，加快查询。但是安全感知平台的集群不像传统网关类安全设备 HA 一样能够做到完全的主备冗余，由于采用分布式的大数据组件，当集群单节点发生故障的时候，可能会导致集群整体可用性受影响，所以组建运算集群通常需要注意以下几点。

（1）多台需设置集群的安全感知平台设备的 IP 地址需在同网段，且能够相互访问。

（2）多台需设置集群的安全感知平台的设备硬件型号、平台版本号需要相同。

（3）如解散集群，会导致部分数据丢失，请谨慎解除集群。

（4）多台需配置集群的安全感知平台设备需确定一个主节点，配置好后，则其他安全感知平台为从节点，主节点开启维护模式后，从节点才可正常访问界面。

（5）组建集群，子节点会恢复默认配置、清除所有数据，配置和数据以主节点为准。

在安全感知平台集群中的安全感知平台扮演两种角色，一种被称为主控节点，另一种被称为从节点。主控节点指的是集群中的控制节点，只能通过访问主控节点的 IP 地址来管理集群；从节点指的是集群中非主控节点外的所有节点，只提供计算和存储资源。安全感知平台集群对外提供 VIP，以供潜伏威胁探针设备和其他设备接入流量。如未配置 VIP，则必须以主控节点 IP 地址接入流量。除了安全感知平台集群处于维护调整状态时需要使用主控节点 IP 地址直接进行登录维护，其他需要访问安全感知平台集群的管理面的，建议通过 VIP 访问。正常情况下，VIP 配置在主控节点上，主控节点异常的情况下，VIP 会自动漂移，以继续进行流量分析。

图 5-25 所示是安全感知平台集群拓扑结构，通常情况下，加入同一个集群的安全感知平台需要配置在同一个二层网络下。

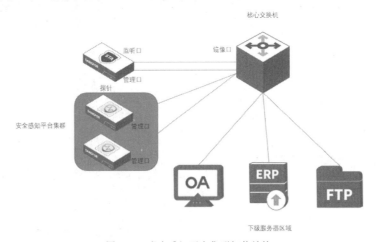

图 5-25 安全感知平台集群拓扑结构

在进行集群部署的时候，确保主控节点和从节点完成网络配置且满足各项前置要求后，需要先启用集群的配置，并优先完成主控节点的初始化。在初始化集群后才可以新增其他节点，完成配置后，待集群初始化完成，即可完成集群组建。

如图 5-26 所示，在安全感知平台的集群管理部分，单击"立即配置"，即可开始进行集群的配置。需要加入集群的每一个安全感知平台，均需要按照此步骤进行集群配置的开启。

图 5-26 安全感知平台集群启用

如图 5-27 所示，启用集群需要配置集群的 IP 地址、子网掩码和集群的名称，优先配置节点为主控节点，配置完成后，在集群节点中，新增节点即可。

图 5-27 安全感知平台集群主控配置

5.4 安全态势感知资产管理

在 2019 年 RSA 大会中，在"全球网络安全风向标"创新沙盒环节，网络安全资产管理主题斩获冠军，Axonius 被冠以"最具创新性"公司头衔。在此前，资产管理被认为是一个非常简单的工作，网络安全建设的重点依然是以资产为中心，在资产外围进行威胁检测、安全防御等安全能力建设，而忽略了资产自身的安全加固，但是随着云计算、大数据、IoT（物联网）设备的爆发式增长，原有的网络体系结构发生重大变化，资产管理的重要性逐渐凸显，回归资产管理也是网络安全的再次对标。

由于 IT 架构的不断演变和系统应用的不断创新，再加上企业不断新增的云上资产，使得企业的资产呈现爆发式、多样化的增长。资产类别复杂多样，资产入库、退库频繁，资产信息调整、变更频繁，这些都导致资产的生命周期管理越来越复杂，越来越难以把控。

资产管理难度剧增，而当前资产管理的手段不足。虽然目前很多产品都有资产管理功能，但管理方式还普遍为手动登记方式，易漏易错。同时，各产品受限于厂商和功能应用，各自形成资产信息孤岛，导致信息的重复维护、重复配置，增加了数据维护的难度，也使得资产管理面临着巨大挑战。

由于 IT 资产的频繁变动，企业无法实时掌控现有的资产状态，也就失去了常规安全检测和紧急安全加固的基石，资产的脆弱性会更加明显。而与之相对应的却是不断新增的漏洞数量以及不断加快的黑产响应速度，这些都使得资产的风险管控面临着新的挑战。

在传统 IT 部署方式下，企业在应急响应流程中，梳理受影响资产所消耗时间最多，大约占 40%。因此，当风险发生时，企业很难准确定位受影响的资产，导致风险扩散周期加长，而时间是安全攻防对抗的生命线，传统的风险应急响应不能够满足逐步发展的安全管理和技术发展的需求。

资产管理中心在安全感知平台中是集资产识别、资产管理、资产风险检测与风险响应于一体的功能模块，可以对接大量第三方平台资产信息，打通资产信息孤岛，提供全面整合的线上、线下资产信息，帮助企业及时发现未知资产、僵尸资产以及暴露资产，高效管理现存资产。同时，平台借力深信服 20 年信息安全的积累，可对用户资产的脆弱性进行多维度、持续性的实时监控，帮助企业及时发现资产风险，高效应对安全风险，形成安全管理闭环，从而实现资产的透明化管理及全方位的安全防控。

资产管理模块为帮助用户智能发现并管理自身资产，采用多种方式进行资产识别，包括主动检测、被动识别和第三方资源整合，大大提升资产智能识别的准确性。系统可针对端口服务、系统设备和业务应用等进行主动扫描，实现对资产的深入剖析和画像，并可利用子域名爆破、上下游接口、搜索引擎、智能分布式网络爬虫、流量检测等多种手段快速发现未知资产。同时，系统还可按需对接第三方资产生态，同步第三方数据，全方位提升资产发现的准确性和实时性。

图 5-28 所示是资产管理和识别的过程。资产管理模块内置完善的全生命周期资产管理流程，实现资产审核、入库、维护、退库的流程可追踪与数据可管理。系统可采用多种方式灵活获取资产信息，并可针对未知资产加入审核机制进行入库审核。同时可对资产进行状态标记，识别已废弃资产，聚焦活跃资产的安全状况和信息管理，并提供多维度的可视化页面，帮助用户及时、高效、全面地了解现有资产的情况。

安全感知平台可以准确获取管理的资产信息，将各类资产信息按照资产组、资产来源、设备类型、操作系统类型、离线情况、退库情况、开设端口情况、服务情况等进行分类整理与统计，将关键资产信息以图形化的方式直观地展现出来，以帮助企业快速掌握当前管理的资产现状，便于及时发现资产问题。图 5-29 所示为安全感知平台识别资产后的汇总情况。

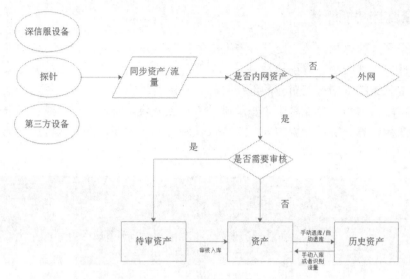

图 5-28 资产管理和识别过程

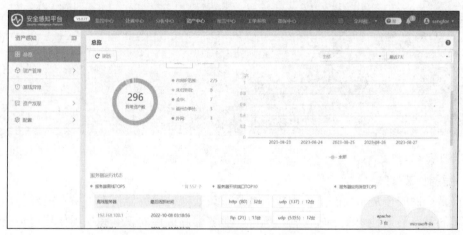

图 5-29 安全感知平台资产汇总情况

资产入库后，可针对入库资产信息进行查询、编辑与管理。目前资产信息涵盖硬件信息、操作系统信息、开放端口、应用、开发框架、责任人等多维度的信息，并支持对资产进行标签化管理，以便满足不同用户在 IP 地址段划分资产场景、设备划分资产场景、IP 设备混合划分资产场景等多种场景下的资产、识别归类，以解决复杂场景下的资产划分、资产统计问题。

5.5 安全感知监控功能

安全感知监控功能是指通过使用各种技术手段，对环境、设备进行实时监测和分析，以便及早发现和应对潜在的安全威胁和风险。这种监控功能可以帮助组织提高安全应急响应能

力，保障企业资产的安全。

5.5.1 安全监控功能概述

要做到全网威胁感知，必须要具备多维度的监测、分析体系。如图 5-30 所示，安全感知平台从脆弱性、外部攻击、内部异常进行三大维度的安全实时监测能力构建，来达成全面的检测体系。这三大维度均有其对应的最终目标：在脆弱性方面，以业务资产为核心，寻找暴露面；在外部攻击方面，寻找基于攻击突破的入口点及攻击绕过情况，结合脆弱性感知来针对性地调整防御策略，决策加固方向；在内部异常方面，寻找已经被入侵成功的失陷主机，根除已在内部潜伏的威胁，避免继续受损及影响扩散。

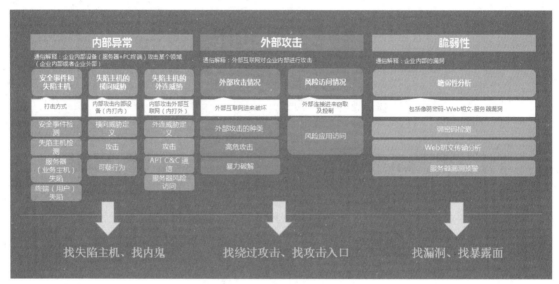

图 5-30　安全感知平台分析维度

1. 脆弱性感知

资产是全网安全最重要的防护点，尤其是承载业务的服务器资产。所有的威胁都必须利用服务器的某个脆弱性才能造成伤害，因此，服务器脆弱性的识别和加固便显得十分重要，能够有效预防威胁的发生。

安全感知平台可以通过主动+被动的形式，结合脆弱性指纹信息，快速聚焦服务器存在的漏洞情况，方便安全人员快速定位，借助基础手段就可以识别漏洞情况。

图 5-31 所示是脆弱性事件和主机汇总展示。以主机为一个单位维度，汇总展示每个主机的漏洞风险等 5 个维度的风险事件数（高危），另外，从这个页面可以看到每个脆弱性主机事件的数据来源、脆弱性等级和进行扫描器联动。第三方报表导入操作入口在本页面左上角"第三方漏洞报告导入"。

脆弱性感知中识别的第一个类型是漏洞，基于探针组件的被动流量信息和漏洞指纹特征，识别疑似存在具体漏洞的主机/URL、疑似漏洞的举证信息及修复建议，为安全人员快速定位。基于扩展组件（云眼、云镜）的主动扫描可快速对主机进行探测分析，聚焦具体漏洞信息，并提供详细的修复建议。

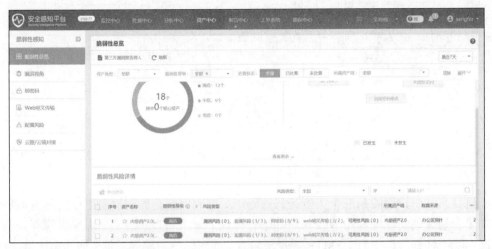

图 5-31　资产脆弱性总览

用户可及时掌握存在脆弱性风险的资产情况以及风险等级，了解目前所有资产存在的漏洞分布、热点漏洞问题以及近 30 天的漏洞态势，并查询各资产的脆弱性详细情况，了解当前漏洞态势、处理情况，以便及时调整资产管理策略。图 5-32 所示是资产脆弱性识别后的结果，包含资产中的高危问题汇总信息，以及资产问题细节。

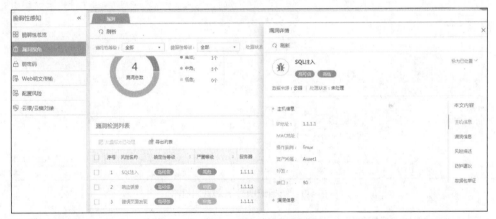

图 5-32　资产脆弱性识别结果

脆弱性感知中识别的第二个类型是明文传输，识别网站存在提交重要信息过程中未进行任何加密、容易被监听等造成数据信息泄露的风险。此项能力符合《中华人民共和国网络安全法》的要求。

在组织和企业中，经常会遇到 Web 明文传输的问题，尤其是在内部使用 Web 应用的时候，由于对于安全的考虑不全面，未使用加密的方式处理 Web 应用。Web 明文传输是指在数据传输过程未进行任何加密，容易被监听，造成数据信息泄露。深信服安全感知平台可实时监测资产日志，并对安全检测日志进行实时分析，可快速核查出资产中存在的 Web 明文传输日志，以帮助用户核查信息泄露风险。如图 5-33 所示，通过对数据报的拆包分析，检测出明文登录的具体链接。

图 5-33　安全感知平台明文检测

脆弱性感知中识别的第三个类型是弱密码，弱密码问题是脆弱性问题中的常见问题，安全感知平台通过创新性地利用 NLP（自然语言处理）算法结合暴破字典库来识别存在弱密码的情况，可针对 HTTP、FTP、SMTP 等登录协议。弱密码指密码强度低，如简单的数字组合、与账号相同、密码长度过短等。弱密码很容易被黑客破译利用，从而使用合法的账号密码进行登录控制，隐蔽性较强。图 5-34 所示是安全感知平台通过检测识别出的业务系统的弱密码问题，包括 Web 应用、FTP 应用、IMAP 应用等多种应用。

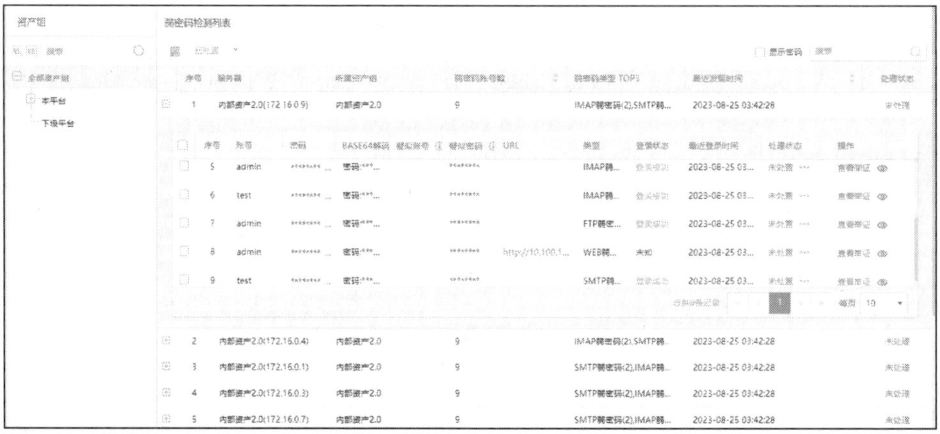

图 5-34　安全感知平台弱密码检测

脆弱性感知中识别的第四个类型是风险端口/应用，识别服务器资产开放的风险端口及端口被使用情况（如标准端口运行非标准协议），同时结合厂商的应用识别积累能力，识别因暴露风险应用访问方式（如 RDP、SSH、数据库）被非法连入的情况，即使是非标准端口亦能识别具体应用。

风险端口是指资产的服务对外网开放了可进行远程登录或远程文件传递的端口。如果开放的端口对应服务存在弱口令，容易被不法分子暴破登录成功，直接控制服务器，造成数据的丢失或服务器的破坏。不法分子控制服务器后，可进一步对内网其他主机进行渗透攻击。针对风险端口带来的安全风险，本系统可实时分析资产端口的详细情况，记录开放的端口数量，同时可深入分析资产端口的连接情况、访问情况，构建访问源、访问内容、访问时间的综合画像，对各端口服务进行流量行为监控，通过全面的技术分析，判断主机开放的风险端口数量并提供相关处置建议，在帮助用户了解资产的业务对外开放情况的同时，减少安全风险。如图 5-35 所示，通过安全感知平台，识别到不同 IP 地址开放的端口，管理员可以针对性地对某一 IP 地址的端口进行调整。

图 5-35 安全感知平台资产风险端口检测

配置不当是指资产在使用各类服务应用时，使用了默认配置或不被推荐的配置。配置不当一般是人员操作失误导致的，可能导致服务器性能下降、网络安全事件和敏感数据泄露，泄露的敏感数据容易被不法分子进一步利用进行渗透攻击。针对配置不当的风险，本系统可监测分析资产日志，将资产配置与安全配置基线进行快速比对，输出配置不当的详情信息和风险等级，并提供相关处置建议，帮助用户快速核查配置不当的资产，进行后续的有效处理。

2. 外部威胁感知

外部威胁感知，指针对来自外网（互联网或外部单位）的攻击行为进行检测，监测外网对重要资产、基础设施等发起的异常流量，结合接入的防火墙组件可了解攻击防御情况、绕过后的风险、受攻击的服务器等，包括外部攻击感知和外部风险访问感知。

外部攻击感知是指识别遭受的高危攻击、暴力破解、WebShell 后门植入、漏洞利用攻击等，进行受攻击目标统计及了解攻击源分布情况，针对攻击情况进行智能分析，识别攻击是否被绕过、绕过后是否攻击成功等，对受损情况进行定性评估，为下一步针对性的加固处置提供有力依据。

外部风险访问感知是指识别互联网 IP 通过远程登录、数据库等应用访问内部主机的情况，管理员结合业务实际情况可以分析出可能存在的问题，并决定如何修复。如远程访问等重要应用端口已经暴露于互联网，应控制访问，降低风险。或者主机可能被黑客远程控制，应排查主机失陷受控情况。

图 5-36 所示是外部攻击和威胁显示的情况，可以针对外部的攻击行为日志和事件，进行聚合显示。

3. 内部异常感知

内部异常感知通过失陷主机检测、外连威胁感知、横向威胁感知来发现已经成功绕过网关防御、进入内部网络的潜伏威胁及从内部发起的异常行为，主要包括失陷主机检测、外连威胁感知以及横向态势感知。

图 5-36　安全感知平台外部威胁

失陷主机，指因遭受 APT 攻击、僵木蠕毒等风险而被攻击者控制的主机。安全感知平台结合关联分析引擎、智能分析技术、威胁情报关联等，发现内部已经失陷的主机，结合攻击链，发现主机在每个攻击阶段发生的所有事件，结合事件情况为主机评定状态，包括确定性等级、威胁等级。图 5-37 所示是安全感知平台检测到的失陷主机的情况。

图 5-37　失陷主机检测

外连威胁感知基于南北向流量的采集，分析挖掘存在异常外连行为的情况，包括外发攻击行为、APT C&C 通信行为、隐蔽通信行为、服务器风险访问行为以及可疑外连行为。

外发攻击行为识别主机从内向互联网发起攻击的行为。主机受控后往往会被攻击者利用进行对外攻击，如 DDoS 攻击、永恒之蓝攻击等为其黑产牟利，通过外发攻击行为发现可检测受控主机或恶意内部主机。

APT C&C 通信行为结合威胁情报，发现主机外连威胁地址行为，包括进行 C&C 木马通信行为，从而发现受控主机。

隐蔽通信行为基于机器学习算法及远控行为分析进行隐蔽隧道检测，识别内网主机与外网进行隐蔽通信。隐蔽通信是 APT 攻击、定向攻击等常用的通信方式，用于逃避检测。

服务器风险访问行为，基于网络流量应用识别技术，发现服务器使用风险应用（如 SSH、远控程序等）与外网进行通信的情况，及时使用非标准端口亦可准确识别应用，管理员结合业务特性即可发现服务器被远控的风险。

可疑外连行为，检测非外发攻击行为，但行为存在可疑，非正常主机行为。如从未知站点下载可执行文件、访问恶意链接等。如果主机（尤其是服务器）存在外连可疑行为，说明主机很可能已被黑客控制，用于黑产牟利。图 5-38 所示是一外连威胁的分析结果界面，所有的外连威胁会在该界面统一展示。

图 5-38　外连威胁

横向威胁感知，基于对东西向流量的抓取，结合 UEBA 技术和行为分析，挖掘内网主机之间存在的异常威胁行为，定位异常的主机。横向威胁感知主要从表 5-3 所示的 4 个视角进行分析。

表 5-3　　　　　　　　　　　　横向威胁感知分析视角

分析视角	具体内容
横向攻击视角	基于规则检测、基线分析和机器学习算法识别内网主机对其他内网主机发起攻击的情况，如漏洞利用攻击、向 SMB 服务器传毒等。可发现可疑的跳板源或内鬼
违规访问视角	提供一种基于 ACL 规则形式，针对具体 IP 地址、服务、端口、访问时间等策略，管理员可主动建立针对性的业务和应用访问逻辑规则，包括白名单和黑名单两种方式，及时知道内网存在违规的行为
可疑行为视角	识别内网主机对其他内网主机发起的、区别于具体攻击类型的可疑行为。包括异常的敏感文件下载、机器扫描行为、异常流量行为、异常文件上传等，发现潜在的内鬼行为
风险访问视角	识别内网主机通过远程登录、数据库等风险应用访问其他主机或服务器的情况，审计访问可达性等，为管理员梳理内网权限控制、发现可疑主机和异常账号登录情况提供有力支持

通过横向威胁感知可以有效地判断内网的安全问题，为管理员提供内网安全处理的依据。图 5-39 所示是通过更新威胁分析功能，最终显示的分析结果。

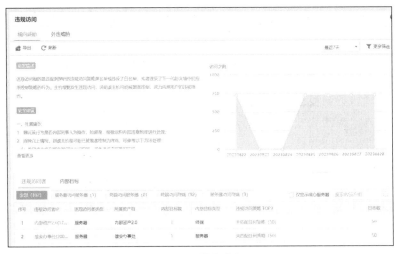

图 5-39　横向威胁

5.5.2　安全态势展示功能

安全可视是安全检测的核心，通过可视化技术将安全感知平台检测到的全网问题进行综合呈现和预警，以宏观决策视角和微观运维视角进行区分展示，便于不同角色人员进行决策处置。基于宏观视角，展示整体安全情况，能清楚地了解当前网络安全状况、评级分数、爆发的重大事件等，并能评估是防御不足还是内部威胁，决策哪里需要加固。主要用于领导层面掌握全网态势，包括全局视野呈现、全网态势和辅助安全建设决策。宏观视角主要以大屏展示为主，通常安全感知平台以 1 个主大屏+N 个辅助大屏组合呈现整体安全现状和细分安全情况。

主大屏展示综合安全态势，基于安全域视角，展示全网各个区域的整体安全实况及综合评级。该大屏采用 3 层结构：一层展示重要风险，不是简单统计，而是从通报视角、资产可视、威胁视角、区域横向威胁、外部威胁等多个角度呈现重要问题，让预警更有价值；二层从各视角进行详细展示；三层为各视角大屏下钻后的运维数据层面，展示风险问题的原始数据支撑数据，让证据更明显。

多个分层大屏均实现下钻能力，可通过单击各具体内容一步步下钻到具体详情，最终到日志数据及问题指派，并支持快捷键返回，以此形成可分析、可指派的安全监测指挥中心。图 5-40 所示是安全分析的综合安全态势大屏，展示整体的安全情况。

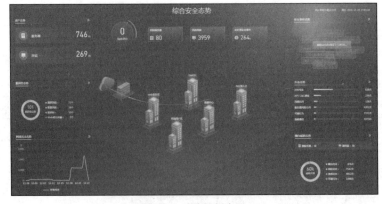

图 5-40　安全分析大屏

除了综合安全态势大屏以外，安全感知平台依托辅助大屏，对细节视角进行深入分析和展示。不同厂商安全感知平台的辅助大屏存在差异，但是大体上有表 5-4 所示的几种类型。

表 5-4 安全感知大屏汇总

大屏	大屏展示内容
外部攻击态势大屏	基于实时可视化的形式展示当前遭受到的来自互联网的攻击情况及网关（已接入防火墙）的拦截情况，发现绕过的残余攻击，尽早发现可能受外部威胁影响的服务器，及时预警、处置
互联网攻击监测大屏	基于 GIS（地理信息系统）全球、全国地图，实时展示当前、历史（可选择）的互联网攻击威胁，包括攻击次数、攻击排行、攻击来源区域排行、境内境外区分等，实时反映当前网络攻击态势，及时关注来自境外的威胁。属于外部攻击态势大屏的下钻大屏
外连风险监控大屏	展示所有业务系统、服务器对互联网发起的异常访问行为（已排除白名单通信和正常访问行为），用于监视服务器是否存在未知威胁，并从中标识存在风险的外连行为、访问的区域、访问目标是否为控制者及当前的外连态势
横向威胁监控大屏	基于可视化的方式展示内网主机攻击其他内网主机的情况，用于可视化内网横向攻击、横向异常访问的整体情况，识别内网可疑跳板机或异常内鬼
安全事件态势大屏	基于防通报视角，实时展示当前发生的安全事件、爆发后影响面最大的事件及分区展示各事件的指派、处置跟进情况。适用于通报监控，或针对重大事件（如勒索病毒）的监控尤其有效
脆弱性态势大屏	以实时预警的形式展示全网存在的脆弱性风险，包括业务的漏洞、风险配置、弱密码、明文传输等，以及受影响资产数、风险资产排行、脆弱性类型分布等
资产态势可视大屏	呈现当前内网资产情况，包括活跃资产、异常资产、新增资产等，实时展示新增资产情况及脱离管控资产情况，协助发现影子 IT 资产
分支安全态势大屏	针对多分支场景（或多下属单位管理等），基于 GIS 的区域地图展示形式，直观展示整体分支安全情况、分支排名、各分支的安全事件处理进度、安全改进之星（改进明显），并能根据分支安全趋势进行整体危害预测，为下一步管理分支工作提供依据

5.5.3 数据中心安全可视功能

数据中心安全可视从物理位置、安全区域，资产分类等几个维度，以立体的视角整体展示组织内的安全风险的互访关系。管理员可针对不同域之间的访问情况及外部攻击情况进行整体查看，支持根据时间范围进行筛选。在默认情况下，模块按照攻击和访问两个维度进行统计展示，在攻击维度时可以看到资产组、总部、互联单位的攻击源和次数，攻击又分为境外攻击和境内攻击，都属于由外到内的攻击，并且匹配内置的地理 IP 地址库进行区分境内和境外。通过具体日志可以跳转到黄金眼进行更详细的分析。图 5-41 所示是数据中心可视功能的整体效果。

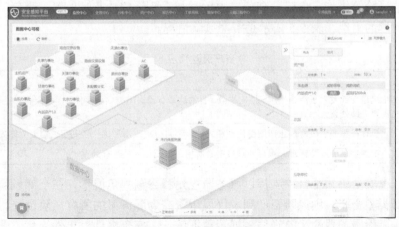

图 5-41 数据中心可视

数据中心安全可视也提供展示模式和列表模式两种展现模式，展示模式主要以图形的方式进行展示。列表模式以清单列表的形式进行展示，管理员可从时间范围、视角、服务器级别等维度细化地对攻击行为进行筛选，同时支持当前状态的导出。

5.6 安全感知处置功能

安全感知处置功能，是指以处置运维为视角，对已检测、需要处置的事件/主机进行呈现，并结合安全评级、事件说明、处置建议、联动操作、处置状态变更等进行指引运维操作，以达到简化运维，固化处置逻辑链的效果。

安全感知处置的核心对象就是风险资产，风险资产管理模块按照风险等级、处置状态、EDR状态等维度对风险资产进行分类展示，便于管理员高效地对风险资产进行筛选与处置。通过风险资产管理模块可以查看当前平台的资产组织架构、全部风险资产概况、关注的资产风险详情以及风险资产列表。图 5-42 所示是风险资产的整体显示情况，管理员可以基于风险资产进行风险问题的处置。

图 5-42　风险资产管理

通过风险等级筛选同风险等级的所有风险资产，风险等级包含已失陷、高危、中危等，当风险资产的风险等级为已失陷、高危、中危时，需要管理员及时处置，避免风险扩散导致业务中断等问题的出现。表 5-5 所示是资产风险情况。

表 5-5　　　　　　　　　　　　　资产风险情况

风险等级	对应内容
已失陷	主机遭受或发生了命令控制、横向扩散、目的达成等已失陷类安全事件，即将或者已经被攻击者控制，需要立即处置
高危	主机存在脆弱性风险或正在遭受侦察和入侵，很可能被攻击者进一步利用，需要立即处置
中危	主机感染了中威胁病毒，很可能被攻击者利用，需要核查并进行处置

风险资产在安全感知平台中支持以服务器视角和终端视角展示，在全部风险资产下，通过筛选服务器类型资产，则风险资产列表仅展示资产为服务器的所有风险资产。通过资产名称，可以查看风险服务器的风险详情，展示数据统计、安全事件、事件视角、威胁实体，在

全部风险资产下，通过筛选终端类资产，则风险资产列表仅展示资产为终端的所有风险资产。通过资产名称，可以查看单个风险终端的风险详情，展示资产等级趋势、攻击阶段分布、事件视角、威胁实体等。

5.7 安全感知分析功能

安全感知分析功能结合可视化威胁追捕、溯源分析、情报关联、行为分析等技术，提供可视化数据呈现。那些暂未形成安全事件，但存在可疑或结合业务现状可分析发现存在异常的数据，需要提供给驻点安全专家，或有一定安全分析能力的运维人员进行分析，从正常现象中挖掘异常。图 5-43 所示是安全感知分析的流程，首先通过不同的端点采集原生数据，接着对数据进行特征提取，通过 AI 关联分析，使得数据的特征与规则库或者情报库等相匹配，以便进行分析，并最终得出结果。

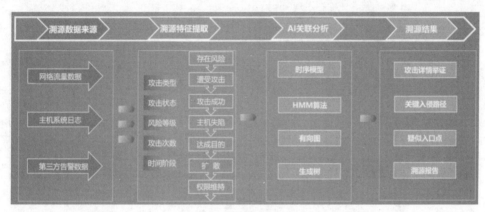

图 5-43 安全感知分析流程

5.7.1 威胁分析功能

在"互联网时代"，企业和组织的资产每天都可能遭受到大量的攻击。面对万级甚至亿级的日志告警，用户很容易忽略针对性的攻击和潜在威胁，这使得 IT 运维工作变得复杂而艰巨。仅依靠人工去分析这些巨量的日志，往往难以找出有效的风险信息。而且，如若用户无法及时发现风险，重要的威胁很有可能被遗漏。

然而，用户若想解决这个问题，就需要一种更加高效和智能的方式来分析和处理这些威胁，这样才能及时发现并防范潜在的风险。

为了应对这一挑战，安全感知平台引入人工智能和机器学习技术。通过训练机器学习模型，可以让计算机自动分析和处理大量的日志数据。这种方法不仅可以提高分析效率，还可以减轻人工处理的负担。同时，通过将智能算法应用于日志分析，能够更加准确地识别出潜在的威胁和攻击行为。

另外，还可以采用行为分析的方法来检测异常和风险。通过对资产的正常行为进行建模，可以发现和识别出与正常行为不符的异常情况。这种方法可以帮助用户及早发现潜在的攻击和威胁，从而采取应对措施。

1. 机器学习技术

传统的规则检测技术无法应对最新威胁，通过机器学习不断构建的检测模型可适用于发现未知威胁和可疑行为，提升检出率，避免规则库依赖。安全感知平台将机器学习技术应用到整个攻击链的每个过程中，为威胁溯源/追捕、攻击路径可视、安全可视提供基础。机器学习技术，主要应用于精准的已知威胁检测、发现受感染主机和未知威胁两个场景，来增强产品对已知、未知威胁的应对能力。

机器学习技术在精准的已知威胁检测场景下与特征检测结合，提升准确率和检出率。主要解决当前已有功能在应对已知威胁上的不足，如检出率低、性能消耗等问题，甚至是以机器学习算法模型来直接替代规则检测，发现已知威胁。如将 LSA、Autoencoder、Logistic Regression、SVM 等机器学习算法结合特征检测应用到邮件安全中，发现伪造邮件、垃圾邮件等威胁。如图 5-44 所示，通过机器学习算法，可以成功识别邮件中附件夹带的病毒、正文夹带的恶意 URL、伪装的发件人和外发垃圾邮件。

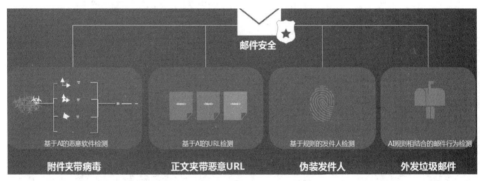

图 5-44　邮件安全分析

在发现受感染主机和未知威胁场景下，机器学习技术用于发现变种行为、未知威胁及异常行为。在规则无法检测的情况下，通过将机器学习技术应用到行为分析中，发现小概率事件和异常用户行为。如深信服 SAVE 人工智能引擎和国外知名的 Cylance、Webroot 软件，不依赖病毒库，仅靠 AI 学习即可进行恶意文件威胁鉴定。

SAVE 是由深信服打造的人工智能恶意文件检测引擎。该引擎利用深度学习技术对数亿维的原始特征进行分析和综合，结合安全专家的领域知识，最终挑选了数千维最有效的高维特征进行恶意文件的鉴定。

相比基于病毒特征库的传统检测引擎，SAVE 引擎具备强大的泛化能力，甚至能够做到在不更新模型的情况下识别新出现的未知病毒。并且对已知家族变种的查杀能力强，如勒索病毒检测达到业界领先的检出率，包括影响广泛的 WannaCry、Bad Rabbit 等病毒。SAVE 引擎还可以实现云 + 端联动，依托深信服安全云脑基于海量大数据的运营分析，持续进化，不断更新模型并提升检测能力。

2. 攻击事件深度挖掘

安全感知平台针对攻击日志进行深度挖掘分析，通过内置关联分析模型对亿级攻击日志进行事件化，减少大量冗余的无效告警。区别于传统的归并方式，安全感知平台的攻击事件化是指针对相似攻击意图进行关联，用于挖掘针对性的攻击，并结合攻击事件给出相应的处置建议，形成攻击闭环。攻击事件深度挖掘结果示例如下。

（1）多个攻击源攻击同一目标的同一位置，持续时间非常短暂。

结果：遭受针对性攻击，此处可能存在漏洞风险或已成为暴露面（如端口）。

建议：利用扫描器进行漏洞发现或专家验证，并修复漏洞。

（2）目标遭受某个攻击源（或多个相似攻击源）的持续性攻击，攻击类型多，无上下文连续。

结果：遭受扫描攻击，根据持续攻击的时间长短、当前攻击位置来判定攻击源是否从扫描状态转为定向攻击（发现可疑漏洞后结束扫描并进行针对性试探）。

建议：封锁相应 IP 地址，若进入已试探阶段，建议对目标位置进行漏洞扫描，修复风险。

3．安全事件溯源分析

当主机发生安全事件需要溯源时，对安全分析师的安全能力要求比较高，一般用户不具备溯源能力，况且对主机入侵过程溯源以及攻击者溯源往往需要花费安全分析师大量时间和精力。因此当网络中发生安全问题时，平台能提供自动化溯源能力，让用户看懂、会用，具体从如下 3 个维度实现简化。

（1）降低溯源分析难度

当主机失陷时，往往会伴随很多安全告警的发生，具备一定安全能力的用户才能从众多安全事件和海量的日志分析中筛去无关的信息，关联分析出主机失陷过程。安全感知平台支持自动化溯源，自动从流量、系统日志、第三方日志中关联分析出主机失陷过程，极大降低客户的溯源分析难度，提高分析效率。

（2）辅助入口点加固

安全感知平台可根据存在风险、遭受攻击阶段排查攻击者使用了哪些攻击手法尝试攻击、攻击持续时间等信息，并给出疑似入口点辅助安全分析师进行加固决策，对邮件、口令、漏洞等常见攻击入口点做处置加固，提升主机安全防护能力。

（3）主机影响面评估

通过攻击利用、目的达成、扩散、权限维持阶段评估影响面，排查攻击者的最终目标是什么。

4．威胁情报结合

安全感知平台通过从深信服云脑（云端威胁情报中心）获取可机读的威胁情报，结合本地智能分析引擎，对本地网络中采集的流量元数据进行实时分析比对，发现已知威胁及可疑连接行为，提升智能分析技术的准确性和检出率。如通过行为分析发现的隐蔽隧道通信行为（如 DNS 隧道）仅为可疑行为，但若其连接的地址信息与威胁情报的僵木蠕毒情报相关联，通过分析模型可检测为远控行为。

同时，下发的威胁情报结合本地流量数据，可形成本地化的威胁情报，安全专家可利用威胁情报及时洞悉资产面临的安全威胁并进行准确预警，了解最新的威胁动态，实施积极主动的威胁防御和快速响应策略，准确地进行威胁追踪和攻击溯源。

5.7.2　异常行为分析功能

在安全感知平台中，还应用了 UEBA 的功能，用于分析和识别网络攻击的异常行为。UEBA 的前身是用户行为分析（UBA），最早用于淘宝等购物网站上，通过收集用户搜索关键字，实现用户标签画像，并预测用户购买习惯，最终将用户可能感兴趣的商品推送给用户。2014 年，Gartner 发布了 UBA 市场定义，UBA 技术目标市场聚焦在安全（窃取数据）和诈骗（利用窃取来的信息）上，帮助组织检测内部威胁、有针对地攻击和金融诈骗。但随着数据窃取事件越来越多，Gartner 认为有必要把这部分从诈骗检测技术中剥离出来，于是在 2015 年正式将其更名为用户实体行为分析（UEBA）。UEBA 属于目前在安全业界新兴的分析技术，其旨在基于用户或实体的行为分析，来发现可能存在的异常。

1. 行为分析的相关原理

在安全感知平台中，UEBA 可识别不同类型的异常用户行为，这些异常用户行为可被视作威胁及入侵指标，包括分析异常行为、发现内鬼等。安全感知平台利用 UEBA 技术进行内部用户和资产的行为分析，对这些对象进行持续的学习和行为画像构建，以基线画像的形式检测异于基线的异常行为作为入口点，结合以降维、聚类、决策树为主的计算处理模型发现异常用户/资产行为，对用户/资产进行综合评分，识别内鬼行为和已入侵的潜伏威胁，提前预警。UEBA 系统的具体数据流程和架构如图 5-45 所示。

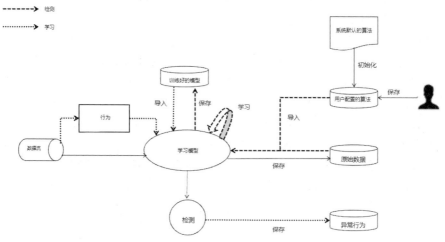

图 5-45　UEBA 系统数据流程和架构

UEBA 采用流式计算框架，产生的日志以流的形式不断地输入分析引擎，分析引擎以最近一段时间（7～30 天）的数据为基础进行学习，学习正常的行为模式，对于偏离正常基线的行为做出异常告警。UEBA 在行为建模的过程中会应用机器学习算法训练各类数据，常见的算法有表 5-6 所示的几类。

表 5-6　　　　　　　　　　　　　　　　机器学习算法

算法	效果
有监督的机器学习	将已知的良好行为和不良行为的数据集合灌入系统。该工具学习分析新的行为，并确定它是否与已知的良好行为或已知的不良行为集合"类似"
无监督的学习	系统学习正常行为，并能够检测和警告异常行为。它不能判断异常行为是好是坏，只能判断它是否偏离正常
贝叶斯网络	可以结合有监督的机器学习和规则来创建行为画像
强化学习/半监督机器学习	这是一种混合模型，其基础是无监督学习。将实际警报的解决反馈到系统中，以允许模型的微调并降低信噪比
深度学习	实现虚拟警报分流和调查。该系统对表示安全警报及其分类结果的数据集进行训练，执行特征的自我提取，并且能够预测新安全警报的分类结果

2. UEBA 的应用场景功能

针对账号登录异常场景，UEBA 内置模型，通过对主机、应用系统等账号登录时间、地点、频率、次数等进行持续学习和监控，判断是否存在账号登录异常，发现非常用账号登录、非常见地址访问、非常见时间段访问等异常行为。

图 5-46 所示是在安全感知平台中，对于账号异常登录的告警，告警的原因在于用户登录的源地址为不常访问的地址。

图 5-46　账号登录异常告警

针对数据库异常场景，UEBA 内置模型，通过对数据库登录地点、登录时间、访问表、访问数据量、访问数据库频率等进行持续学习和监控，判断是否存在数据异常行为，发现非常见用户登录、非常见地址访问、非常见时间段访问、非常见数据库表访问、数据库频繁访问、数据库表访问量过大等。图 5-47 所示是某用户访问数据量规模过大所触发的异常行为提醒。

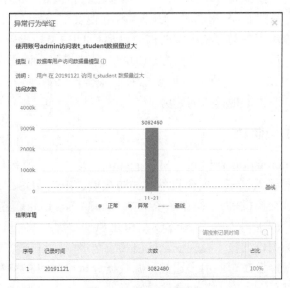

图 5-47　数据库异常告警

针对外联异常场景，UEBA 内置模型，通过服务器主动外联的地址进行持续学习和监控，判断设备是否存在外联异常，发现主机外联非常用地址。如图 5-48 所示，通过检测用户对文件的下载，判断用户的外联行为。

图 5-48　外联异常告警

针对外发数据异常场景，UEBA 内置模型通过终端外发数据地址进行持续学习和监控，判断是否存在外发数据异常，发现外发数据到不常用地址（数据泄露场景）。

针对访问异常场景，UEBA 内置模型，通过对访问服务器的地址、端口、时间段、地点的异常监控，判断是否存在访问异常，发现非常用地址和非常用时间通过高风险协议（如 RDP、FTP、SMTP、Telnet 等协议）访问业务服务器（黑客非法远程控制或违规访问）。

针对账号暴破场景，UEBA 内置模型，通过用大量的身份认证信息来不断尝试登录目标系统，如果幸运，将得到正确登录信息（账号和密码）。一般采用字典工具进行暴破，攻击者一般使用该方式来突破边界防御或在内网中进行横向移动。

总的来说，行为分析技术和传统技术（大数据安全分析技术）的融合、算法/人工智能的深层次应用、UEBA 产品的 SaaS 化部署、UEBA 和其他安全产品（ITM）的整合、UEBA 算法与参数可编辑、用户深度参与算法模型的构建等都是 UEBA 技术未来发展的方向。UEBA 技术或者能力的实际应用，不局限于单独的 UEBA 产品或模块，而是将 UEBA 核心能力（即基于机器学习算法的高级行为分析）拓展至已有的安全产品或者应用到行业安全，这将是 UEBA 技术持续推广并产生落地价值的趋势。

5.7.3　SIEM 分析系统概述

SIEM（Security Information and Event Management）是"安全信息和事件管理"，作为 SIP 上的子分析系统，通过接入第三方安全设备（如防火墙、IPS、IDS、WAF、终端安全等）、网络设备（如路由器、交换机等）、操作系统（如 Windows、Linux 各系列）、中间件（Web 中间件如 Apache 等，数据库中间件如 MySQL、SQL Server 等）等对日志数据进行关联分析，结合 AI 机器学习和数据挖掘技术发现安全威胁和安全风险，结合可视化呈现，构造多元化监视和分析的安全系统，旨在帮助用户通过多源数据分析检测威胁和溯源。

SIEM 分析系统对网络环境中各种事件原始数据（包括深信服、绿盟、安恒、华为等主流厂商的设备日志，Windows、Linux 等操作系统日志，Apache、Nginx、SSH、MySQL、Oracle 等常用组件日志）进行采集、清洗、范式化、存储、分析和展示，帮助安全分析人员尽早识别和阻止攻击。SIEM 分析系统的具体数据流程和架构如图 5-49 所示。

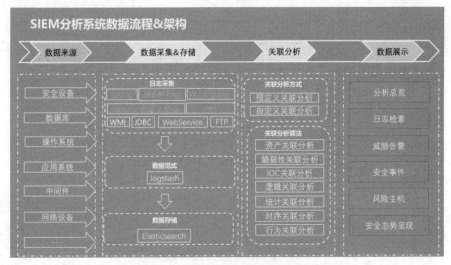

图 5-49   SIEM 分析系统数据流程和架构

在数据来源方面，SIEM 分析系统能够将安全设备、网络设备、操作系统、中间件等生成的日志数据收集起来，这些是关联分析所需数据的重要来源。

在明确数据来源后，SIEM 分析系统会进行数据采集和存储，此过程具体分为日志采集、主动拉取、被动接收、数据范式和数据存储几个部分。

日志采集分为主动拉取和被动接收两种形式。主动拉取，目前支持 JDBC（Java 数据库连接）、HTTP、WMI（Windows 管理规范）等方式。被动接收，目前支持 Syslog、Winlogbeat、SNMP Trap 等方式。数据范式是指 SIEM 分析系统从大量第三方设备获取日志数据，各厂商对于字段（如源 IP 地址、目的 IP 地址、端口等）的格式定义都存在差异，需要将这些数据进行预处理，转成统一的格式标准，这个预处理过程就是范式化。数据存储是指日志数据经过范式化处理后，将日志数据存储到 Elasticsearch 数据库中，供后续关联分析与查询使用。

关联分析过程，分为预定义关联分析和自定义关联分析。预定义关联分析就是通过 SIEM 分析系统中预先定义好的关联分析规则对数据的关联点进行分析，自定义关联分析就是允许用户能够根据自身的网络环境和业务特性，按照 SIEM 分析系统提供的模板自定义创建关联分析规则。例如，可以创建一个规则为在一段时间内特定 IP 地址范围和端口被访问数量超过 N 即异常访问。

SIEM 分析系统支持多种接入方式，包括被动接收（Syslog、Winlogbeat、SNMP Trap、厂商自定义协议）、主动拉取（WMI、JDBC、WebService、FTP）两大类。

第三方日志数据经过收集、解析和存储后，SIEM 分析系统中的下一步将对来自不同数据源的日志数据进行关联分析。关联分析工作基于 SIEM 分析系统提供的规则模型，包括为不同的攻击场景内置的预定义规则和由分析人员创建和调整的自定义规则。

针对 Windows 操作系统、Linux 操作系统、安全设备、Web 访问日志、堡垒机、SSL VPN 等，SIEM 分析系统基于客户场景内置了 290 多条关联规则，包括主机异常、漏洞利用、暴力破解、网站攻击、账号异常、C&C 通信、拒绝服务、主机脆弱性、恶意软件、侦查探测等。图 5-50 所示是在设备中内置的关联规则。

图 5-50　SIEM 分析系统关联规则

内置关联规则是预定义好的规则模型，如阈值对比模型（一段时间内，对指定字段值与阈值进行比较，发现异常威胁事件）、序列规则模型（一段时间内，对多种日志分析通过其发生时间的顺序进行判断，发现异常威胁事件）等，并且会定期更新、新增规则。

通过 SIEM 分析系统内置的关联分析规则模型能够检测出的部分安全威胁和安全风险如下。

（1）针对 Windows 可以检测"驱动人生"病毒、NSABuffMiner 木马、"匿影"木马、DDG 木马、异常计划任务、用户创建、用户异常登录等。

（2）针对 Linux 能够检测 SSH 暴破、su root 等。

（3）针对安全设备能够检测漏洞利用、网站攻击等。

（4）针对 SSL VPN 能够检测用户异常登录、异常时段访问资源等。

（5）针对 Web 日志能够检测特定扫描器、Web 信息泄露等。

（6）针对堡垒机日志能够检测用户异常登录等。

用户可以根据实际业务场景，自定义关联规则，产生告警并生成安全事件。自定义规则采用 Flink 流式处理引擎实现，主要支持统计规则、序列规则。

过对 SIEM 分析系统的框架拆分可以看出，SIEM 分析系统首先能够收集并存储日志，这能够满足网络安全法中的合规性需求，但是 SIEM 分析系统肯定不只有合规这个需求，我们可以从表 5-7 所示的几个方面，去分析 SIEM 分析系统的应用场景需求。

表 5-7　　　　　　　　　　　　SIEM 分析系统应用场景

SIME 分析系统应用场景	场景内容描述
削减告警	网络环境中各种设备、应用的日志汇聚后是海量的，这些日志中的威胁告警也必然是海量的，将日志接入 SIEM 分析系统，通过日志→告警→事件的逐层分析的方式来削减告警，比如通过统计规则来削减日志产生告警，然后聚合多个告警来产生事件（一天一条），再在可视化上做事件削减如采用聚合模式等，达到削减告警的目的。可以有效减少告警的数量，提升告警信息的有效性，让用户更多关注有效事件，大大简化海量告警带来的运维压力
统一入口	客户会买不同的设备来检测不同的问题（比如绿盟的抗 DDoS、深信服的 WAF、天融信的防火墙等），接入 SIP 后能够在 SIEM 上做统一管理、展示和查询

续表

SIME分析系统应用场景	场景内容描述
关联分析	将 SIEM 分析系统接入各种日志后通过分析规则模型进行多数据源之间的关联分析，可以发现更多的安全问题，增加事件的可信度，比如通过系统日志发现某些主机的异常行为，结合流量层事件生成更准确的事件
辅助举证与溯源分析	黑客在入侵过程中，会在日志中留下痕迹，我们可以通过日志来辅助举证和溯源分析，比如在通过 Web 访问日志发现特定 WebShell 页面，通过 Windows 系统日志获取攻击者 IP 地址、攻击手法等

本章小结

本章讲解的内容主要包括安全态势感知的概念、安全态势感知架构和基本部署以及安全感知平台常见功能和原理。

通过学习本章，读者应该可以掌握和了解安全感知平台的常见部署和基本功能的使用。

本章习题

一、单项选择题

1. 在使用探针的过程中，常见的部署模式是（　　）。
A. 旁路模式　　　　　B. 路由模式　　　　　C. 透明模式　　　　　D. 虚拟网线模式

2. 下列功能中，不属于安全感知平台的核心功能的是（　　）。
A. 资产管理　　　　　B. 安全监控　　　　　C. 威胁分析　　　　　D. 杀毒处置

3. 若 STA 部署的位置前端存在负载均衡单臂部署，对源地址进行了转换，需要通过（　　）字段获取源 IP 地址。
A. XFF　　　　　　　B. Cookie　　　　　　C. Hosts　　　　　　D. Location

4. 深信服潜伏威胁探针采用的自主研发 Sangfor OS 是基于（　　）操作系统的。
A. Linux　　　　　　B. Windows　　　　　C. UNIX　　　　D. AIX

5. 安全感知平台的级联配置，最多支持（　　）级。
A. 5　　　　　　　　B. 6　　　　　　　　C. 7　　　　　　　　D. 8

二、多项选择题

1. 安全感知平台架构层次划分包括（　　）。
A. 数据采集层　　　B. 数据预处理层　　　C. 大数据分析层　　　D. 数据服务层

2. 安全感知平台的扩展组件包括（　　）。
A. AC　　　　　　　B. NGAF　　　　　　C. EDR　　　　　　D. Syslog

3. 安全态势感知产品中应用众多技术，包括（　　）。
A. UEBA　　　　　　B. 大数据　　　　　C. 802.1X　　　　　D. 流量控制

4. 在 STA 架构中，包括（　　）。
A. 控制平面　　　　B. 内容平面　　　　C. 加密平面　　　　D. 解密平面

5. 在 STA 部署中，一般需要用到（　　）。
A. 管理接口　　　　B. 镜像接口　　　　C. 数据通信接口　　　D. HA 接口

三、简答题

1. 简述安全感知平台的核心功能。
2. 简述 SIEM 分析系统的功能和使用场景。
3. 简述安全感知平台通过何种方式来判断内网横向攻击。
4. 简述资产管理功能的作用。
5. 简述安全感知平台级联功能的使用场景。